土屋和人
Tsuchiya Kazuhito

技術評論社

Contents

本書のサンプルファイルについて

本書で作成しているサンプルは、以下のURLのサポートページからダウンロードすることができます。ダウンロードしたときは圧縮ファイルの状態ですので、展開してから使用してください。

https://gihyo.jp/book/2019/978-4-297-10380-4/support

ご購入・ご利用の前に必ずお読みください

●本書に記載された内容は、情報の提供のみを目的としています。したがって、本書を用いた運用は、必ずお客様自身の責任と判断によって行ってください。これらの情報の運用の結果について、技術評論社および著者、監修者はいかなる責任も負いません。

●ソフトウェアに関する記述は、特に断りのない限り、2019年1月現在での最新バージョンをもとにしています。ソフトウェアはバージョンアップされる場合があり、本書での説明とは機能内容や画面図が異なってしまうこともあります。あらかじめ、ご了承ください。

●インターネットの情報についてはURLや画面等が変更される可能性があります。ご注意ください。

以上の注意事項をご承諾いただいた上で、本書をご利用願います。これらの注意事項をおよみいただかずに、お問い合せいただいても、技術評論社および著者は対処しかねます。あらかじめ、ご承知おきください。

Chapter 1

Webデータ収集の基礎知識と準備

1

Section 1-01 Excelで Webデータを収集する

本書では、Excelを使用してWeb上のデータを収集し、分析する手順を紹介していきます。ここではまず、その前提として、「Webからデータを収集する」とはどういうことか、その概要を説明します。さらに、ExcelでWebデータを収集するうえでの基本的な考え方について解説します。

1 Webデータ収集の基礎知識

インターネット上には、さまざまな種類の情報があふれています。インターネットのデータの中でも、私たちが直接目にする機会が多いのは「Webページ」ですが、多くのWebページはしばしば更新され、最新の情報に置き換えられています。そのため、同じURLでWebページにアクセスしても、取得されるのが常に同じ情報であるとは限りません。

現代では、ほとんどの人が、業務などで必要となった情報をWebで調べ、収集しています。求められる情報の種類と量は日々増加しており、その収集と整理、分析や業務への利用といった作業に費やす時間も、ますます増えているのではないでしょうか。

● Webデータを収集する方法

Webの情報を収集するための方法は、対象のWebサイトの種類と数、およびそのサイトの構成、情報の内容や更新頻度などによって変わってきます。特定のWebページで、ほぼ変更されることない情報を1回だけ取得するのが目的なら、Webブラウザーで直接目的のページを開き、必要な情報の箇所をコピーして、分析などに使うアプリケーションに貼り付けるといった方法で十分でしょう。

図01 Webから1つのデータを取得

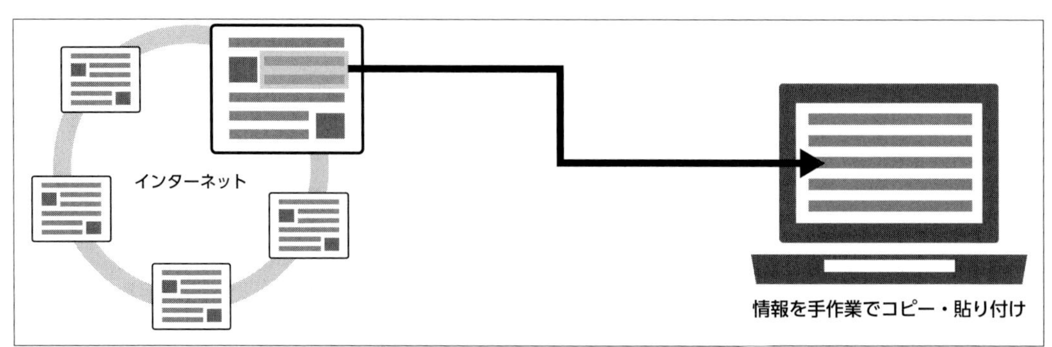

しかし、そのページが頻繁に更新されている場合、自分のPCに取り込んだ情報も定期的なアップデートが必要となります。単なる更新ではなく、過去の履歴も参照したい場合は、それまでの記録も残しつつ、取得した最新情報をそこに追加する必要があります。

また、収集したい情報のあるWebページが1カ所だけでなく複数ある場合は、そのすべてのページに対して同じ操作を繰り返さなければなりません。さらに、目的の情報のあるWebページが事前にわかっていない場合や、状況に応じて変動する場合は、その所在地を特定する作業から始めることになります。

図02 複数のページ・時系列のデータを取得

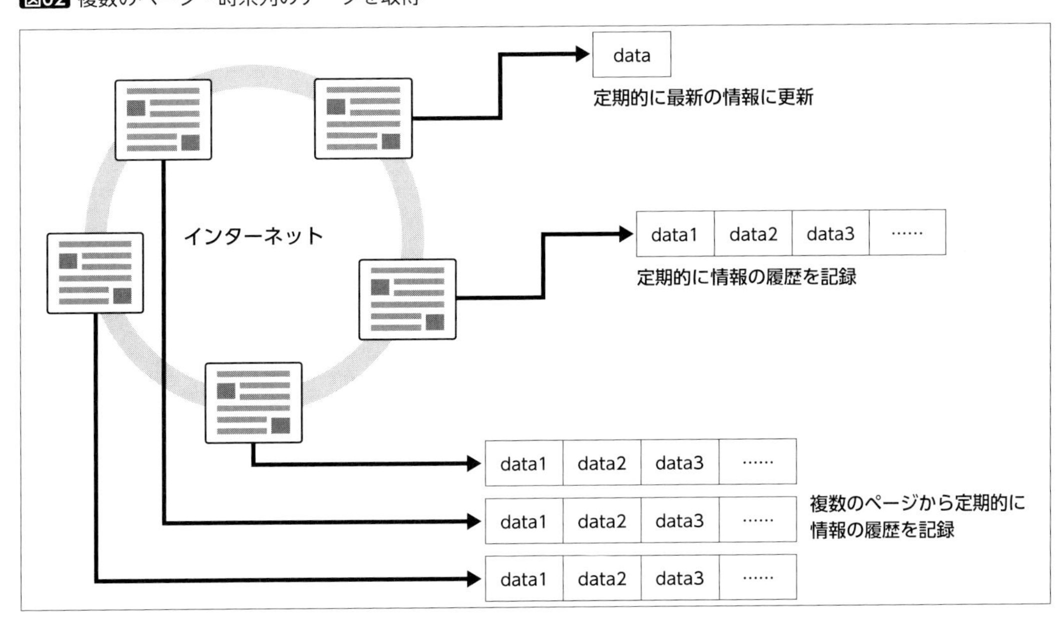

このような操作をすべて手作業で行うのは、非効率的で、データの取得し忘れなどのミスもあり得ます。作業の自動化はPCの得意技であり、もともとインターネットへのアクセスにPCを使っているのであれば、こうした作業も自動化を検討すべきでしょう。

● クローリングとスクレイピング

インターネットから情報を収集する作業を表す用語としては、「クローリング」と「スクレイピング」という言葉がよく使われています。

1カ所のWebページだけではなく、複数のWebページを巡ってデータを自動的に収集するプログラムを「Webクローラー」または「クローラー」といいます。クロール（crawl）とは、元は虫などが這いまわるといった意味です。また、クローラーを使ってデータを収集することを、「クローリング」といいます。最初のページにアクセスしたら、その中の情報をデータベースに記録し、さらにそのページ内のリンクをたどって関連するページを巡回し、情報を収集していきます。

クローラーはもともと、Googleなどの検索エンジンの検索用データベースを作成するために使われる「ロボット（ボット）」のような名称のプログラムを指す言葉です。しかし、あらゆる情報を集める検索エンジンのクローラーとは別に、各ユーザーがそれぞれの目的に応じて、特定の種類のデータを収集したいケースもあるでしょう。Web上のサービスを利用したり、独自のプログラムを作成したりすることで、そのようなクローリングも可能になります。

図03 Webクローリング

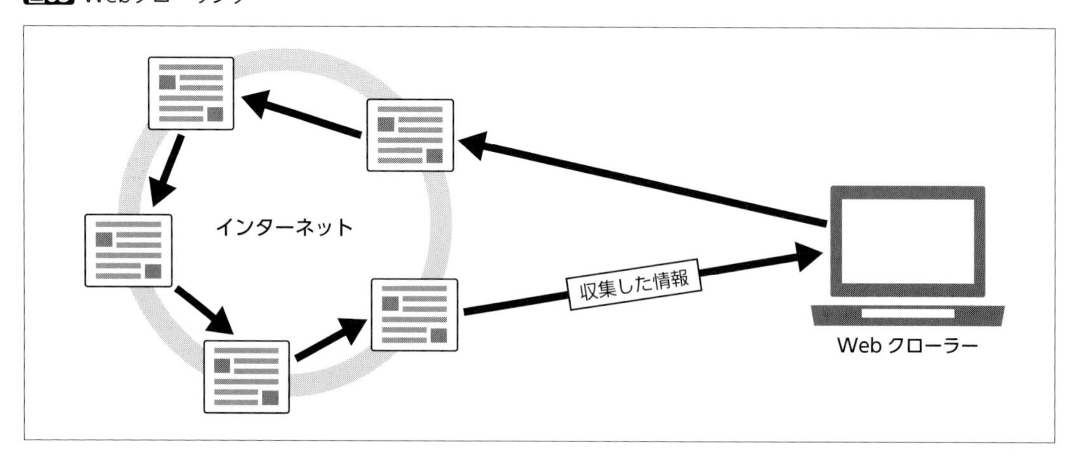

一方、「スクレイピング」とは、対象のWebページなどから、必要な情報を取り出す操作のことをいいます。クローリングに近い意味で使われることもありますが、ダウンロードしたデータを解析して必要な情報を抜き出すといった意味で使われることが多いようです。

2 Excelで可能なデータ収集の方法

本書のテーマは、表計算ソフトであるMicrosoft Excelを利用して、インターネット上のデータを収集することです。Excelには、もともと特定のWebページを開くためのリンクをセルに設定したり、Web上のデータをワークシートに取り込んだりするための機能が装備されています。つまり、Webのデータをそのまま取得するだけなら、Excelの標準機能だけでもある程度実現できます。

取り込んだデータを整理・加工したり、分析したりするための機能も豊富です。特に、表形式で表現できる、数値を含むデータの処理は、まさに専門分野といえます。また、XML形式のデータについては、インポート／エクスポート機能や特定の要素にアクセスするための関数など、複数の処理方法がやはり標準で用意されています。

こうした基本機能に加え、Excelで利用可能な一種のプログラミング言語であるVBA (Visual Basic

for Applications) を活用すれば、これらの標準機能を自動実行したり、VBAならではの機能を利用したりして、Web上のデータを自動的・継続的に入手・蓄積し、より柔軟に整理・加工・分析することが可能になります。

図04 Excelで実現可能なWebデータ収集

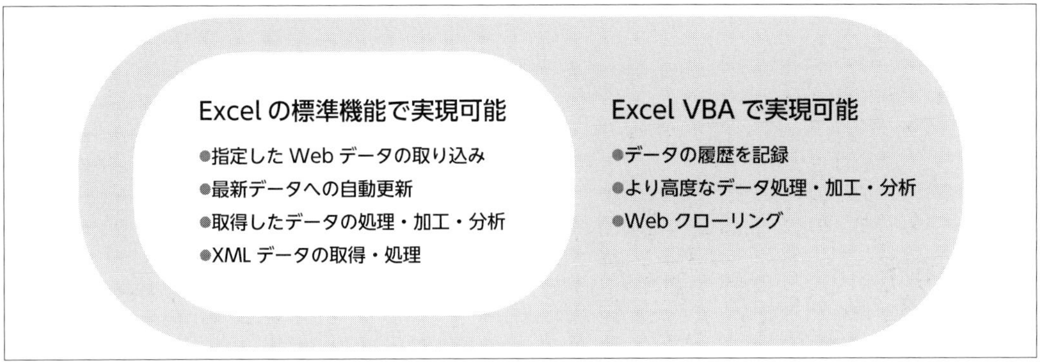

本書では、こうしたExcelの各機能について解説し、さらに具体的な用途を想定した活用例を紹介していきます。

3 Excelによるデータ収集作業の流れ

Excelで外部からデータを取り込む機能を総称して、「クエリ」といいます。クエリには、外部のデータベースなどからデータを取り込む機能に加え、Webからデータを取り込む「Webクエリ」という機能も含まれています。最近のバージョンのExcelでは、クエリが「データの取得と変換」(PowerQuery) という新しい機能に置き換えられ、Webからデータを取り込む方法も変化しています。ただし、古いWebクエリの機能も使用することは可能です。詳しくはChapter 02で解説します。

クエリなどの機能で、特定のWebページにあるデータを取り込む作業は、大まかにいうと次のような流れになります。

①目的のデータのあるWebページをWebブラウザーなどで探し、URLを調べる。
②Excelを開き、クエリ機能などを実行してそのURLを指定する。
③Webページ中の特定のデータ (表) を指定する。
④ワークシート内の特定のセル (範囲) に、指定したデータが表示される。

クエリ機能で取得したデータの場合、それが表示されたセル範囲は、通常のセル範囲とは異なる特殊なデータ範囲になります。取得元のWebページのデータが変更されている場合は、Excelの側でも「更新」の操作を実行することによって、Webの最新の状態と同じ内容にアップデートすることが可能です。ただし、取り込み済みのデータを更新すると、当然ですが、更新前のデータは失われてしまいます。新しいデータを取得しつつ、古いデータも残しておきたい場合は、更新前に手作業で別のセルにコピーするといった操作が必要となります。

以上はExcelの標準機能に限定した話ですが、VBAを使うと、取り込めるデータの種類やその取り扱いの自由度は大幅に向上します。たとえば、次のような操作が可能になります。

①Webページのデータをメモリ上に取り出す。
②メモリ上で、必要なデータの抽出や加工を行う。
③処理済みのデータをセル（範囲）に入力する。

さらに、1つのWebページだけでなく複数のページを巡って同様の処理を繰り返したり、古いデータが更新で失われる前に別のセルにコピーしたりといった操作も、自動的に実行することが可能になります。

4 Excelのデータ構造と取得データ

Excelの作業画面は「ワークシート」と呼ばれ、「セル」というマス目が格子状に並んだ構造です。「表計算ソフト」という呼び名の通り、表形式のデータを取り扱うことが前提となっているわけです。

図05 Excelの作業画面

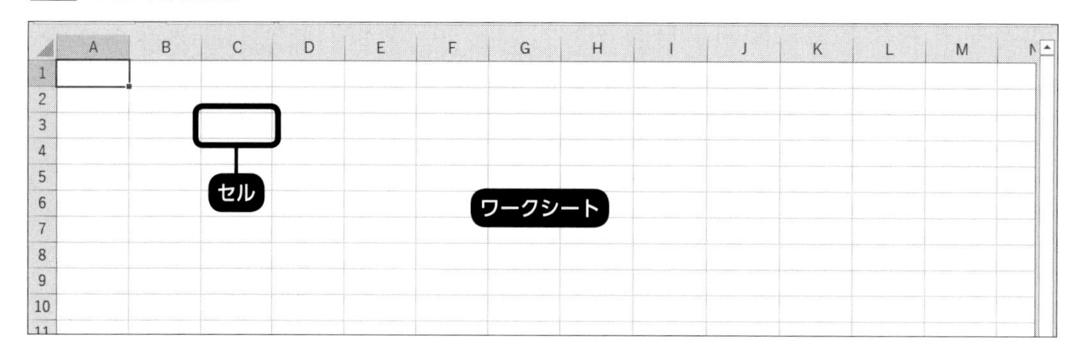

一方、Webページなどで提供されているテキストのコンテンツは、ひとつながりの文章になっていたり、数値などの個別の情報も独自にレイアウトされていたりして、そのままではワークシートのセルにうまく収まらないケースがほとんどです。

このようなWebのデータをExcelに取り込むための考え方は、大きく分けて2つあります。1つは、表形式のデータをそのままワークシートに表として取り込むことです。具体的には、HTMLの「table」タグで定義された表データを取り込むという操作です。

Excelの標準機能でこれを実現するには、「Webクエリ」機能を使ってExcelに取り込むという方法がメインになります。なお、Excel 2016以降で使用可能なWebクエリには新旧の2種類があり、旧式のWebクエリでは、対応していないWebページが増えているというデメリットの反面、表部分だけではなくページ全体を取り込めるといったメリットもあります。

また、VBAを使ってこうした表データをワークシートに自動的かつ大量に取り込むことも、もちろん可能です。WebクエリとVBAを組み合わせることで、複数のページから表データを取り込んだり、更新時にも旧データを残しておいたりといった処理が可能になります。

図06 Webページ中の表データを取り込む

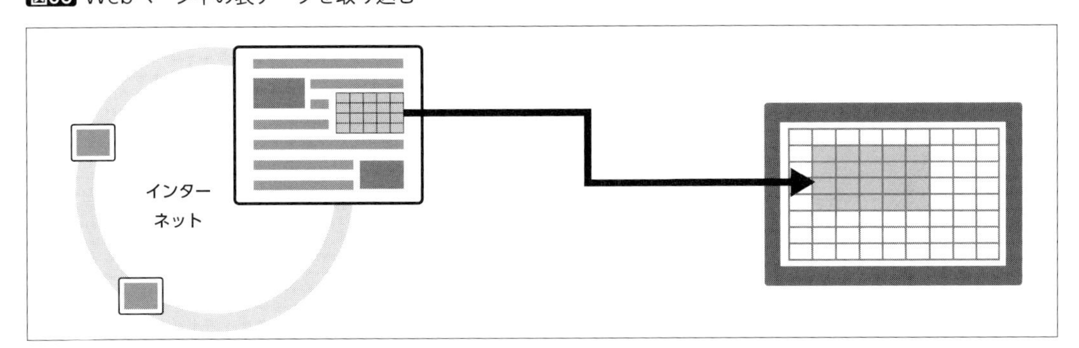

もう1つは、ばらばらに配置された個別の情報の中から必要なものを取り出し、整理して、ワークシートの各セルに割り当てていくというものです。ただし、こうした操作をExcelの標準機能だけで実現することは難しく、自動的かつ大量に行うには、やはりVBAを使ったプログラミングが必須となります。

図07 Webページ中のデータを表に割り当てる

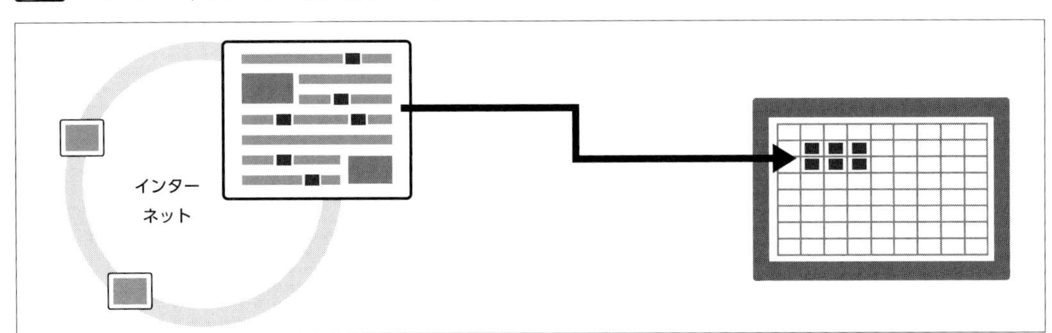

5 Webデータ収集時の注意点

Webのデータを取り込むに当たっては、ExcelやVBAの技術的な側面だけを理解しておけばよいというわけではなく、それ以外にもいくつか注意が必要な点があります。ここではそれらをまとめて説明しておきましょう。

● 著作権について

Web上に存在するデータの多くには、著作権が存在します。たとえ匿名の書き込みであっても、著作権が放棄されているわけではありません。そして、用途にもよりますが、著作権のあるデータを好き勝手に利用することはできません。

完全に個人的な利用、つまり私的利用のための複製の範疇であれば、通常はまず問題になることはありません。ただし、たとえ私的利用が目的であっても、有料の動画データなどを違法にダウンロードした場合など、罪に問われるケースはあります。

私的利用の範疇を超え、何らかの創作や論文、Webサイトやブログなど、自分の作品として公表するものの中で、他人の著作物をそのまま流用することは許されません。著作権法では「引用」が認められていますが、これは報道や批評、研究といった目的の上で、著作物の全体ではなく必要な部分だけを引用とわかるように示し、さらにその出所を明示するといった条件があります。

インターネット上には、無料で使用可能なフリー素材も数多く公開されていますが、そうしたデータも、ほとんどの場合、著作権そのものは放棄されていません。たとえ著作権がなくなっていたとしても、他人の作品をあたかも自分の作品であるかのように世間に公表するのは、「盗作」や「剽窃」と呼ばれ、当然ですが倫理的な問題があります。

● 利用規約の確認と遵守

著作権の問題とも関係しますが、特定のWebサイトのデータを利用するに当たっては、まずそのサイトが「利用規約」を掲示しているかどうかを確認しましょう。利用規約が存在する場合は、実際に利用する前にその内容をよく読み、規約に従ったデータの取得や利用を心がけましょう。上記のような「無料で商用利用も可」と謳っているフリー素材のサイトでも、やはり多くの場合、利用規約などでその使い方に一定のルールが設定されています。たとえば、公序良俗に反する使用法や素材自体の販売、加工・編集の禁止などです。

クローラーのようなプログラムで、データを取得するWebサイトを事前に特定していない場合は、当然、利用規約を確認することもできません。本書で紹介するサンプルでは、最終的にExcelで利用するためのデータを取得することが目的であるため、取得対象のサイトはある程度事前に想定しているケースがほとんどです。

● サーバーの負荷に配慮する

プログラムを使って自動的にWebからデータを取り込む場合、目的によっては、同じサーバーに何度も繰り返しリクエストを送り、大量のデータを取得するような処理になることも考えられます。しかし、こうした処理はサーバーに多大な負荷を与え、管理者や他のユーザーに損害を与えてしまう可能性もあります。

Web APIなどのサービスによっては、利用規約でリクエスト送信の回数などに一定の制限をかけていることもあります。本書で紹介しているサンプルでも、一度に1カ所のサーバーに大量のリクエストを送信するような処理は避けています。

● Webページの非恒常性

本書では、WebページのHTMLデータやWeb APIなどで提供されるXMLデータの構成を解析し、その中から必要なデータを取り出すプログラムの例をいろいろと紹介しています。しかし、特にWebページの構成などは、比較的短い期間で大きな変更が加えられることも少なくありません。そのため、ある時点での構成に合わせてプログラムを作成しても、ちょっと時間が経ったらまったく使えなくなってしまうというケースも考えられます。本書で紹介しているサンプルも、そのような理由で使用できなくなってしまう可能性がありますので、あらかじめご了承ください。

データの構成が頻繁に変更される場合、そのつどプログラムを作成し直すのは負荷が大きく、またバグなどを完全に排除するのは困難で、思わぬトラブルの原因にもなりかねません。そのため、目的によっては、VBAのプログラムによる取得にこだわらず、Excelの標準機能を使ってWebデータを取得したほうが有効な場合もあります。本書では、このような方法についてもいろいろと紹介しています。

なお、各Webサイトの利用規約などもしばしば更新され、従来は可能だった利用法がいつの間にか禁止事項になっているといったケースもよくあります。本書で紹介しているデータの取得方法も、利用規約上、将来に渡って問題がないとはいい切れないのでご注意ください。

● 再利用性・汎用性を重視

上記の点とも関連しますが、特に特定のWebページからVBAのプログラムでExcelにデータを取り込む場合、あまり細かく作り込んだコードは、メンテナンスやページ構成が変更されたときの修正が大変な作業になります。プログラム自体はできるだけ簡潔にして、ページ変更時などにも柔軟に対応できるように、再利用性・汎用性に配慮したコードを記述するようにしましょう。

また、筆者の個人的なポリシーとして、「標準機能でできることをわざわざVBAで書かない」ということがあります。最終的にVBAのプログラムにする場合でも、必要な機能がすでにExcelの標準機能で用意されているのであれば、できるだけその機能を利用するようなコードの書き方をしたほうが、結局、作業効率は向上します。もちろん、それにはExcel自体についての知識が必要となります。

Section 1-02 インターネットのデータの提供方法

ここでは、インターネットでデータがどのように提供されているかについて、簡単に説明しておきます。あまり詳しい技術的な仕様については触れませんが、大まかな概念だけでも把握しておけば、以降の各章でどのような処理を行っているかが理解しやすくなるでしょう。

1 Webサーバーのデータの提供方法

ここまでの説明では、暗黙の前提として、ほぼ「インターネットのデータ」=「Webページのデータ」でした。しかし、インターネットからデータを取得する方法は、実際にはWebページだけではありません。また、Webページのデータを提供するサーバーは「Webサーバー」ですが、インターネット上でデータを提供しているサーバーもこれだけではありません。

ここでは、インターネットで取得できるデータ自体の種類というより、その取得方法の種類を紹介していきます。「取得方法」というのはデータを受け取るコンピューター側から見たいい方ですが、サーバー側からすれば「提供方法」ということになります。まず、Webサーバーで提供されるデータの取得方法の種類について、簡単に説明しておきましょう。

● Webページ

インターネットからデータを取得する方法として、私たちに最もなじみがあるのは、やはり「Webページ」でしょう。Webページは、Webサーバーに保存されているテキストや画像などのデータが、インターネット経由でユーザーのコンピューターに送信され、Webブラウザーによってレイアウトされた形で表示されたものです。Webページ用のテキストデータは、多くの場合、後述するHTMLの形式で記述されています。

Webブラウザーなどで目的のWebページにアクセスするには、「URL (URI)」と呼ばれる一連の文字列を使用します。URLは、必要なデータにアクセスするための住所のようなもので、データを取得する側のコンピューター(クライアント)は、このURLに基づいてWebサーバーにリクエストを送信します。Web上でサーバーを特定する部分(ドメイン名)に加えて、目的のデータを含むフォルダー(ディレクトリ)までの階層、さらに検索条件などの指定が含まれる場合もあります。Webブラウザーで目的のページを開く場合には、アドレスバーにそのURLを直接入力するか、URLが設定されたリンクをクリックします。また、よく開くURLはブックマークに登録して、簡単に開けるようにするのが一般的です。

図08 WebページのURL

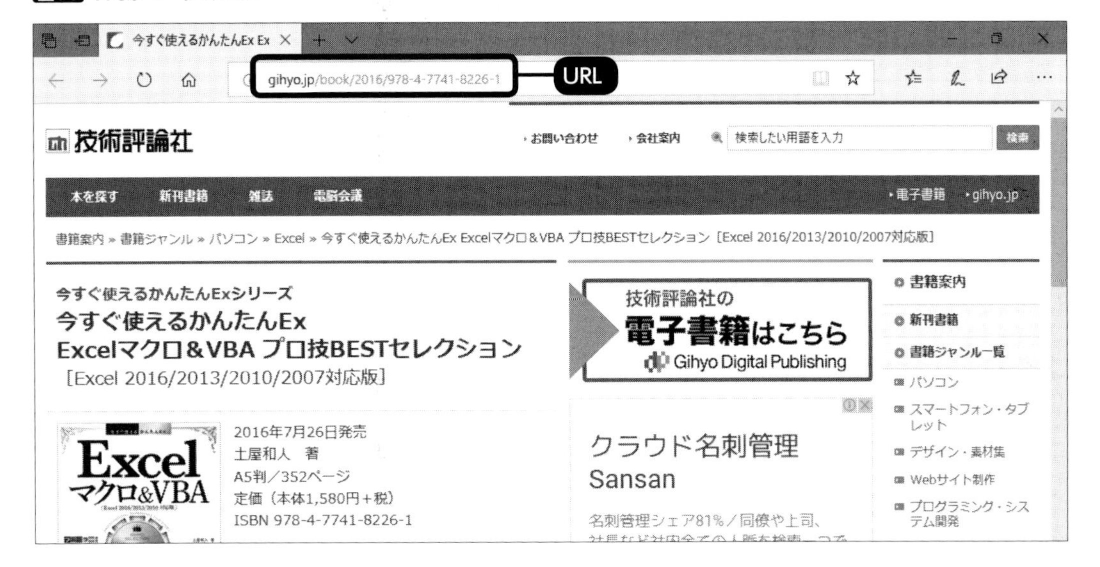

Webページのデータを Excelで取得する場合、通常はそのコンテンツ（文字情報）だけをワークシートに取り込む形になります。VBAでプログラミングする場合は、タグ付きのHTMLデータとして取得し、タグを手掛かりとして必要なデータを取り出すといった処理も可能になります。

● フィード

ニュースサイトやブログといった頻繁に更新されるWebサイトでは、その概要（目次的な情報）、またはすべての文字情報を、「フィード」として提供している場合があります。

フィードには、さらに提供されるデータのフォーマットによって、RSSやAtomといった種類があります。RSSおよびAtomのデータフォーマットは、いずれも後述するXMLがベースになっています。

フィードで提供されるデータは、フィードリーダーと呼ばれる専用のアプリケーション、またはWebブラウザーやメールアプリケーションの機能によって、更新情報を自動的に取得することができます。特定のフィードを取得するには、やはりURLを指定してWebサーバーにリクエストします。

● Web API

Webサーバーによる情報の提供方法としては、これ以外にWeb API（Webサービス）と呼ばれるものもあります。Web APIの種類もいくつかありますが、たとえば、RESTという方式では、やはりURLの形でリクエストをサーバーに送ると、それに該当するデータがサーバーから返されます。この方法で取得できるデータは、一般にXMLやJSONといった形式になっています。

2 FTPサーバーについて

インターネットに接続されているサーバーの種類は「Webサーバー」だけではありません。たとえば「DNSサーバー」や「メールサーバー」などもありますが、アプリケーションなどからアクセスしてデータを取得できるサーバーとして、ここでは「FTPサーバー」についても簡単に説明しておきましょう。

「FTP」とは「File Transfer Protocol」の略で、ネットワーク上でファイルの送受信を行う方式の1つです。この方式を使ってファイルを送受信するサーバーが「FTPサーバー」です。業務関連や一般公開用のファイルを保管し、利用者はこのサーバーに直接アクセスして目的のファイルをダウンロードする、といった利用法が一般的です。

FTPサーバーにファイルをアップロードするには、通常、そのためのアプリケーションが必要となりますが、ダウンロードだけならWebブラウザーでも可能です。その場合は、やはりURLを指定してFTPサーバーにアクセスします。ただし、パスワード入力によるログインが必要となるケースも少なくありません。ExcelでFTPサーバーのデータを取得する場合も同様です。

COLUMN

URLとは？

「URL」とはUniform Resource Locatorの略で、インターネット上におけるデータのある場所を表す文字列のことです。Webブラウザー上で目にすることの多いURLは、主にWebサーバーを表す「http://」または「https://」などの「スキーム」で始まります。FTPサーバーの場合、スキームは「ftp://」などになります。

Webページでは、スキームの後には、一般に「www.example.co.jp」などの「ドメイン名」が続きます。これが、会社などのサーバーの所在地を表しています。ドメイン名は、「.」で区切られた部分ごとにそれぞれ名称と役割がありますが、ここでは詳しい説明は省きます。その次に、「/」で区切られて目的のファイルまでのフォルダーの階層を表す「パス」が続きます。さらにその後に、「?」に続けて検索条件などを指定する「クエリ」が指定される場合もあります。

なお、「URL」と似たような用語として、「URI」という言葉もあります。こちらはUniform Resource Identifierの略で、名前や場所を表すために規定されたルール全般のことです。URLはURIの中でも、特に「場所」を表すために規定されたルールのことをいい、「名前」を表すためのルールは「URN」（Uniform Resource Name）といいます。

Section 1-03 取り扱うデータの種類

ここでは、ExcelでWebから取り込むデータの種類について説明します。Webから入手可能なデータ≒コンピューターで扱えるデータですが、Excelでは必ずしもそのすべてを取得できるわけではなく、またその必要もありません。中心となるのは、やはり文字（テキスト）のデータです。

1 コンピューターで扱われるデータの種類

インターネット上には、さまざまな種類のデータが存在します。しかし、本書で収集や分析の対象とするのは、その一部だけです。

基本的な話ですが、まずコンピューターが取り扱うデータは、「テキストデータ」と「バイナリーデータ」の2種類に大きく分けられます。テキストデータとは、文字情報だけで構成されたデータのことです。一方、バイナリーデータとは2進数で表されたデータのことで、広い意味ではコンピューターで扱われるデータすべてが含まれます。ただし、一般的にはバイナリーデータといえば「テキストデータ以外」を表していることが多く、たとえば画像、動画、音声、プログラムなどを指します。

図09 コンピューターのデータの種類

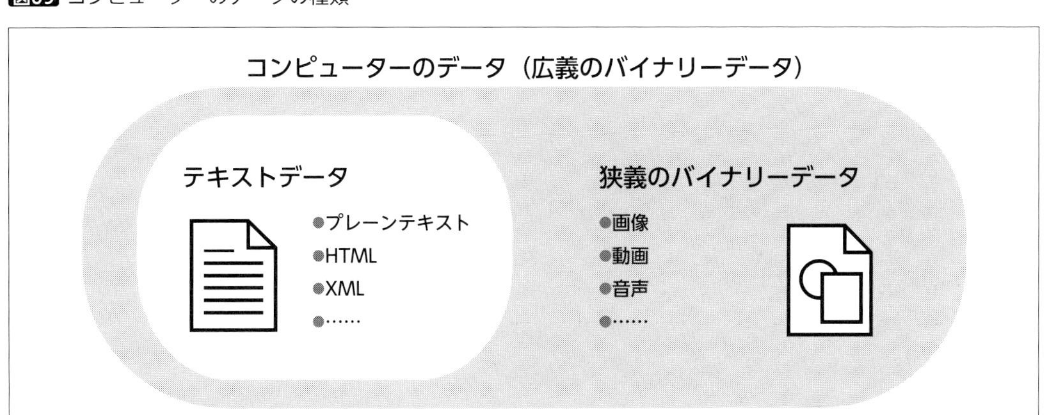

Excelでインターネットのデータを収集する場合、その対象として本書で主に想定しているのはテキストデータです。画像などその他の種類のデータも収集することは可能ですが、それらのデータに対してExcel上で行える処理は限られています。

VBAを使えば、当然、バイナリーデータに対して行える処理の範囲も広がりますが、そうした処理を本当にExcelで行うべきなのかどうかについては、よく検討してみる必要があります。現在では、便利なWeb上のサービス、フリーソフトなどのツール、各種の言語やそのライブラリが数多く提供されており、その中に、より目的に適していて、かつ取り扱いも容易な方法が存在する可能性は高いでしょう。

2 テキストデータの種類

一口にテキストデータといっても、さらに細かい種類に分けられます。たとえば、図09の「HTML」や「XML」のように、テキストデータの構成内容などに基づく分類が可能です。ここでは、主なものをいくつか挙げておきましょう。

● プレーンテキスト

文字データだけで構成されるシンプルなテキストデータのことを、「プレーンテキスト」といいます。つまり、本来の意味では、「テキストデータ」と同義です。後述するHTMLやXMLも、データの形式自体はプレーンテキストといえます。ただし、本書では、HTMLやXMLなどと区別するため、タグなどの制御や装飾のための要素を含まず、データ全体がコンテンツ（内容、伝えたい情報）そのものであるデータのことを、「プレーンテキスト」と呼ぶことにします。

● HTML

「HTML」は「HyperText Markup Language」の略で、主にインターネットのWebページの構造を定義し、その“見え方”を指定するためのマークアップ言語です。Webページに表示したいコンテンツに「タグ」を付け、見出しや段落などを指定したり、ハイパーリンクを設定したりします。文字サイズや色といった書式の設定はHTMLでは行わず、スタイルシート（CSS）に分離することが推奨されていますが、HTMLの中で指定することも可能です。「言語」というと難解な印象ですが、HTMLというのは、要するに「コンテンツに対するタグの付け方のルール」と考えてもよいでしょう。

コード01 HTMLの例

```
<html>
    <head>
        <title>タイトル</title>
    </head>
    <body>
        (ページの内容)
    </body>
</html>
```

● XML

XMLは「Extensible Markup Language」の略で、HTMLと同じくマークアップ言語の一種です。HTMLと同様の「タグ」を使用し、コンテンツに対して意味付けを行います。HTMLが「Webページを表示する」という特定の用途のために設計された言語であるのに対し、XMLは用途が限定されておらず、目的に応じたさまざまな応用が可能となっています。

インターネットでは、前述のフィードやWeb APIなどで、XML形式のデータが提供される場合があります。XMLについては、P.46でより詳しく解説します。

コード02 XMLの例

```
<?xml version="1.0">
<items>
    <item>
        (データ 1)
    </item>
    <item>
        (データ 2)
    </item>
</items>
```

● JSON

JSONは「JavaScript Object Notation」の略で、Webブラウザー上などで動作するスクリプト言語のJavaScriptをベースとしたデータ交換用言語です。データ（コンテンツ）に型を指定して階層的に扱うことができ、JavaScriptをはじめとする各種のプログラミング言語で処理しやすい構造になっています。

Web APIによっては、リクエストに対してJSON形式のデータを返すものもあります。

コード03 JSONの例

```
{
    "title":" タイトル ",
    "item1":{"name": (名前 1) ,
        "price": (価格 1) },
    "item2":{"name": (名前 2) ,
        "price": (価格 2) }
}
```

Section

1-04 ExcelでWebデータを取り込む準備

Web上のデータを、自動的またはより効率的に収集するための手法として、本書ではExcelに装備されているマクロ言語であるVBA (Visual Basic for Applications) を使用します。ここでは、ExcelでVBAの機能をフル活用するために必要な準備について説明します。

1 リボンに「開発」タブを表示する

VBAを使うための機能（コマンド）は、リボンUIでは「開発」タブにまとめられています。また、XMLデータを処理するための機能もこのタブにあります。ただし、このタブは初期状態では表示されていないため、設定を変更して表示させる必要があります。

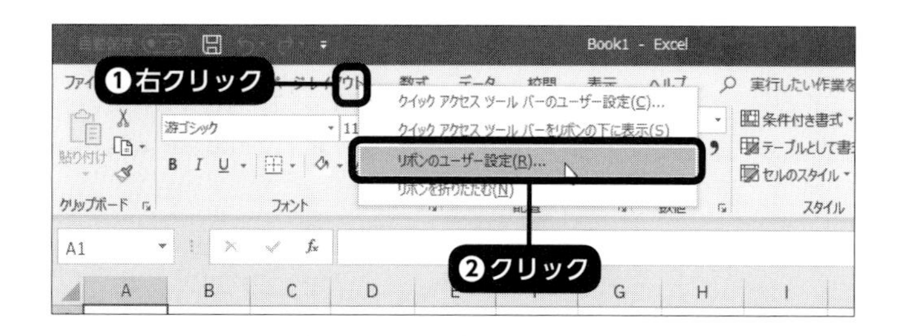

1 リボン上で右クリックして❶、「リボンのユーザー設定」をクリックします❷。

2 表示される「Excelのオプション」ダイアログボックスの「リボンのユーザー設定」画面の右側で「開発」にチェックを付け❶、「OK」をクリックします❷。

3 リボンに「開発」タブが表示されます。このタブをクリックして、どのような機能が含まれているかを確認しましょう。

2 「開発」タブの各機能

表示させた「開発」タブのコマンドは、基本的に「コード」「アドイン」「コントロール」「XML」の4つのグループによって構成されています。以下、それぞれのグループに含まれるボタンなどの機能について、簡単に説明しておきましょう。

●「コード」グループ

Excelのマクロ機能に関連した操作と、VBAのプログラム（コード）の記述を開始するための操作がまとめられています。

図10 「開発」タブの「コード」グループ

●「アドイン」グループ

「アドイン」とは、もともと用意されている機能以外の、別な機能を追加するためのプログラムの総称です。Excelの場合、アドインとして追加できるプログラムの種類は1つだけではなく、プログラムの仕様などに応じていくつか種類があります。ここでは、3種類のアドインについて、追加などの設定を行うことが可能です。

図11「開発」タブの「アドイン」グループ

●「コントロール」グループ

「コントロール」とは、マクロ実行用のボタンやチェックボックスなどのような、ユーザーインターフェース用の部品のことです。Excelでは、これらの部品をワークシートに配置し、VBAと組み合わせて一種のアプリケーションを作成することも可能です。ただし、本書ではこのグループの機能は使用しません。

図12「開発」タブの「コントロール」グループ

●「XML」グループ

XML関連の機能に関連する操作がまとめられたグループです。XMLテーブルの作成や、データのインポート、エクスポートなどの操作をここから実行できます。

図13「開発」タブの「XML」グループ

3 「テーブル」の基礎知識

本書では、Webから取り込んだデータの記録場所として、「テーブル」をよく使用しています。テーブルとは、ワークシート上に設定された特殊なデータ範囲で、Excelでデータベースのように大量のデータを記録・管理するのに適しています。また、WebクエリやXMLデータを取り込む操作を実行した場合、取得したデータはワークシート上に自動的に作成されたテーブルに記録されます。

テーブルでは、1行目が各列の見出しで、2行目以降は1行に1件分のデータを入力していくのが基本です。事前に空のテーブルを作成して後からデータを入力していくことも、データ入力済みのセル範囲をテーブルに変換することもできます。

また、テーブルには、あらかじめ用意されている豊富な「テーブルスタイル」を設定することが可能です。見出し行や見出し列などを区別しやすい書式にしたり、同じ行のデータがわかりやすいように1行ごとに書式を変えたりといった設定を、表の範囲に自動的に適用できます。さらに、各種の集計を行うのに便利な機能もあります。

● セル範囲をテーブルに変換する

セル範囲をテーブルに変換するには、「挿入」タブの「テーブル」グループの「テーブル」を実行する方法もありますが、この場合、テーブルスタイルを選ぶことはできず、既定のスタイルになります。ただし、テーブルスタイルは後から設定し直すことも可能です。ここでは、最初からテーブルスタイルを選択して、セル範囲をテーブルに変換する方法を紹介しましょう。

1 テーブルにしたい表の範囲内の1つのセルを選択し❶、「ホーム」タブの「スタイル」グループの「テーブルとして書式設定」をクリックします❷。

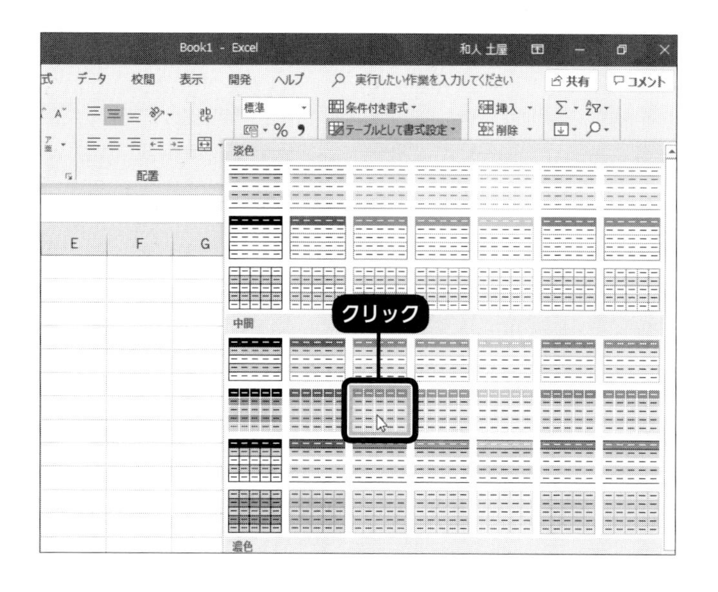

2 表示されるテーブルスタイルの一覧から、テーブルに適用したいスタイルをクリックします。す。

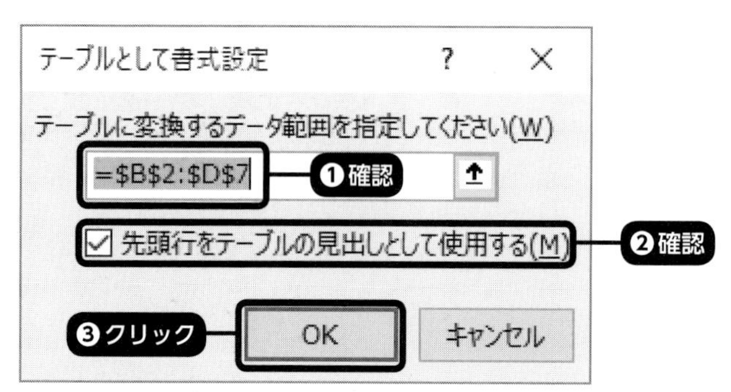

3 「テーブルとして書式設定」ダイアログボックスが表示されます。テーブルに変換するデータ範囲として自動的に指定されたセル範囲が正しいこと、「先頭行をテーブルの見出しとして使用する」にチェックが付いていることを確認し❶❷、「OK」をクリックします❸。

4 対象のセル範囲がテーブルに変換され、選択したテーブルスタイルが適用されています。

なお、ここでは事前に対象の表の範囲内の1つのセルを選択することで、自動的にその表の範囲（連続してデータが入力されている長方形の範囲）が、「テーブルとして書式設定」ダイアログボックスで変換対象のセル範囲として指定されます。隣接するセルにテーブルに含めたくないデータが入力されている場合は、目的のセル範囲を選択した状態でこの操作を実行するとよいでしょう。また、「テーブルとして書式設定」ダイアログボックスで、対象の範囲を指定し直すことも可能です。

● テーブルの機能を活用する

作成されたテーブル内のセルを選択すると、リボンに「テーブルツール」の「デザイン」タブが表示されます。ここでは、テーブルの表示などに関する各種の設定が変更できます。「プロパティ」グループの「テーブル名」ボックスには、自動的に設定された「テーブル1」などのテーブル名が表示されていますが、ここで任意のテーブル名に変更することも可能です。

図14 テーブル名の変更

「テーブルツール」－「デザイン」タブの「テーブルスタイルのオプション」グループの「集計行」にチェックを付けると、テーブルの最下行の下に集計行が表示されます。集計行では、通常は右端の列だけに集計結果が表示され、その列のデータが数値の場合はその列全体の合計が、文字列の場合はデータの個数が表示されます。

図15 集計行の表示

右端列以外でも、集計行のセルを選択すると右側に「▼」が表示され、クリックして集計方法を選ぶことができます。その列の集計結果を表示しなくてよい場合は、「なし」を選べばOKです。

図16 集計方法の選択

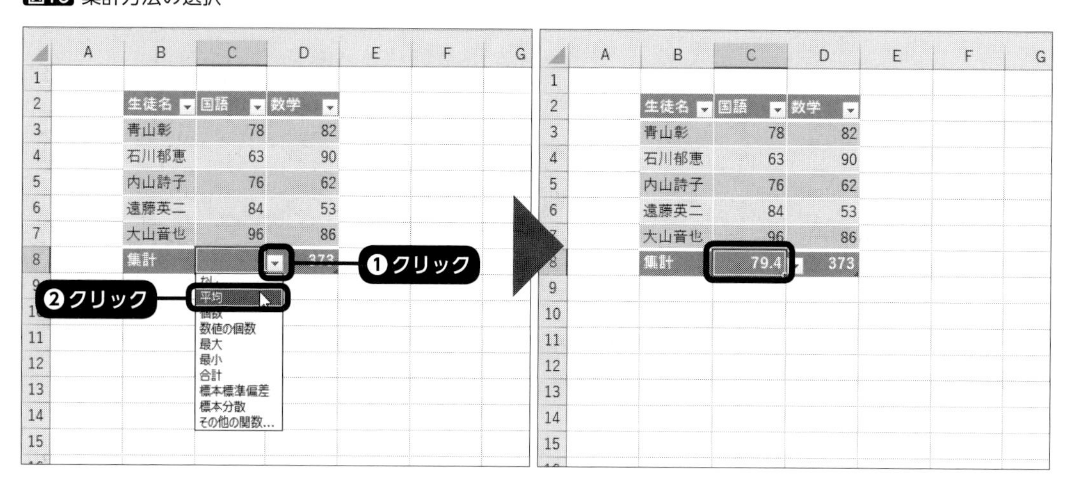

テーブルの右端列の右側の列にデータを入力すると、自動的にその列までテーブルが拡張します。同様に、集計行を表示していない状態で、テーブルの最下行の下にデータを入力した場合も、その行までテーブルの範囲が拡張します。

図17 テーブルの列の拡張

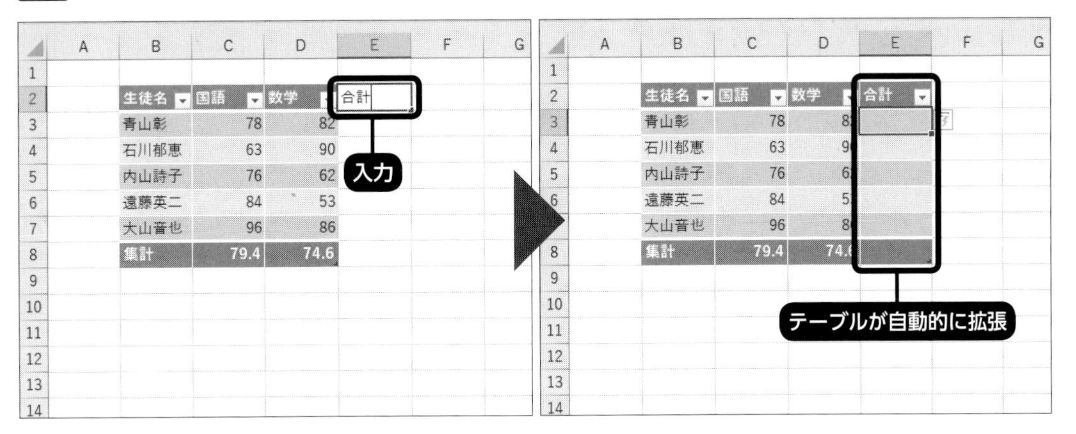

テーブルの空白列の中の1つのセルに数式を入力すると、自動的にその列のすべてのセルに同じ数式がコピー（フィル）されます。入力済みの数式を修正した場合も、やはりその列全体に修正した数式がコピーされます。このような列を「集計列」と呼びます。

図18 テーブルの列の拡張

テーブル内のセルを参照する数式では、通常の「B3」のようなセル参照の代わりに、テーブル名や列見出しを使った参照方法を使用できます。このようなテーブルのセルの参照方法を「構造化参照」といいます。構造化参照による指定には、テーブル名や列名が使用されているため、通常のセル参照よりも計算対象のセル（範囲）がわかりやすくなります。また、数式入力中にテーブル内のセルをクリックまたはドラッグで指定すれば自動的に入力されるので、そのルールを努力して覚える必要もありません。

COLUMN テーブルの構造化参照

P.29で説明した通り、テーブル内のセル（範囲）の参照には、通常のセル参照とは違った「構造化参照」を利用できます。数式でテーブル内のセル（範囲）をクリック（またはドラッグ）すると、通常の設定では、自動的にその方式でセル参照が入力されます。そのため、あらかじめそのルールを完全にマスターし、数式入力時にもそのルールに従って入力する必要はありません。しかし、入力された数式の意味を読み取るために、ある程度は理解しておいたほうがいいでしょう。

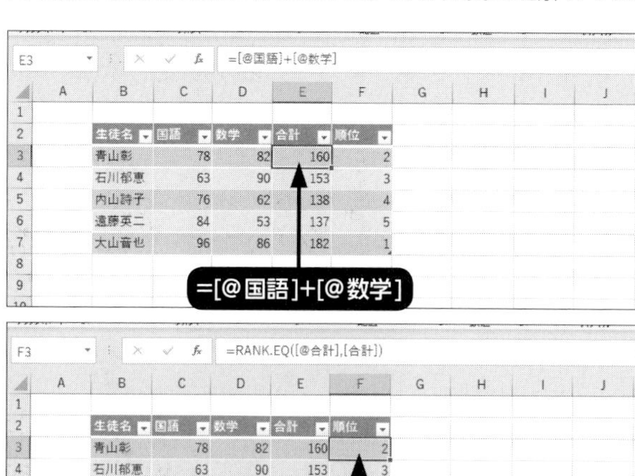

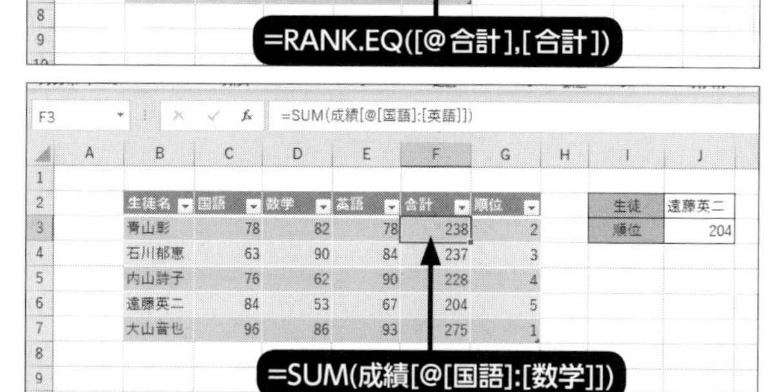

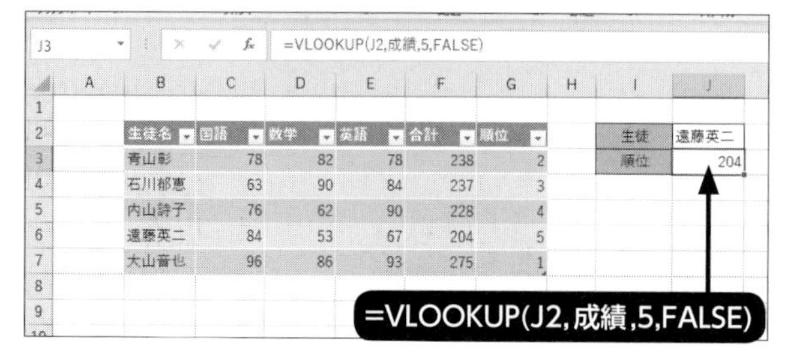

たとえば、数式のセルと同じ行で「国語」列にあるセルを参照する場合は、「[@国語]」と指定します。

また、単に「[合計]」と指定した場合は、「合計」列のデータ範囲全体を表します。「=RANK.EQ([@合計],[合計])」という数式は、RANK.EQ関数の第1引数「数値」に「[@合計]」を、第2引数「参照」に「[合計]」を指定することで、左隣りのセルの数値の、「合計」列全体における順位を求めるものです。

2つの列の範囲は、セル参照と同様に、「:」を使って表します。たとえば、「国語」列と「数学」列の範囲全体を合計の対象としたい場合は、「=SUM([国語]:[数学]」とします。ただし、この参照部分をドラッグで自動入力した場合、「成績[[国語]:[数学]]」のように全体を「[ ]」で囲み、さらに前にテーブル名を付けた形で指定されます。また、数式セルと同じ行の「国語」列と「数学」列のセルの範囲は、「成績[@[国語]:[数学]]」のように、必ずテーブル名を付けて指定します。

テーブルのデータ範囲全体（見出し行や集計行は除く）を参照したい場合は、単にそのテーブル名を指定すればOKです。

Chapter 2

ExcelでWebデータを収集しよう

Section

2-01 「クエリ」機能でWebデータを取り込む

外部からデータを取り込み、さらに必要に応じて最新の状態に更新できる機能を、Excelでは「クエリ」と呼びます。クエリの中でも、特定のWebページからワークシートに表形式のデータを取り込み、自動更新なども設定できる機能が「Webクエリ」です。

1 「データの取得と変換」でWebの表を取り込む

Excelには、外部からデータを取り込むための機能が標準装備されています。Excelにおける「クエリ」とは、いわばこのような機能の総称です。クエリ機能は、基本的には外部のデータベースファイルなど（データソース）から指定した条件でデータを取り込み、ワークシートに挿入するものです。取り込んだ後でデータソースに追加・変更があった場合、「更新」を実行することで、最新の情報に置き換えることができます。

クエリ機能は以前のバージョンから装備されていましたが、Excel 2016以降、それが段階的に新しい機能に置き換えられてきました。この新しいクエリ機能は、「データの取得と変換」または「Power Query」と呼ばれます。Webクエリの機能はこの新・旧いずれのクエリにも含まれていますが、細かい仕様はそれぞれ異なります。

ここではまず、新しいクエリ機能である「データの取得と変換」でWebデータを取り込む操作について解説していきましょう。

● 「データの取得と変換」のWebクエリ

「データの取得と変換」で取り込めるのは、基本的にはWebページ上で、HTMLの「table」タグで記述された「表」のデータ（table要素）です。詳細な設定を指定して表の一部のデータだけを取り込むことも可能ですが、まずは表のデータをすべて取り込んでみましょう。

なお、Excelのバージョンによっては、「データ」タブに「データの取得と変換」（または「取得と変換」）グループが表示されていない場合もあります。そのようなExcelでは、後述する旧クエリ機能を利用してみてください。table要素以外のWebページ上のデータも、旧クエリ機能のWebクエリなら取り込めますが、Webページによってはこの機能で開いた時点で問題が発生する可能性もあります。

ここでは、http://www.clayhouse.jp/cweb/goodslist というURLにある2つの表のうち、「海鮮ギフトセット」のデータを、「データの取得と変換」の機能で取り込みます。

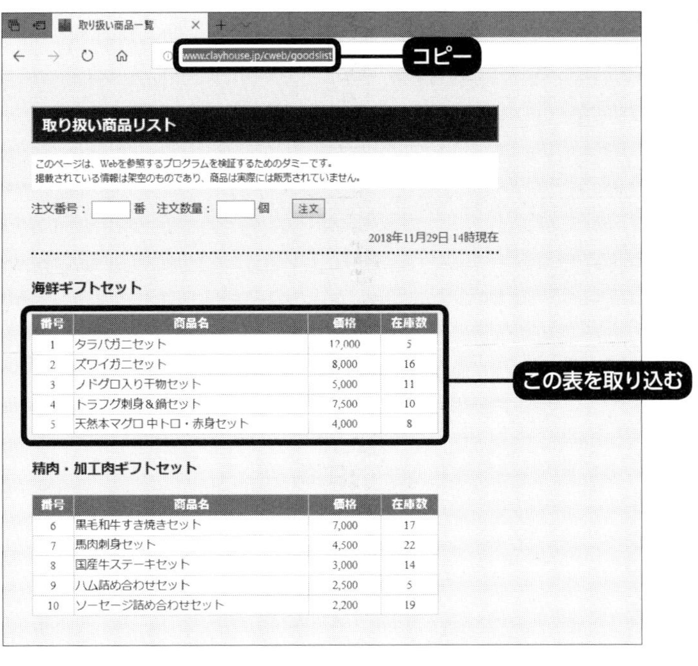

番号	商品名	価格	在庫数
1	タラバガニセット	12,000	5
2	ズワイガニセット	8,000	16
3	ノドグロ入り干物セット	5,000	11
4	トラフグ刺身＆鍋セット	7,500	10
5	天然本マグロ 中トロ・赤身セット	4,000	8

番号	商品名	価格	在庫数
6	黒毛和牛すき焼きセット	7,000	17
7	馬肉刺身セット	4,500	22
8	国産牛ステーキセット	3,000	14
9	ハム詰め合わせセット	2,500	5
10	ソーセージ詰め合わせセット	2,200	19

1 取り込みたい表のあるWebページをWebブラウザーで表示し、そのURLをコピーします。

2 「データ」タブをクリックし❶、「データの取得と変更」グループの「Webから」をクリックします❷。

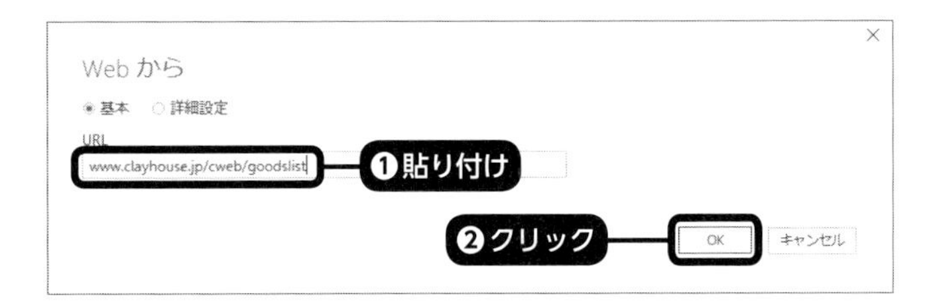

3 「Webから」ダイアログボックスが表示されます。「URL」欄をクリックし、コピーしたURLを貼り付けて❶、「OK」をクリックします❷。

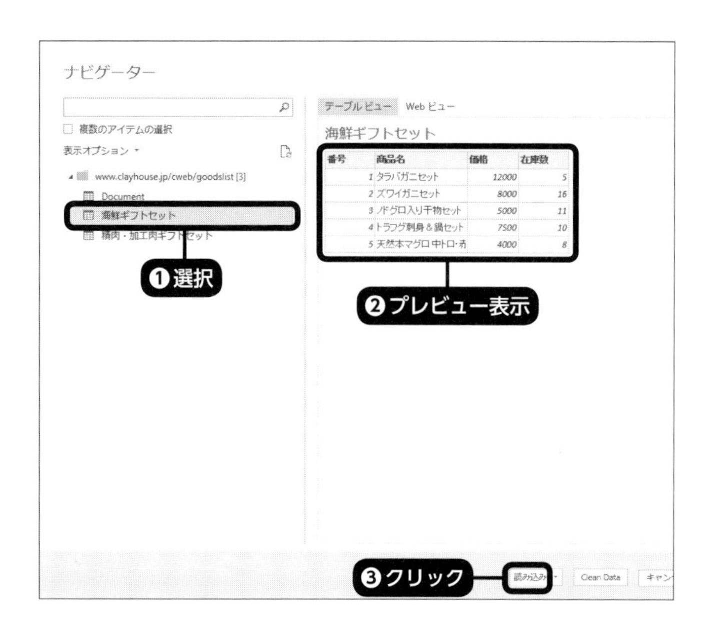

4 「ナビゲーター」ダイアログボックスが表示されます。「海鮮ギフトセット」をクリックして選択すると❶、右側にその表のプレビューが表示されます❷。「読み込み」をクリックします❸。

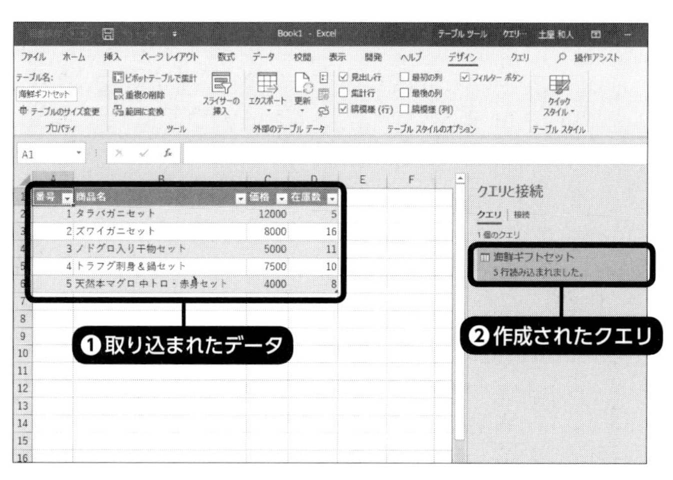

5 新しいワークシートが作成され、指定した表のデータが取り込まれています❶。取り込まれたデータは、Excelの「テーブル」形式になっています。また、自動的に「クエリと接続」作業ウィンドウが表示され、ブック内に作成されたクエリが表示されます❷。

2 表の一部のデータだけを取り込む

● Power Queryでデータを絞り込む

表のデータをすべて取り込むのではなく、特定の列や一部のデータだけを指定して取り込むことも可能です。ここでは、前回と同じWebページにある「精肉・加工肉ギフトセット」表の中で、在庫数が15個以上の「商品名」と「在庫数」のデータだけを取り出してみましょう。

1 同様の手順で「ナビゲーターダイアログボックス」を表示し、「精肉・加工肉ギフトセット」を選んで❶、「Clean Data」(または「編集」)をクリックします❷。

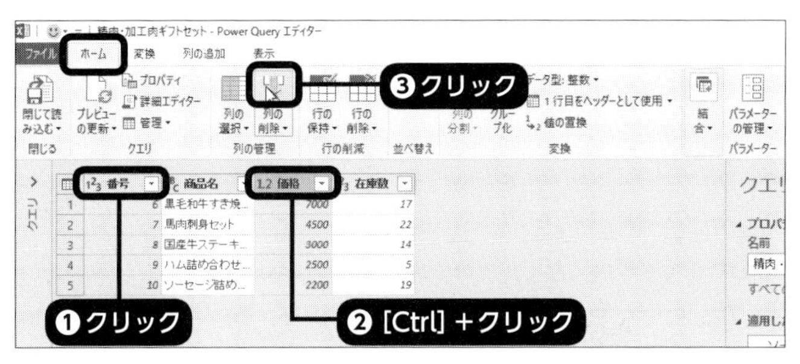

2 指定した表のデータを読み込んだ「Power Query エディター」の画面が表示されます。「番号」と「価格」の列見出しを[Ctrl]キーを押しながらクリックして選択し❶❷、「ホーム」タブの「列の管理」グループの「列の削除」をクリックします❸。

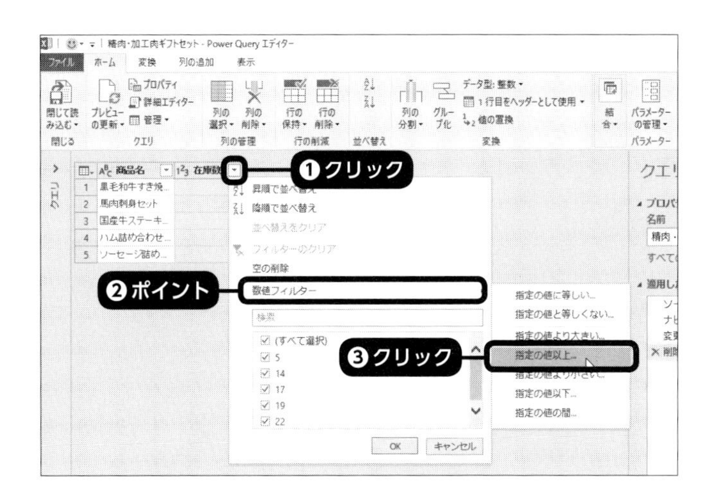

3 「番号」列と「価格」列が削除され、「商品名」列と「在庫数」列だけが残ります。「在庫数」列の「▼」をクリックし❶、「数値フィルター」から「指定の値以上」を選びます❷❸。

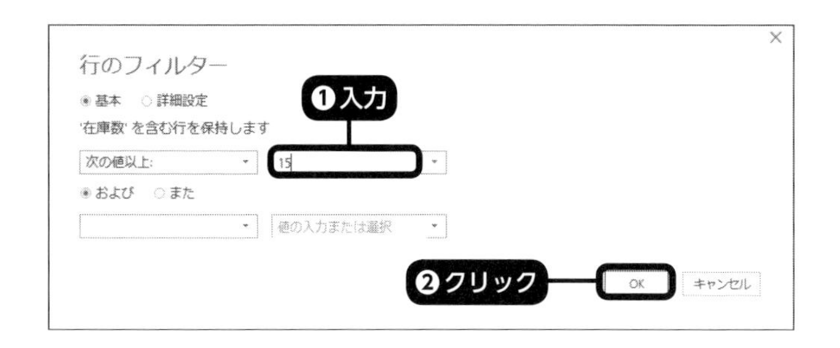

4 「行のフィルター」画面の「指定の値以上」の右側の「値の入力または選択」に「15」と入力し❶、「OK」をクリックします❷。

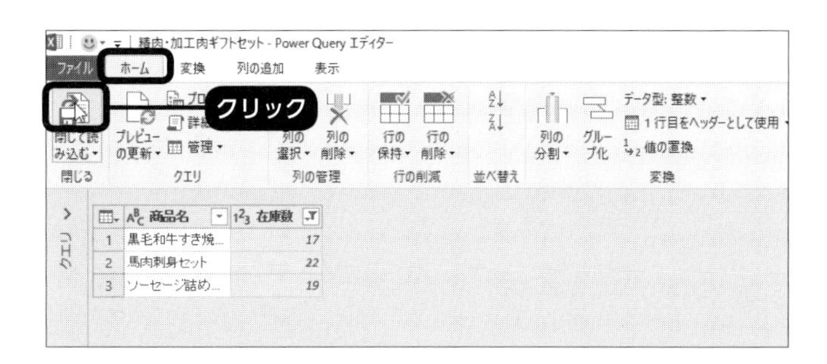

5 「在庫数」が15以上の行だけが表示されています。「ホーム」タブの「閉じる」グループの「閉じて読み込む」をクリックします。

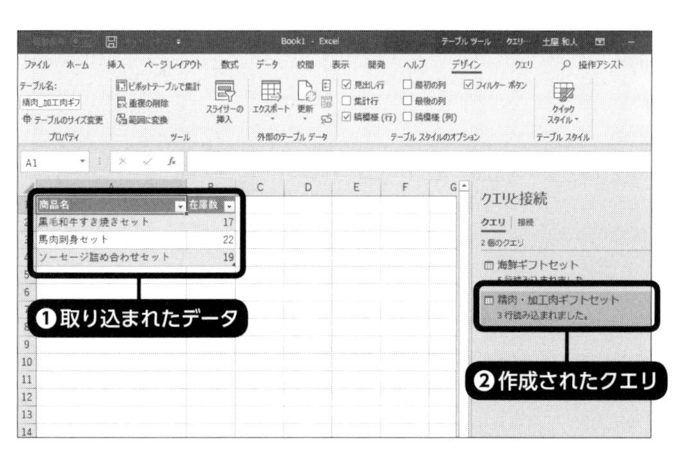

6 「Power Queryエディター」画面が閉じ、指定したデータだけがExcelのワークシートにテーブルとして取り込まれます❶。また、「クエリと接続」作業ウィンドウに、「精肉・加工肉ギフトセット」のクエリが追加されています❷。

3 最新のデータに更新する

● 手動で更新を実行する

クエリ機能でワークシートに取り込んだデータのデータソースが追加・変更されている場合、取り込み済みのデータを最新の状態に更新することができます。更新は手動で実行することも可能ですが、希望するタイミングで自動的に実行させることもできます。

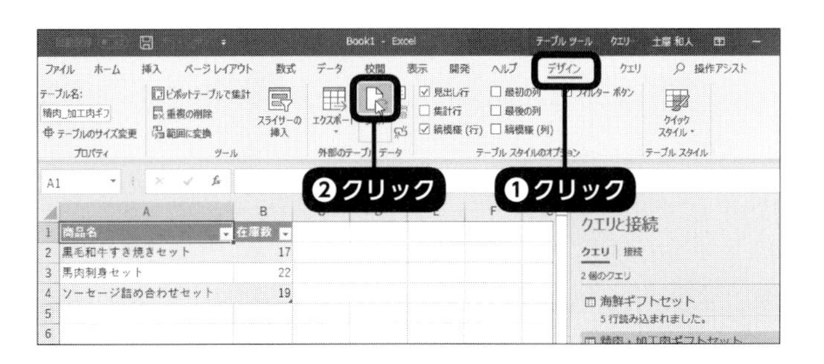

1 取り込んだデータ範囲の中のセルを選択し、「テーブルツール」－「デザイン」タブの「外部のテーブルデータ」グループの「更新」をクリックします❶❷。これで、取り込んだデータが最新の状態に更新されます。

● 自動更新を設定する

タイミングを指定して、自動的に更新が実行されるように設定することも可能です。この設定は、クエリの「プロパティ」で行います。

1 取り込んだデータ範囲の中のセルを選択し、「テーブルツール」－「デザイン」タブの「更新」の「▼」をクリックし❶❷、「接続のプロパティ」をクリックします❸。

2 「クエリプロパティ」ダイアログボックスが表示されます。一定の間隔で自動更新したい場合は、「使用」タブの「コントロールの更新」の「定期的に更新する」にチェックを付け❶、自動更新する間隔を指定します❷。

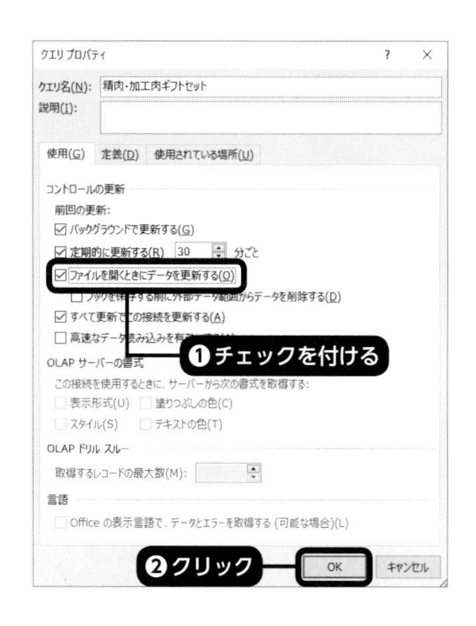

3 ブックを開いたときに自動的に更新したい場合は、「使用」タブの「コントロールの更新」の「ファイルを開くときにデータを更新する」にチェックを付けます❶。「OK」をクリックすると❷、これらの設定が変更されます。

4 クエリを編集する

● Power Queryで再編集する

再びPower Queryの画面を開き、抽出する列やフィルターの設定を変更して、改めてデータを取り込み直すことも可能です。ここでは、元データの表を、フィルターを適用したり列を削除したりする前の状態に戻し、前回順位の昇順に並べ替えて、ワークシートに取り込み直してみましょう。

1 データを取り込んだテーブルの中のセルを選択し❶、「クエリツール」－「クエリ」タブの「編集」グループの「編集」をクリックします❷❸。

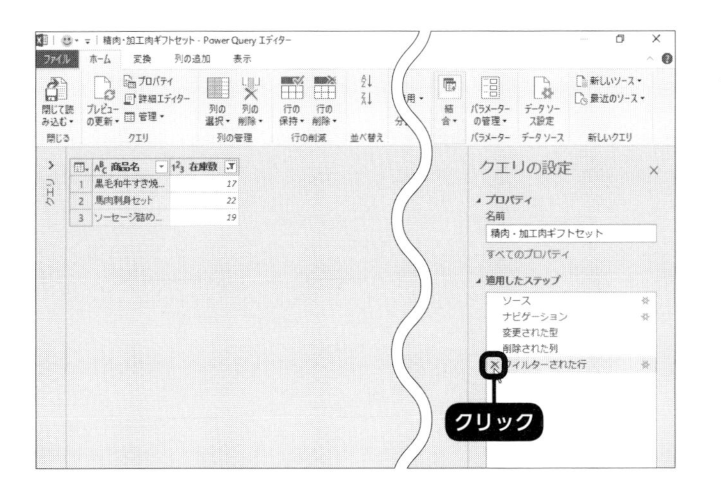

2 Power Queryエディターの画面が表示され、ワークシートに取り込む前の状態の表が表示されます。画面の右側に表示される「クエリの設定」ウィンドウの「適用したステップ」で「フィルターされた行」の左側の「×」(削除)をクリックします。これで、フィルターが解除され、すべての行が表示されます。

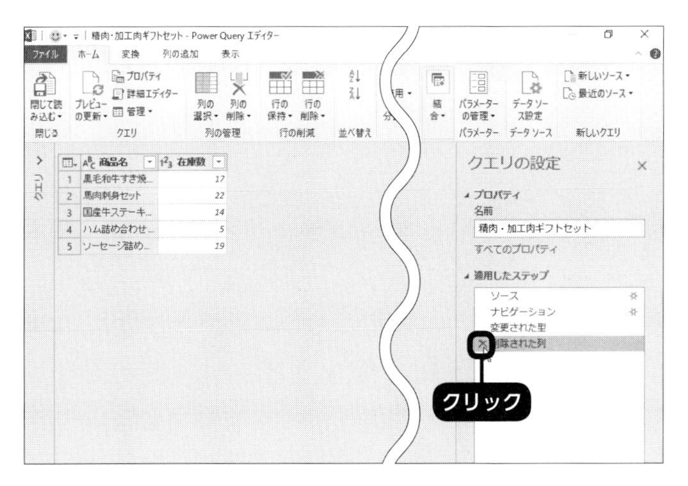

3 さらに、「削除された列」の左側の「×」(削除)をクリックします。これで、表のすべての列が再び表示されます。

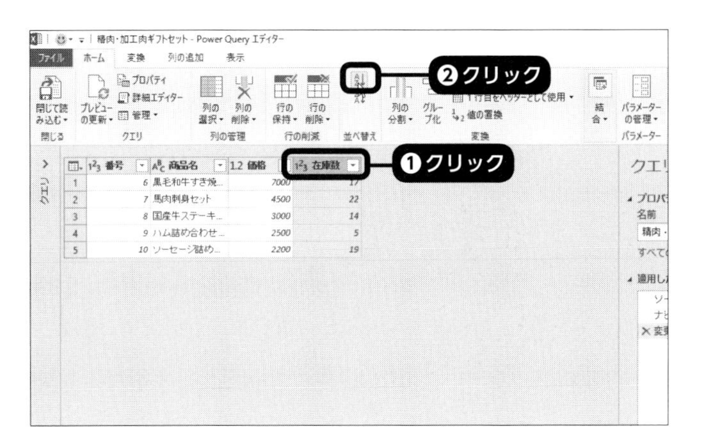

4 「在庫数」列をクリックして選択し❶、「ホーム」タブの「並べ替え」グループの「昇順で並べ替え」をクリックします❷。これで、表が在庫数の多い順に並べ替えられます。

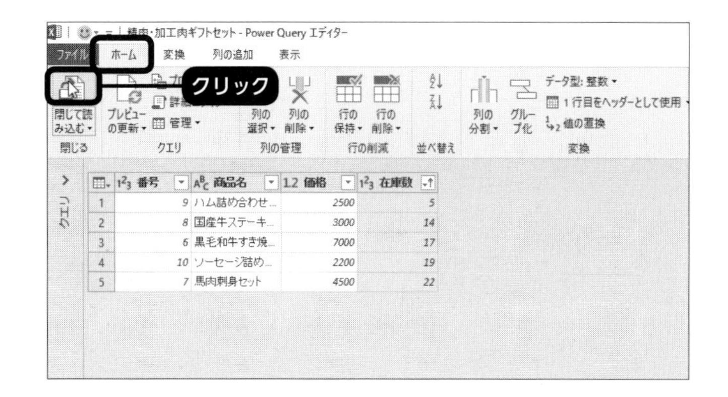

5 「前回順位」の順番で行が並べ替えられます。「ホーム」タブの「閉じる」グループの「閉じて読み込む」をクリックします。

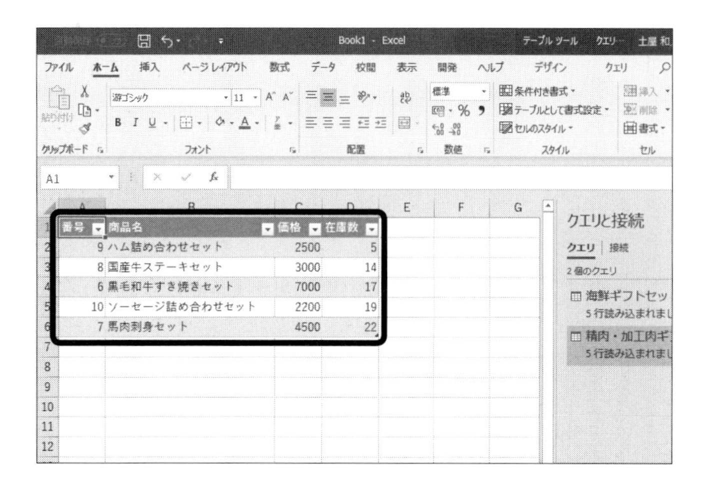

6 変更した設定の状態で、表のデータが改めてワークシートに取り込まれます。

Power Queryでできること

Power Queryエディターは、データベースなどから取り込んだデータをワークシートに貼り付ける前のいわば前処理として、編集・加工するための画面です。ここでは列の削除やフィルターなどの処理を実行していますが、これ以外にも行の削除やグループ化、列のデータの分割、列を追加してExcelと同様の関数を使った数式を設定するなど、さまざまな処理が可能です。さらに、途中の処理は１段階ごとに取り消して、どの状態までも戻すことが可能です。

Section 2-02 以前のExcelのクエリ機能

ここでは、「データの取得と変換」に変更される前のクエリ機能で、Webからデータを取り込む方法を紹介します。以前のバージョンのExcelでWebデータを取得する際にはこの機能を使用しますが、現在のExcelでも、あえて旧機能を使用する必然性があるケースもあります。

1 旧クエリ機能でWebデータを取り込む

「データの取得と変換」に変更される以前のクエリ機能でも、「Webクエリ」が用意されています。旧Webクエリでは、Excelでの作業中にミニブラウザーの画面を表示して目的のWebページを開き、その中で取り込みたい表を直接指定することができます。また、表(table要素)のデータだけでなく、Webページ全体を取り込むことができるという利点もあります。

一方で、新しい技術に仕様的に対応していない点も多く、Webページによっては正しく表示できなかったり、スクリプトエラーが頻出したりする問題点もあります。そのため、凝ったWebページや新しい機能が多用されたWebページに、この機能でアクセスすることはお勧めできません。

● 旧Webクエリを実行する

従来のWebクエリは、最新のExcelでも、「Webから(レガシ)」として実行可能です。ここでは、この機能を使用して、前項と同じWeb上のデータをワークシートに取り込んでみましょう。

なお、すでにPower Queryによるデータの取り込みを実行しているブックでは、「Webから(レガシ)」は使用できません。以下の操作は、新しいブックに対して実行しています。

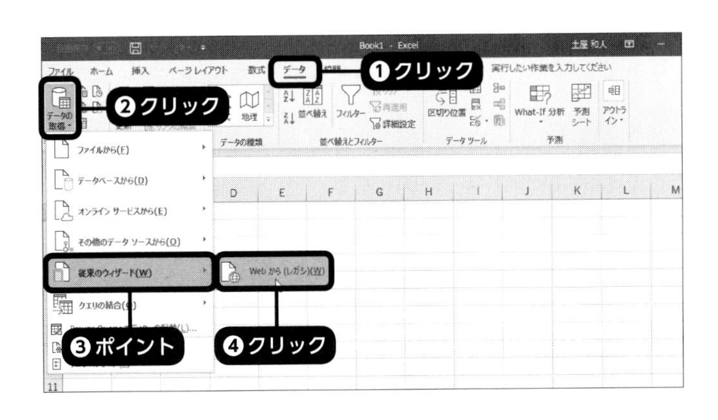

1 「データ」タブの「データの取得と変換」グループの「データの取得」をクリックし❶❷、「従来のウィザード」から「Webから(レガシ)」を選びます❸❹。なお、Excel 2013以前では、「データ」タブの「外部データの取り込み」グループの「Webクエリ」をクリックします。

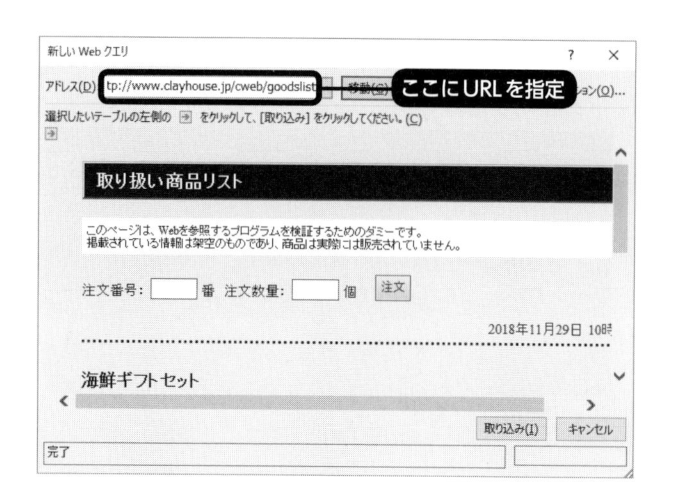

2 表示される「新しいWebクエリ」ダイアログボックスはいわばミニブラウザーであり、リンクをたどったり、URLを直接入力したりして、目的のページを表示させることができます。

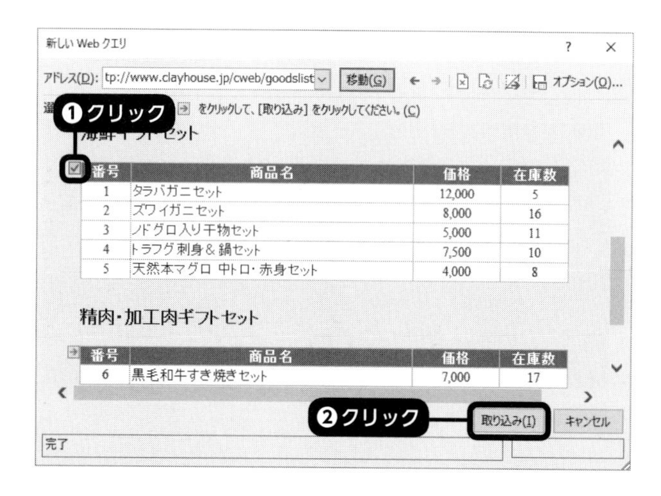

3 取り込み対象として指定できる箇所の左上には、矢印が表示されています。取り込みたいデータに付いている矢印をクリックし❶、「取り込み」をクリックします❷。

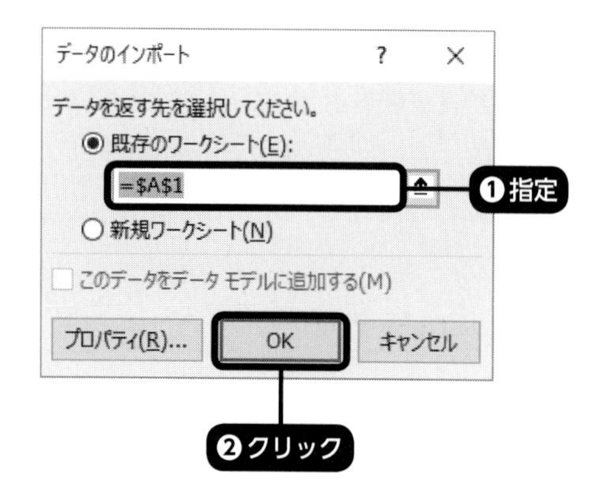

4 「データのインポート」ダイアログボックスが表示されるので、データを取り込む位置の左上端のセルを指定して❶、「OK」をクリックします❷。

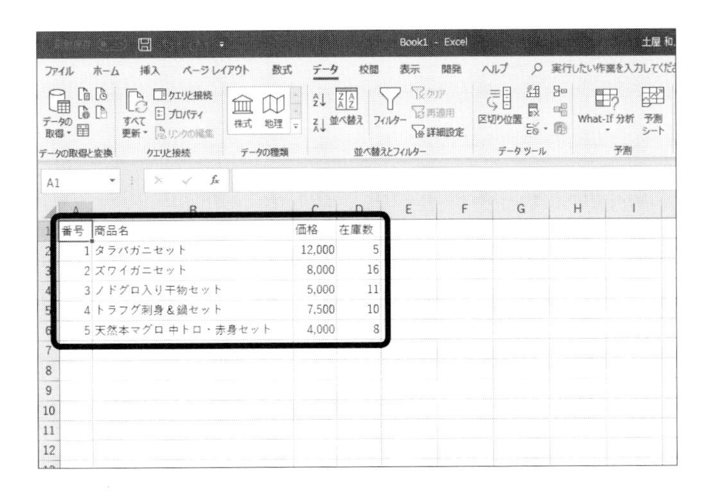

5 指定したデータがワークシートに取り込まれます。ただし、新クエリで取り込んだ場合とは異なり、テーブルの形式にはなりません。

2 旧Webクエリを更新する

● 手動で更新を実行する

取り込み元のデータソースが変更されている可能性がある場合には、新Webクエリと同様、「更新」を実行して最新の情報に変更しましょう。まず、更新を手動で実行するには、次のようにします。

1 取り込んだデータ範囲の中のセルを選択し❶、「データ」タブの「クエリと接続」(または「接続」)グループの「すべて更新」をクリックします❷❸。これで、取り込んだデータが最新の状態に更新されます。

● 自動更新を設定する

一方、タイミングを指定して、自動的に表を最新の状態に更新したい場合は、以下のような手順で設定します。

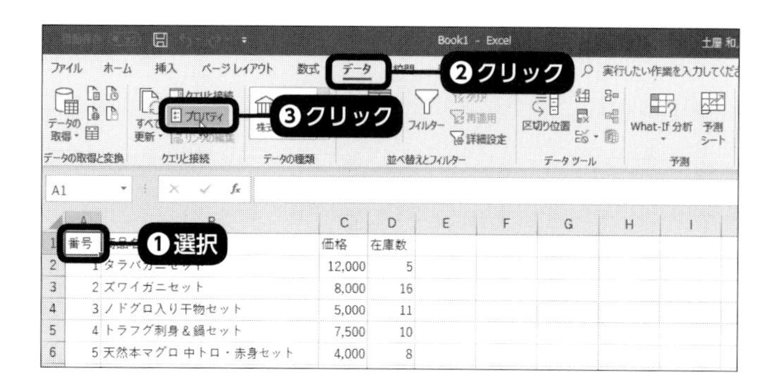

1 取り込んだデータ範囲の中のセルを選択し❶、「データ」タブの「クエリと接続」(または「接続」)グループの「プロパティ」をクリックします❷❸。

2 「外部データ範囲のプロパティ」ダイアログボックスが表示されます。一定の間隔で自動更新したい場合は、「使用」タブの「コントロールの更新」の「定期的に更新する」にチェックを付け❶、自動更新する間隔を指定します❷。

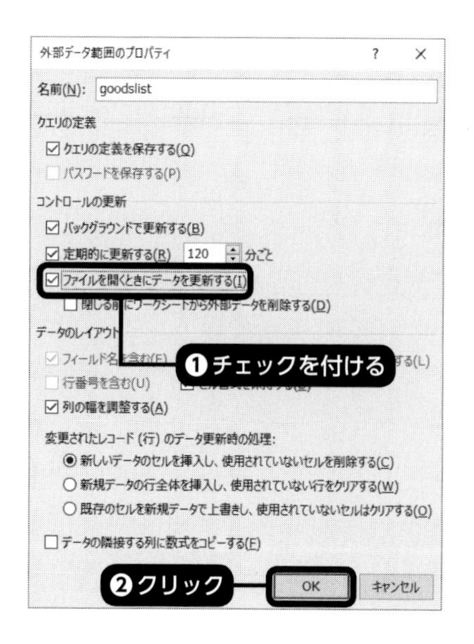

3 ブックを開いたときに自動的に更新したい場合は、「使用」タブの「コントロールの更新」の「ファイルを開くときにデータを更新する」にチェックを付けます❶。「OK」をクリックすると❷、これらの設定が変更されます。

3 旧クエリを再設定する

● 旧Webクエリで表を取り込み直す

Webクエリを設定したときと同じミニブラウザー画面を再び表示し、取り込むWebページや表を指定し直すことも可能です。

1 取り込んだデータ範囲の中のセルを右クリックし❶、「クエリの編集」を選びます❷。

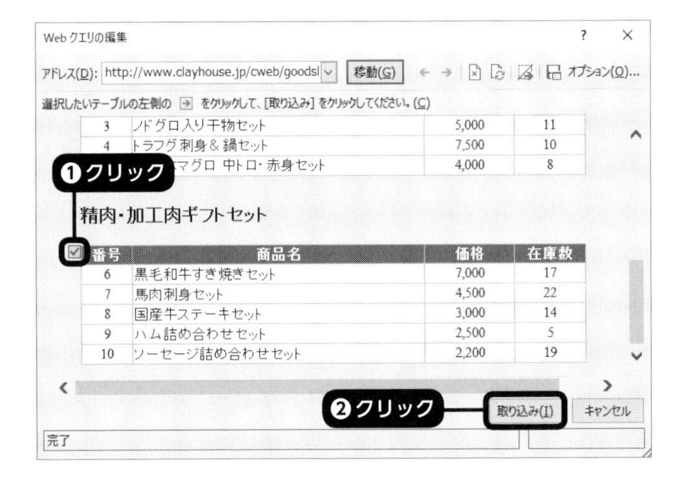

2 「Webクエリの編集」画面が表示されます。ここで改めて取り込むデータを指定し❶、「取り込み」をクリックして、別のデータを取り込み直します❷。

Section 2-03 XMLデータの基本を理解する

Webから取得可能なデータの形式として、「XML」もよく使用されています。Excelでは、XMLデータをワークシートに取り込むことも可能です。ここでは、その具体的な取り込み方法を解説する前に、XMLの概要について簡単に説明しておきましょう

1 XMLの基礎知識

まず、XMLの基礎知識について解説します。ただし、本書の目的はExcelでWebデータを取り込むことなので、ここではXMLの仕様全般ではなく、この目的に関連する内容をごく簡単に解説するだけに留めます。その上で、Excelの基本機能だけ（VBAによるプログラミングまでは行いません）で、XMLデータをワークシートに取り込む手順を解説していきます。

最初に、「XML」という言葉の意味と、その仕様について簡単に説明しましょう。

● XMLとHTML

XMLとは「Extensible Markup Language」の略で、HTMLなどと同じ「マークアップ言語」の一種です。「言語」と聞くと、CやJavaといったいわゆる「プログラミング言語」を思い浮かべる人が多いかもしれませんが、マークアップ言語とは、ごく単純ないい方をすると、データに対する「タグ」の付け方のルールを規定したものです。

タグは、各データの役割や内容を表すために、文書中に埋め込むものです。HTMLやXMLの場合、開始位置のタグは「< >」で、終了位置のタグは「</ >」で囲んで指定します。たとえば特定のデータに「name」というタグを付けたい場合、そのデータの開始位置には「<name>」を、終了位置には「</name>」というタグを指定します。また、開始タグと終了タグを含めたデータ部分全体を「要素」と呼び、この例における「name」などは「要素名」といいます。

タグの使い方には共通点があるものの、HTMLとXMLはやはり別物です。HTMLは、基本的にWebページの表示方法を指定することを目的としたマークアップ言語であり、ある目的のために使用するタグがあらかじめ規定されています。それに対してXMLは、ユーザーが用途を設定できる汎用的なマークアップ言語であり、使用するタグもユーザーが自由に決めることが可能です。

Web上で提供されているXMLデータでは、それぞれ独自に定義されたタグが使用されています。したがって、XMLデータをExcelに取り込んで利用するためには、そのXML全体の構成と各タグの意味をあらかじめ理解する必要があります。

2 XML文書の記述例

ここからは、XMLデータにおけるタグの記述方法について、さらに具体的に紹介していきましょう。

対象のデータの中に「鈴木一郎」や「田中花子」といった複数の人名が含まれていても、それだけではほかのデータの中から人名だけを取り出し、加工などの処理を行うのは困難です。XMLでは、たとえば次のようなタグを付けることで、人名のデータを確実に判別することができます。

コード01 XMLのタグの記述例1

```
<name> 鈴木一郎 </name>
```

この「name」は例であり、実際にはこれ以外にも自由な要素名を指定することができます。また、HTMLには「
」のように単独で使用できるタグもありますが、XMLでは必ず開始タグと終了タグをセットで使用する必要があります。ただし、内容(コンテンツ)を含まない要素(空要素)の場合、「<data></data>」とする代わりに、次のように記述することで、開始と終了を1つのタグで済ませることが可能です。

コード02 XMLのタグの記述例2

```
<data />
```

また、タグには、要素名の後に「属性」を指定することもできます。属性とは、内容として指定するデータのほかに、補足的な情報を付加するために使われるものです。属性は、要素名の後にスペースを空け、任意の属性名に「=」を続けて、「""」で囲んで指定します。次のような記述は、name要素にふりがなの情報を付加した例です。

コード03 XMLのタグの記述例3

```
<name yomi=" スズキイチロウ "> 鈴木一郎 </name>
```

XMLでは、各要素を入れ子にし、階層的に記述することができます。たとえば、次の例は、各個人について「person」というタグに入れ、その中で名前や年齢といった複数の情報をそれぞれのタグで並列に記述しています。

コード04 XMLのタグの記述例4

```
<person><name> 鈴木一郎 </name><age>24</age><sex> 男 </sex></person>
```

また、このような階層構造を持つXMLデータでは、次のように各要素を改行し、インデント（字下げ）する書き方も可能です。インデントのために入力したタブやスペースは無視されます。このように表すと、タグの対応関係と全体の構造がわかりやすくなります。

コード05 XMLのタグの記述例5

```
1  <person>
2      <name>鈴木一郎</name>
3      <age>24</age>
4      <sex>男</sex>
5  </person>
```

階層構造のXMLデータで最上位、つまり入れ子の最も外側にある要素を「ルート要素」といいます。上の例の場合は「person」がルート要素になります。

つまり、1つのXML文書は、構造的にはルート要素の開始タグで始まり、ルート要素の終了タグで終わるわけですが、通常はその開始タグの前に「XML宣言」と呼ばれる行を記述します。これは、文字通り、その文書がXML文書であることを表すものです。次にその一例を示します。

コード06 XML宣言

```
<?xml version="1.0" encoding="UTF-8" standalone="yes"?>
```

「version=」の指定は省略不可で、常に「1.0」を指定します。「encoding=」は、その文書で使用される文字コードを示すものです。また、「standalone=」は、そのXML文書がスタンドアロン文書（外部ファイルを参照していない文書）かどうかを「yes」または「no」で示すものです。

なお、XML形式のデータを保存する場合の拡張子は、通常「.xml」としますが、これは必須ではありません。後述する「RSS」のデータなど、それ以外の拡張子が設定されたXML形式のファイルもあります。XMLデータをテキストファイルとして保存する際には、文字コードを「encoding」の指定に合わせるようにしましょう。

3 XPathの概要

後述するExcelのWeb関数などでは、XML文書の中の特定の位置を指定するために「XPath（XML Path Language）」を使用します。XPathは、もともとXSLT（XMLの変換用言語）でXML文書の特定のデータを指定するために用意された言語です。

XMLのデータモデルとノード

「ノード」とは、XML文書をXPathのデータモデルによってツリー形式で表したときの各節点のことで、次の7種類があります。

表01 ノードの種類

種類	説明
ルートノード	ツリーの最上位を表すノード
要素ノード	各要素を表すノード
属性ノード	要素の属性を表すノード
テキストノード	開始・終了タグで挟まれたデータ部分を表すノード
名前空間ノード	名前空間を表すノード
処理命令ノード	処理命令を表すノード
コメントノード	コメントを表すノード

「ルートノード」は、このデータモデルではルート要素を表す要素ノードのさらに上位に当たります。つまり、ルートノード=ルート要素ではないので注意が必要です。

また、ツリーで直接上位に当たるノードを「親ノード」、直接下位に当たるノードを「子ノード」、同じ親ノードの同列の子ノード同士を「兄弟ノード」といいます。要素に含まれる属性もノードの1つですが、要素ノードの子ノードというわけではなく、XPathでの扱いも異なります。「名前空間ノード」以下の3種類については、ここでは説明を省略します。

まず、次のようなXML文書を例として説明しましょう。

コード07 XML文書の例1

```
  <?xml version="1.0" encoding="UTF-8" standalone="yes"?>
1 <member section="営業1課">
2     <name>山田健太</name>
3     <area>東京C地区</area>
4     <product>
5             <name>エクセルドリンクEX</name>
6             <id>A0010</id>
7     </product>
8 </member>
```

これをXPathのデータモデルのツリー形式で表すと、次ページの図のようになります。なお、冒頭のXML宣言の行はノードには含まれません。

図01 ツリー形式のデータモデル

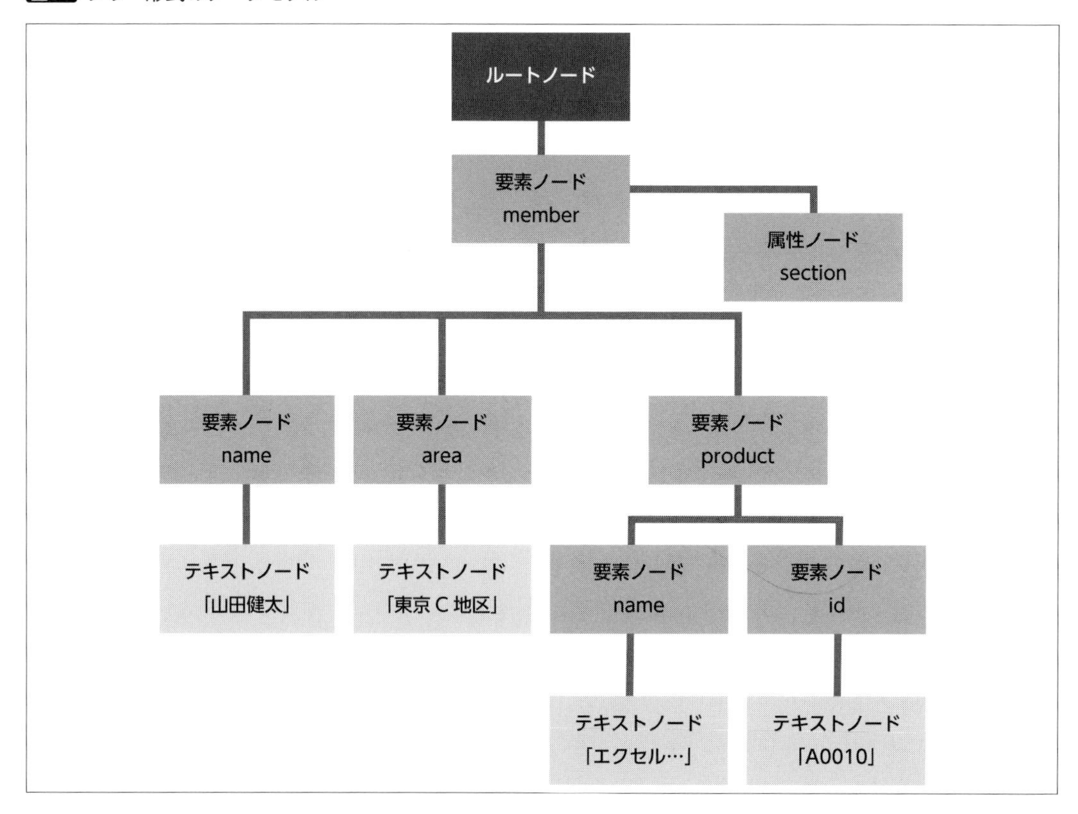

XPathによる位置の指定にはさまざまな記述方法がありますが、ここでは簡単な例をいくつか紹介しておきましょう。

先頭に指定する「/」は、ルートノードを表します。「area」という要素を、ルートノードからすべての階層をたどる形で確実に指定するには、次のように記述します。

コード08 XPathの記述例1

```
/member/area
```

また、「product」要素の子ノードに当たる「id」要素は、次のように指定します。

コード09 XPathの記述例2

```
/member/product/id
```

中間のノードを省略して、子孫に当たるノードの中から特定の名前のノードを指定することも可能です。省略する部分は、「//」のように指定します。たとえば、次のようにすると、このXML文書の中で最初に登場する「name」要素が指定できます。

コード10 XPathの記述例3

```
//name
```

ただし、このXML文書では同名の「name」という要素が2カ所で使われています。上の方法で指定されるのは、先に登場する「member」要素の子ノードの「name」要素です。「product」要素の子ノードの「name」要素を指定したい場合は、たとえば次のようにします。

コード11 XPathの記述例4

```
//product/name
```

また、属性ノードを指定する場合は、「@」を付けて指定します。「member」要素の「section」属性を指定したい場合は、次のようにします。

コード12 XPathの記述例5

```
/member/@section
```

XML文書では、同名の要素が複数、並列に記述される場合も少なくありません。ここからは、例を次のようなXML文書に変更して説明します。

コード13 XML文書の例2（その1）

```
   <?xml version="1.0" encoding="UTF-8" standalone="yes"?>
1  <team>
2      <member code="M001">
3              <name>鈴木純一</name>
4              <age>28</age>
5      </member>
6      <member code="M010">
7              <name>鈴木真知子</name>
8              <age>25</age>
9      </member>
10     <member code="M015">
11             <name>佐藤浩二</name>
```

コード13 XML文書の例2（その2）

```
12              <age>32</age>
13          </member>
14      </team>
```

同名の要素が複数ある場合、その登場順を表す番号を使って特定することができます。たとえば、2番目のメンバーの名前を表す要素は、次のように指定できます。

コード14 XPathの記述例6

```
//member[2]/name
```

また、属性を使って指定することも可能です。次の例は、コード番号が「M015」であるメンバーの年齢を表す要素を指定したものです。

コード15 XPathの記述例7

```
//member[@code='M015']/age
```

4 RSSフィードの利用

Webから取得するXMLデータの例として、RSSフィードを利用する方法を説明します。具体的には、技術評論社が提供している新刊書籍情報のRSSフィードへのアクセス方法を紹介しましょう。

なお、各サイトでフィードのアイコンをクリックしたときに表示される内容については、使用しているWebブラウザーによって異なります。ここでは、Google Chromeを使った例を示します。

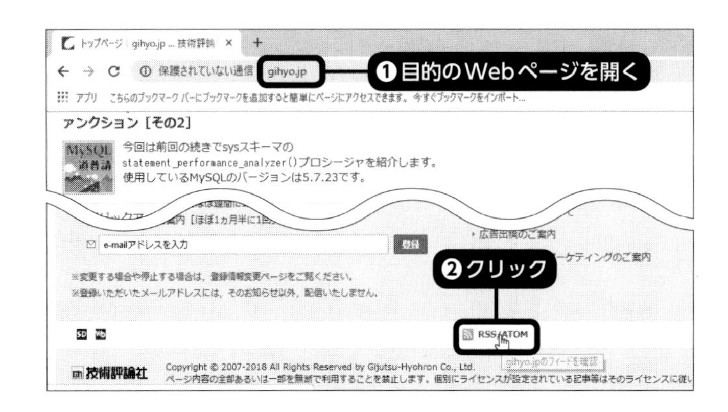

1 Webブラウザーで目的のWebサイトを開きます❶。そのページに「RSS」や「フィード」などのリンクがないか探し、あった場合はクリックします❷。ここでは「http://gihyo.jp/」を開いています。

2 このサイトで提供しているフィードの一覧が表示されます。ここでは「新刊書籍情報」の「RSS 2.0」のリンクをクリックします。

3 Google Chromeの場合、そのRSSフィードで提供されるXMLデータが表示されます。以降のXMLデータを取り込む作業ではこのページのURLを使用するので、アドレスバーの内容を選択してコピーしておきます。なお、Microsoft Edgeの場合は、「RSS 2.0」などのリンクをクリックすると、RSSをファイルとしてダウンロードするメッセージが表示されます。

Section 2-04 Web上のXMLデータを取り込む

ここからは、Excelの標準機能を利用して、Web上のXMLデータを取り込む手順を紹介していきます。具体的には、「Web関数」と「XMLテーブル」を利用します。取り込む対象のデータとしては、前項で紹介した技術評論社の新刊書籍情報のRSSフィードを使用します。

1 Web関数を利用する

Excel 2013から、数式で使用可能な関数として、新たに「Web関数」が追加されました。Web関数は、指定したデータをWebから取得し、セルに表示することを目的とした関数です。データを取得するWEBSERVICE関数では、対象のデータの形式を問わずセルに表示することが可能ですが、XML形式のデータであれば、FILTERXML関数でその中の特定のデータを取り出すことができます。

また、Webに関連した操作を行う関数として、以前から存在するHYPERLINK関数についても、ここで簡単に説明します。

● Web上のデータをセルに表示する

指定したURLで取得できるデータを、そのままテキストとしてすべて取り出すことができるのがWEBSERVICE関数です。この関数の書式は次の通りです。

書式01 WEBSERVICE関数の書式

```
WEBSERVICE(URL)
```

引数「URL」にURLを表す文字列を指定すると、戻り値として、そのURLから取得したテキストが求められます。HTMLで記述された一般的なWebページのURLを指定した場合、求められるのはそのHTMLソースです。この関数だけの数式をセルに入力した場合、それがすべてセルに表示されます。ここでは、前項でコピーしたURLを利用し、取得した技術評論社の新刊書籍情報のRSSフィードをサンプルとして使用しましょう。

このデータの全文を取り出すには、次のような数式をセルに入力します。引数「URL」の指定には、コピーしたテキストを貼り付けます。なお、この数式を入力したセルでは、改行やタブは表示されず、すべてのデータがつながって表示されます。また、セルに表示できる文字数には制限があるため、すべてのデータが表示されるとは限りません。

図02 WEBSERVICE関数の使用例

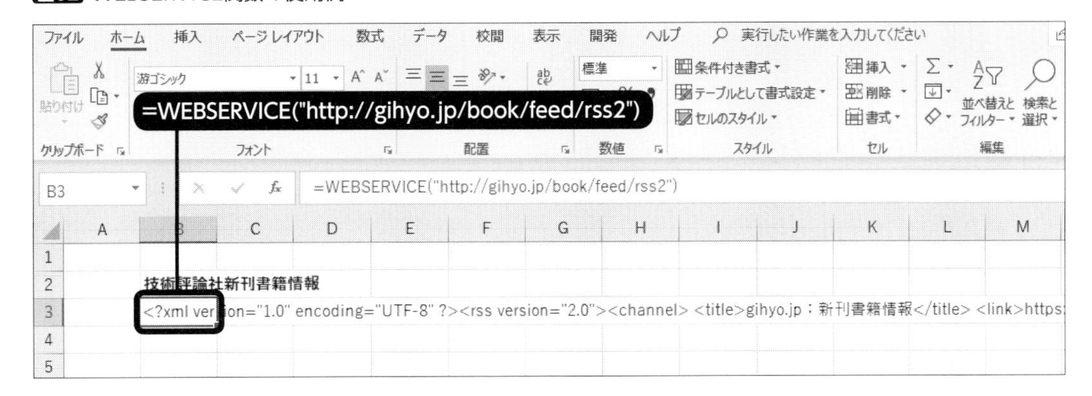

なお、この関数では、ローカルPCのディスク内のXMLファイルのデータは取り込めません。

● XMLから特定の要素を取り出す

Webページから取り出したXMLデータから、特定の要素のデータを取り出したい場合は、FILTERXML関数を使用します。この関数の書式は次の通りです。

書式02 FILTERXML関数の書式

```
FILTERXML(xml,xpath)
```

引数「xml」に指定したXMLデータから、引数「xpath」にXPathで指定した位置にあるデータを取り出します。前項と同じRSSフィードから、3番目の新刊書籍名を取り出すには、WEBSERVICE関数とFILTERXML関数をネストした次のような数式を、セルに入力します。

図03 FILTERXML関数の使用例

● 日本語をURLエンコードする

XMLデータを取り出す例ではありませんが、Web関数に分類される関数として、ENCODEURL関数についてもここで紹介しておきましょう。

検索ページなどでは、URLにその検索文字列を組み込む形でリクエストが送信されます。つまり、そのURLの仕様を理解していれば、WEBSERVICE関数で検索結果のページを取得することも可能です。ただし、検索したい文字列が日本語の場合は、そのままURLに組み込むと問題が発生する可能性もあります。このようなときは、通常、「URLエンコード」と呼ばれる処理で、全角日本語の文字列を半角の英数字と記号（%）からなる文字列に変換します。

Excelでは、ENCODEURL関数でこのURLエンコードの処理を実行できます。この関数の書式は次の通りです。

書式03 ENCODEURL関数の書式

```
ENCODEURL(文字列)
```

引数「文字列」にURLで使用したい文字列を指定すると、戻り値としてURLエンコードされた文字列が返されます。

次の例は、B3セルに入力された文字列をURLエンコードした例です。

図04 ENCODEURL関数の使用例

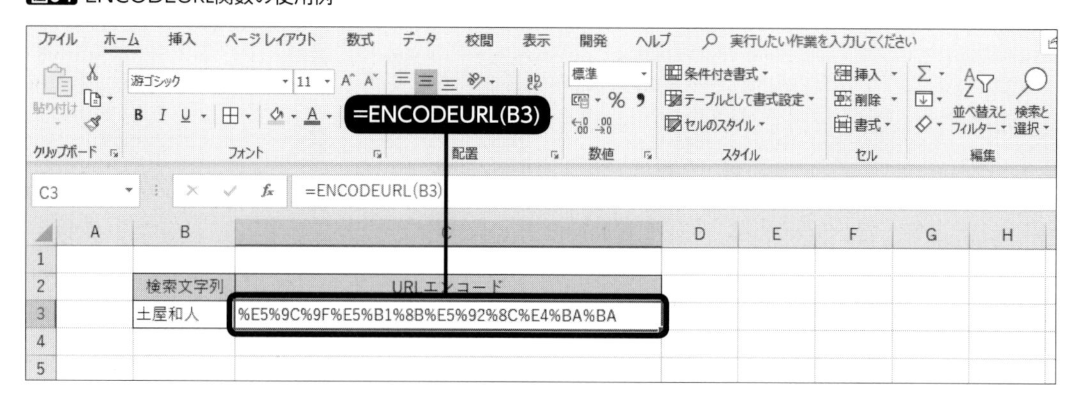

この文字列を、検索結果を表示するページのURLと組み合わせて、WEBSERVICE関数の引数にすることも可能ですが、ここではセルにハイパーリンクを設定し、クリックするとその検索結果のページが開かれるような仕組みを、HYPERLINK関数を使って実現してみましょう。

書式04 HYPERLINK関数の書式

```
HYPERLINK( リンク先 ,[ 別名 ])
```

この関数の数式を入力すると、そのセルに引数「リンク先」へのハイパーリンクが設定されます。引数「別名」を指定した場合、セル上にはリンク先のURLではなく、その別名が表示されます。

この関数をENCODEURL関数と組み合わせ、技術評論社のWebサイトでB2セルに入力した文字列を検索した結果を表示するハイパーリンクを設定しましょう。

図05 HYPERLINK関数の使用例

2 XMLテーブルでデータを取り出す

WEBSERVICE関数では指定したURLのデータ全体を求めることができますが、そこから特定のデータだけを取り出すには、ほかの関数と組み合わせたやや複雑な処理が必要となります。

また、1つのXMLデータに含まれている複数のデータを、個別に取り出すのもかなり大変です。つまり、同種のデータを複数含むXMLデータから、それらのデータを個別にセルに取り込みたいといった目的には、WEBSERVICE関数は向いていません。対象のデータの件数が状況によって変化する場合などでは、あらかじめセルに数式を入力しておくこともできません。

「XMLテーブル」機能を利用すると、XMLデータの中の特定の要素を指定して、ワークシートにインポートすることができます。取り込むXMLデータは、Web上のデータでも、ローカルPCのディスク内にあるXMLファイルでも構いません。

● XMLソースの対応付けを設定する

ここではまず、作業中のPCに保存されているXMLファイルをExcelのワークシートに取り込む例から紹介していきましょう。P.51でも例として紹介した次のようなXMLデータに、「members.xml」という名前を付けて保存したXMLファイルを取り込んでみます。

コード16 XMLファイルの例

```
   <?xml version="1.0" encoding="UTF-8" standalone="yes"?>
1  <team>
2      <member code="M001">
3              <name>鈴木純一</name>
4              <age>28</age>
5      </member>
6      <member code="M010">
7              <name>鈴木真知子</name>
8              <age>25</age>
9      </member>
10     <member code="M015">
11             <name>佐藤浩二</name>
12             <age>32</age>
13     </member>
14 </team>
```

最初に、「XMLソース」作業ウィンドウを表示し、取り込むXMLファイルの「対応付け」(XMLマップ)を設定します。この操作は、リボンに「開発」タブが表示されていることが前提となります(P.22参照)。

また、ここで設定する対応付けには、本来はXMLデータの各要素の構造やデータ型を定義するための

「XMLスキーマ」を指定します。XMLファイルを指定した場合は、その構造が解析され、自動的に対応付けが作成されます。

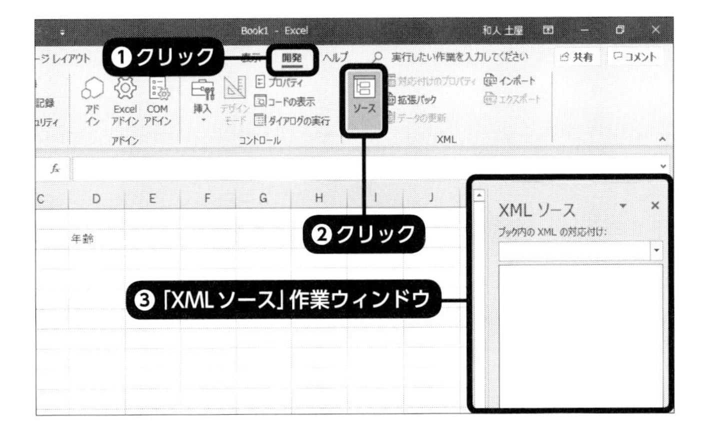

1 「開発」タブの「XML」グループの「ソース」をクリックします❶❷。画面の右側に「XMLソース」作業ウィンドウが表示されます❸。

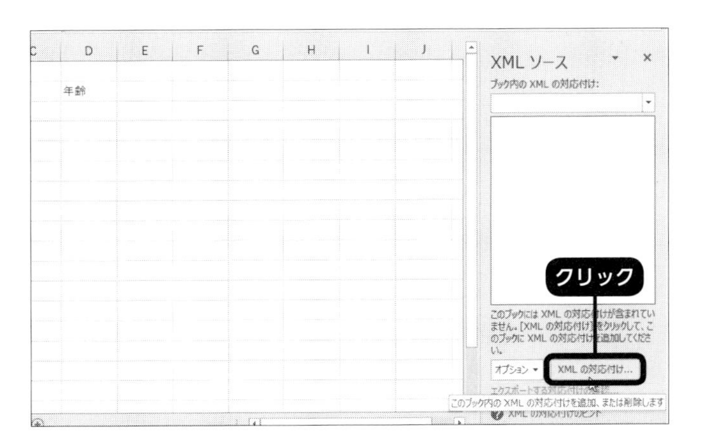

2 「XMLソース」作業ウィンドウの「XMLの対応付け」をクリックします。

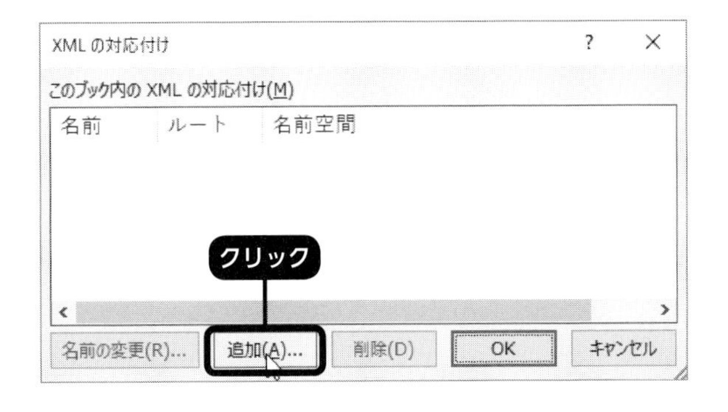

3 「XMLの対応付け」ダイアログボックスが表示されます。「追加」をクリックします。

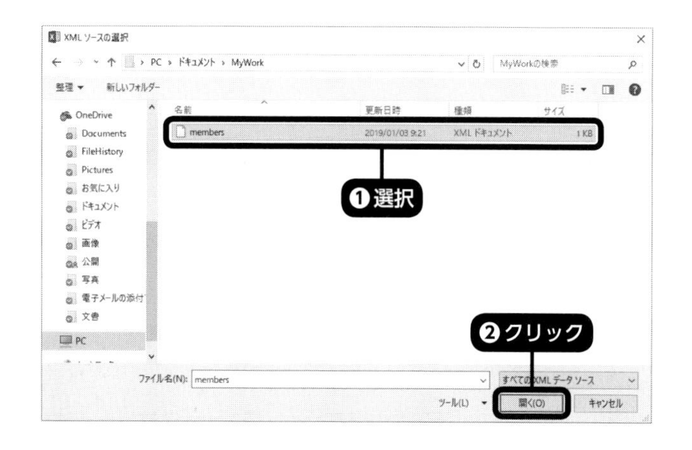

4 「XMLソースの選択」ダイアログボックスが表示されます。取り込みたいXMLファイルを選択し❶、「開く」をクリックします❷。

5 「指定したXMLソースはスキーマを参照していません。…」というメッセージが表示されます。「OK」をクリックします。

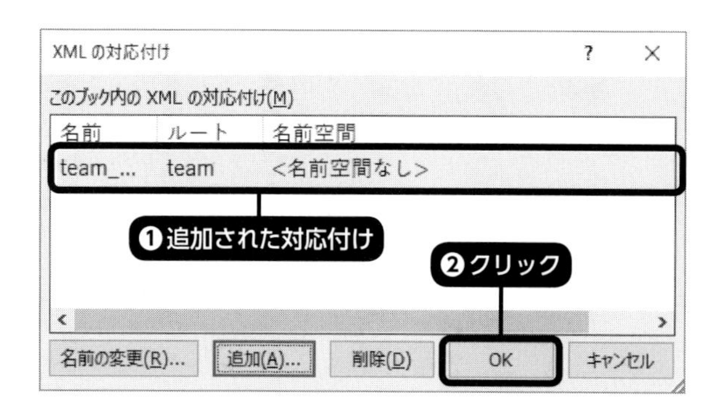

6 「XMLの対応付け」ダイアログボックスに対応付けが追加されます❶。「OK」をクリックします❷。

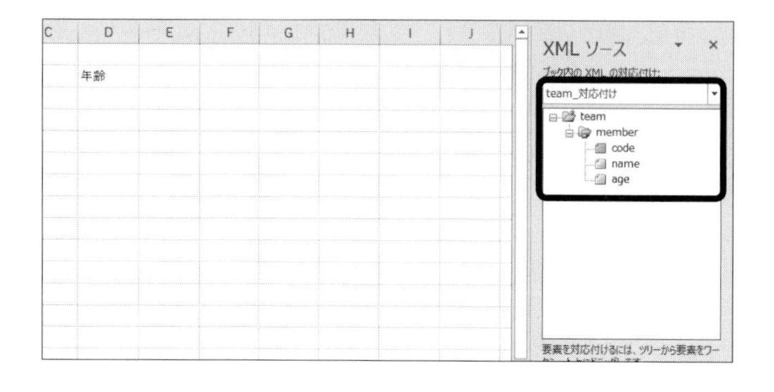

7 「XMLソース」作業ウィンドウに対応付けが追加されたXMLデータの構成がツリー形式で表示されます。この部分で、そのXMLデータにどのような要素が含まれているかを確認することができます。

● テーブルにXMLデータを取り込む

XMLテーブルは、通常のセル範囲ではなく、その名の通り「テーブル」(P.25参照)です。事前にテーブルに変換したセル範囲をXMLデータと対応付けることもできますが、ここでは対応付けの操作によってテーブルへの変換も行いましょう。

テーブルの列名は、XMLの要素名とは別に指定することができます。ここでは、横に3つ並んだセルに、あらかじめ「コード」「氏名」「年齢」と入力しておきます。

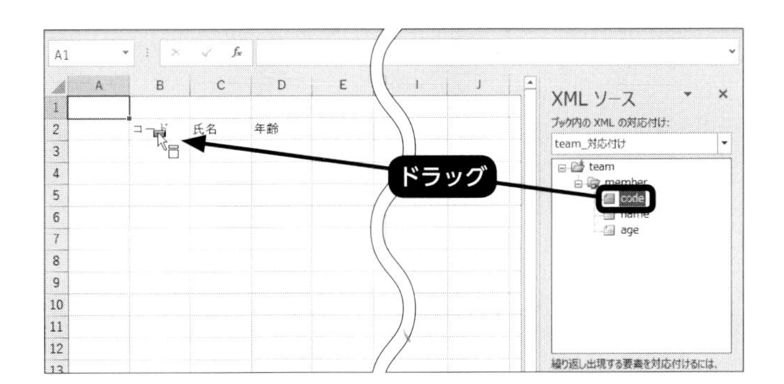

1 まず「member」要素の「code」属性を「コード」と入力したB2セルにドラッグします。これで、B2:B3のセル範囲がテーブルに変換され、この「コード」列が「code」と対応付けられます。

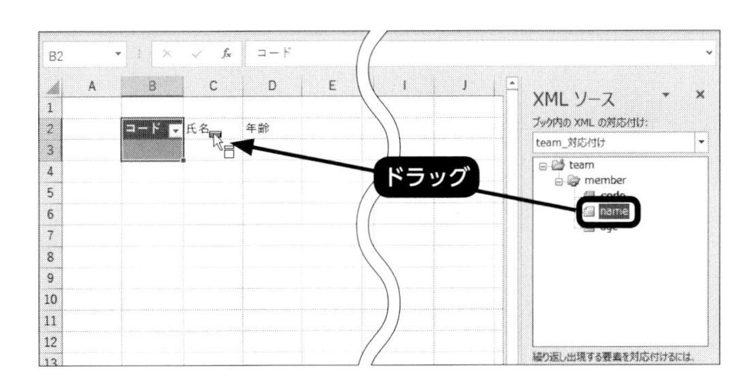

2 「name」要素を「氏名」と入力したC2セルにドラッグします。これで、テーブルの範囲がB2:C3のセル範囲に広がり、「氏名」列が「name」と対応付けられます。

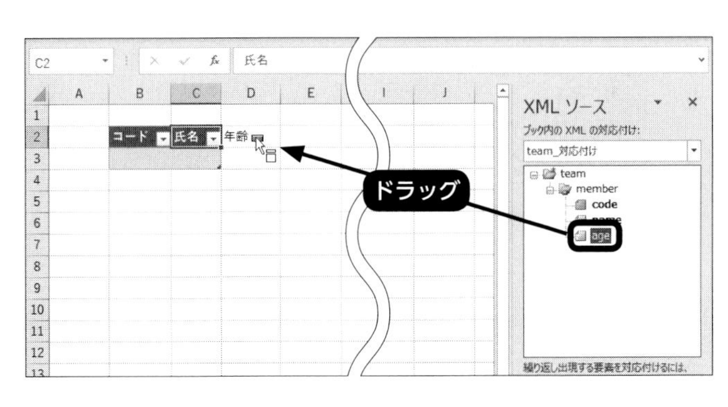

3 「age」要素を「年齢」と入力したD2セルにドラッグします。これで、テーブルの範囲がB2:D3のセル範囲に広がり、「年齢」列が「age」と対応付けられます。

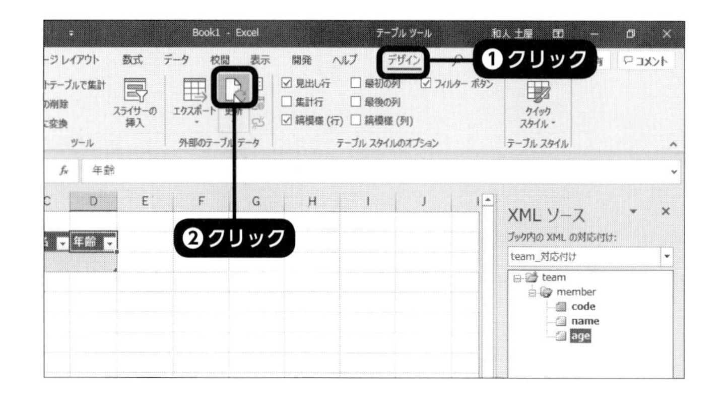

4 テーブル内のセルを選択している状態で、「テーブルツール」－「デザイン」タブの「外部のテーブルデータ」グループの「更新」をクリックします❶❷。

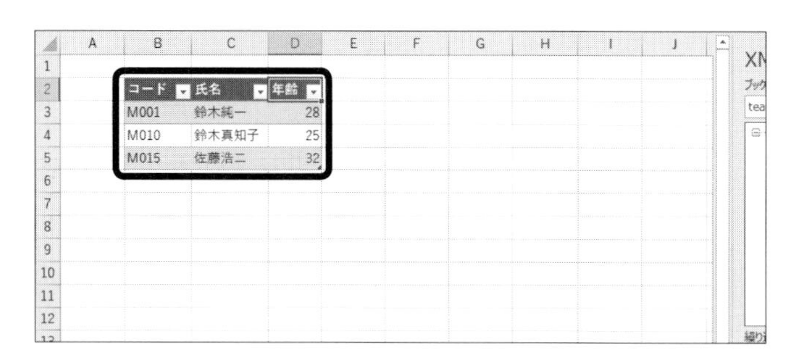

5 XMLファイル「members.xml」から指定した要素に該当するすべてのデータが取り込まれます。

● Web上のXMLデータを取り込む

同様の手順で、PC内のXMLファイルではなく、Web上のXMLデータをワークシートに取り込むことも可能です。P.52と同じ技術評論社の新刊書籍情報のRSSフィードから、その書籍名と紹介ページへのリンクを、ワークシートにテーブルとして取り出しましょう。

ここでは、新しいブックのワークシートを表示し、前回と同様の手順で「XMLの対応付け」ダイアログボックスを表示させたところから説明していきます。

1 「XMLの対応付け」ダイアログボックスで「追加」をクリックします。

2 「XMLソースの選択」ダイアログボックスが表示されます。Web上のXMLファイルを指定する場合は、「ファイル名」欄に直接そのURLを入力します。ここでは、事前にコピーしたURL「http://gihyo.jp/book/feed/rss2」を貼り付け❶、「開く」をクリックします❷。

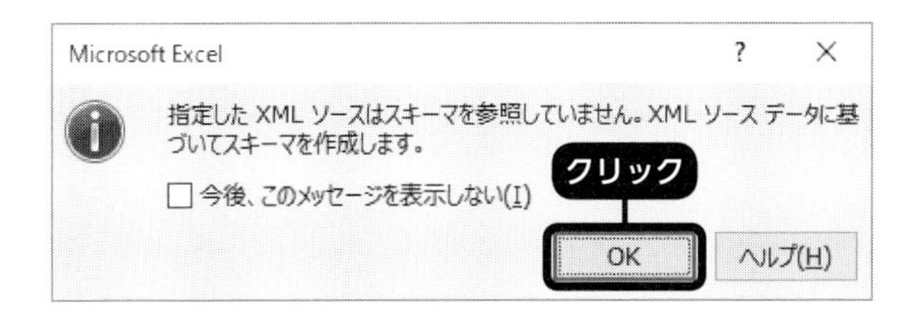

3 「指定したXMLソースはスキーマを参照していません。…」というメッセージが表示されます。「OK」をクリックします。

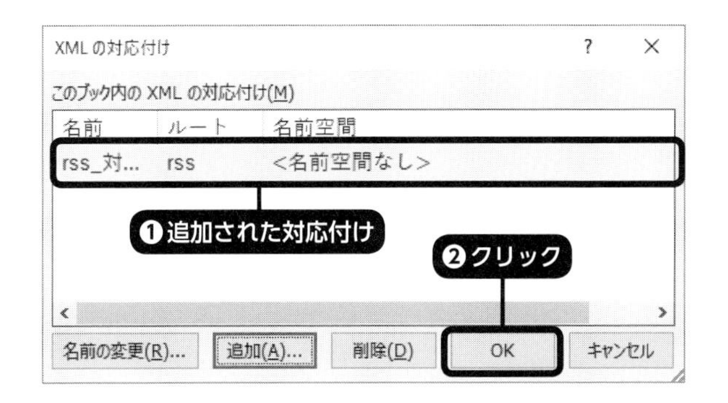

4 「XMLの対応付け」ダイアログボックスに対応付けが追加されます❶。「OK」をクリックします❷。

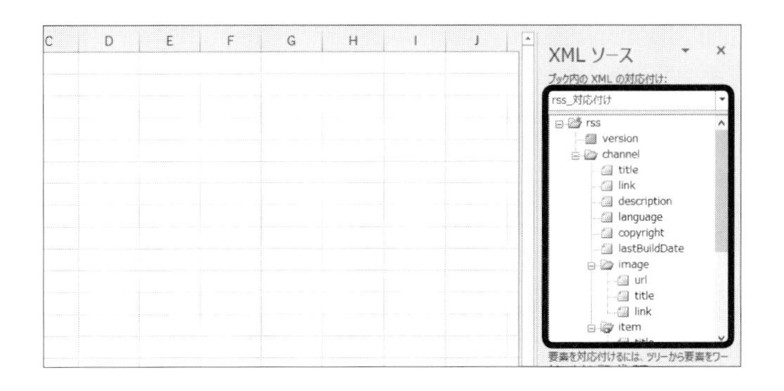

5 「XMLソース」作業ウィンドウに対応付けが追加されたXMLデータの構成がツリー形式で表示されます。

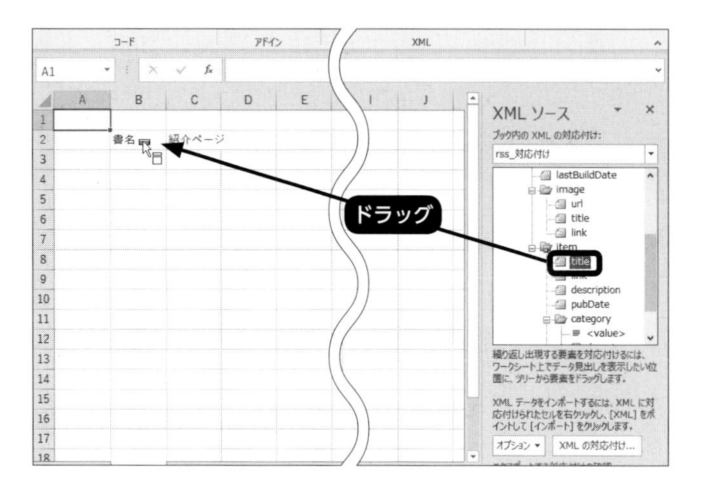

6 このXMLソースには複数の「title」要素が含まれていますが、ここでは「item」要素の下部にある「title」を「題名」と入力したB2セルにドラッグします。これで、B2:B3のセル範囲がテーブルに変換され、この「題名」列が「title」と対応付けられます。

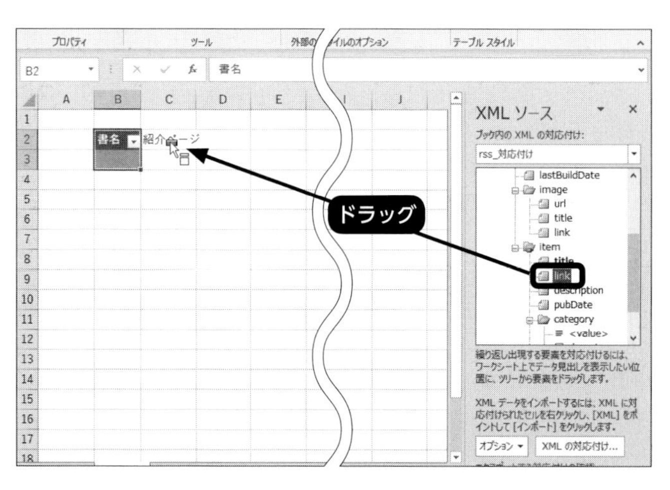

7 「title」要素の下の「link」要素を「紹介ページ」と入力したC2セルにドラッグします。これで、テーブルの範囲がB2:C3のセル範囲に広がり、「紹介ページ」列が「link」と対応付けられます。

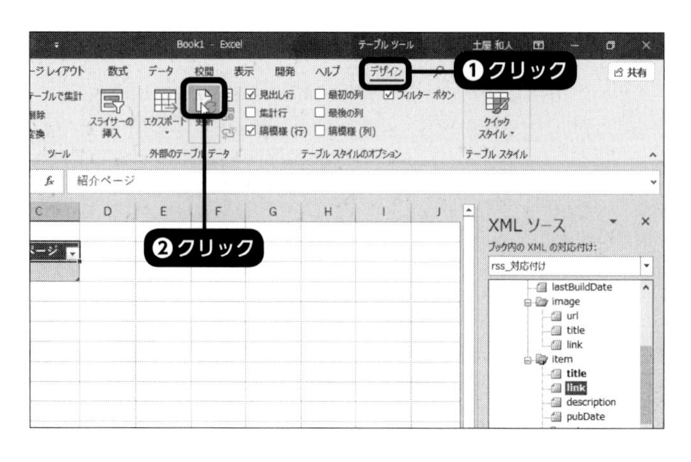

8 テーブル内のセルを選択している状態で、「テーブルツール」－「デザイン」タブの「外部のテーブルデータ」グループの「更新」をクリックします❶❷。

9 技術評論社のRSSフィードのXMLデータから、指定した要素に該当するすべてのデータが取り込まれます。

● テーブルのデータを更新する

フィードのデータは、通常、頻繁に最新の情報に変更されます。「更新」を実行することで、Excelに取り込んだテーブルのデータを最新の情報にすることが可能です。

1 取得先サイトの情報が更新されている場合は、XMLテーブル内のセルを選択している状態で、「テーブルツール」－「デザイン」タブの「外部のテーブルデータ」グループの「更新」をクリックします❶❷。

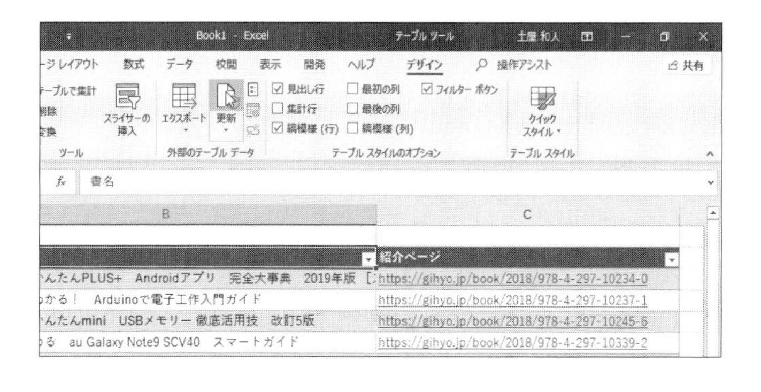

2 XMLテーブルのデータが最新の情報に更新されます。

なお、「データの取得と変換」機能の「テキストまたはCSVから」や「Webから」、以前のバージョンのWebクエリでも、XMLデータを直接取り込むことが可能です。

「データの取得と変換」機能の場合、ローカルPC内のXMLファイルは「テキストまたはCSVから」で、Web上のXMLファイルは「Webから」で取り込みます。取り込んだデータは、Webページの場合と同様、クエリが設定されたテーブル形式になります。

図06 「データの取得と変換」からRSSフィードを取得

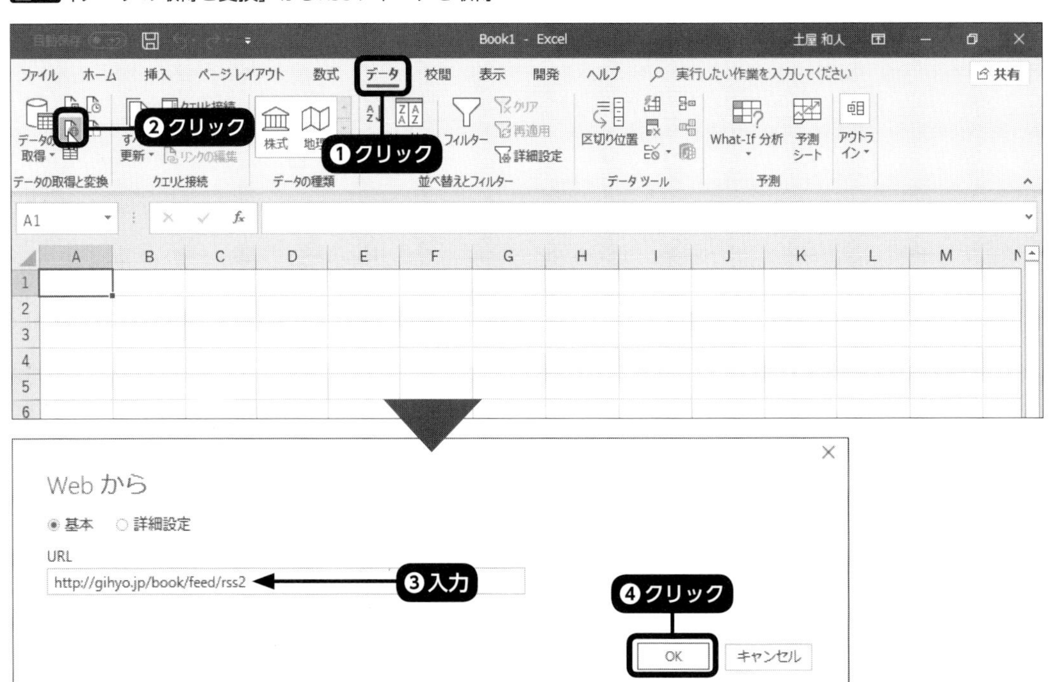

また、旧Webクエリでデータを取り込んだ場合は、ここで紹介したのと同様のXMLテーブルになります。

ただし、ここで例として紹介したRSSフィードのような複雑な構成のXMLデータの場合、その中から必要な部分だけを表形式で取り出すのはやや面倒な作業になります。そのため、ここでは詳しい手順の解説は省略します。

Section 2-05 取り込み操作の自動化を補助する

ここまでは、Excel自体の機能で、特定のブックに設定できる自動取り込みの設定について説明してきました。ここでは、こうした「自動化」をより完全にするため、特定のブックを自動的に開くための、外部的な設定方法について説明します。

1 タスクスケジューラで自動的にブックを開く

すでに述べたように、「データの取得と変換」の「Webから」や、旧Webクエリなどでは、一定の間隔、またはブックを開いたときなどに自動的にクエリを最新の情報に更新するように設定することが可能です。

しかし、この自動更新が機能するのは、あくまでもその機能を含むブックが開かれていることが前提です。PCの電源が入っていても、必ずしも常にそのブックを開いているとは限りません。Excelが起動していない状態から、自動的にExcelを起動して特定のブックを開くといった操作は、Excel自身の機能では不可能です。このような設定は、Windowsの機能を利用することで実現可能になります。

● タスクスケジューラを利用する

特定のブックを自動的に開くようにするには、Windowsの「タスクスケジューラ」を利用します。ここでは、「新刊情報.xlsm」というブックを、毎日10時に自動的に開くように設定してみましょう。

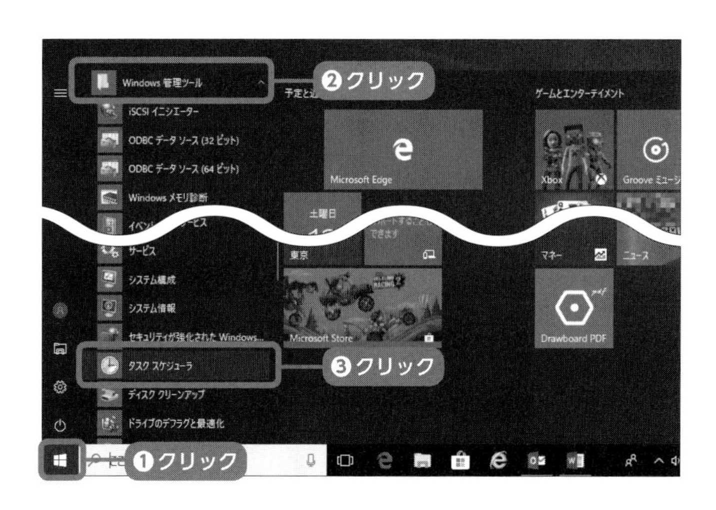

1 Windowsの「スタート」をクリックし❶、「Windows管理ツール」の「タスクスケジューラ」を選びます❷❸。

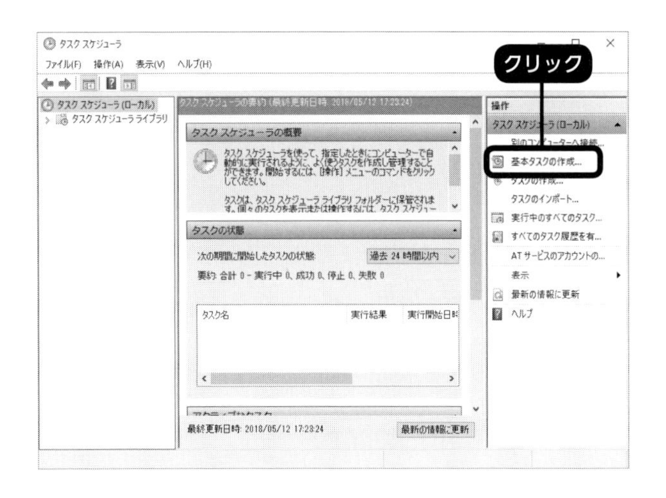

2 「タスクスケジューラ」の画面が表示されます。右側の「操作」の中にある「基本タスクの作成」をクリックします。

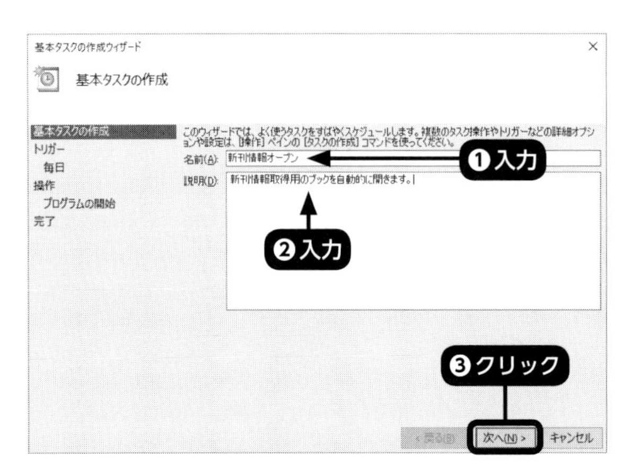

3 「基本タスクの作成ウィザード」が開始されます。最初の画面では、タスクに付ける任意の名前と説明を入力し❶❷、「次へ」をクリックします❸。

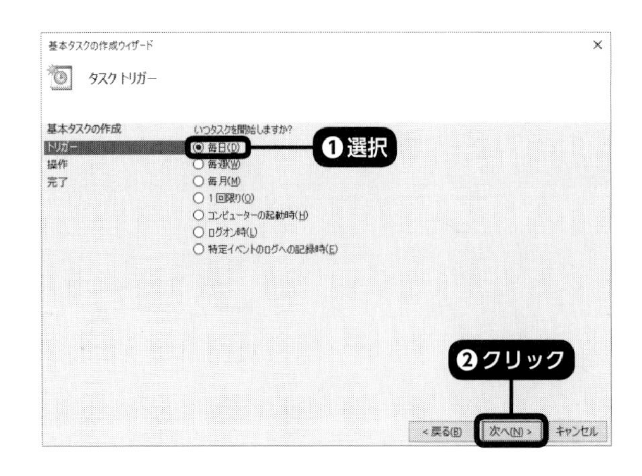

4 2番目の画面では、タスクを実行する間隔を指定します。ここでは「毎日」が選ばれている状態で、「次へ」をクリックします❶❷。

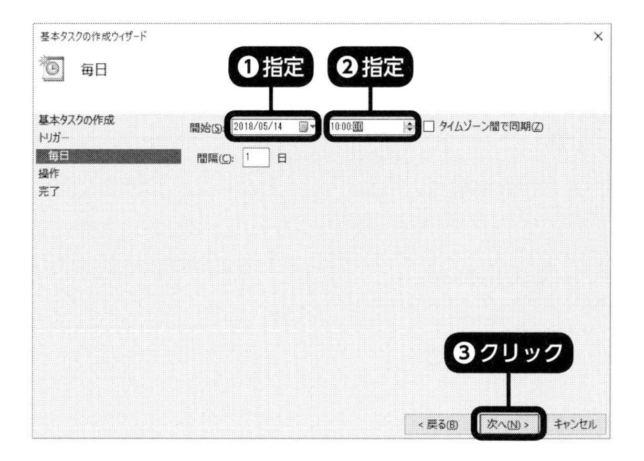

5 続けて、開始日と毎日の開始時刻を指定します❶❷。「次へ」をクリックします❸。

6 次の画面では、実行する操作を指定します。ここでは「プログラムの開始」が選ばれている状態で、「次へ」をクリックします❶❷。

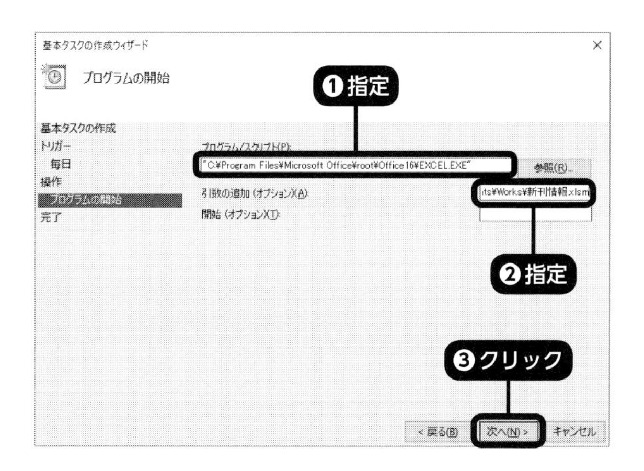

7 次の画面では、まず実行する「プログラム/スクリプト」としてExcelのプログラムファイルを指定します❶。「参照」をクリックしてショートカットを選択しても、自動的にプログラム本体のパスが入力されます。次に「引数の追加（オプション）」に、開きたいブックのファイル名を絶対パスで指定します❷。「次へ」をクリックします❸。

8 最後の画面で、タスクとして設定した内容を確認します❶。問題がなければ「完了」をクリックします❷。これで、設定したブックが、毎日指定した時刻に自動的に開くようになります。

2 Excel起動時に特定のブックを開く

ほぼ毎日Excelでの作業をしている場合や、Excelでの作業をした日だけデータを取り込みたいという場合は、Excelを起動すると必ず特定のブックが自動的に開くように設定する方法も有効です。そのためには、自動取り込みを設定したブック、またはそのブックのショートカットを「XLSTART」フォルダー、または「起動時にすべてのファイルを開くフォルダー」に入れておきます。ただし、この方法では、実行時間の指定はできません。

● フォルダー内のファイルを自動的に開く

「XLSTART」フォルダーは、各ユーザー用のものと、そのコンピューターの全ユーザー共通のものとがあります。ユーザー用のXLSTARTフォルダーは、通常、次の場所にあります。

パス01 ユーザー用XLStartフォルダーのパス

```
C（起動HD）：¥ユーザー（Users）¥（ユーザー名）¥AppData¥Roaming¥Microsoft¥Excel¥XLSTART
```

ただし、「AppData」フォルダーは通常、非表示になっているため、エクスプローラーの設定で、隠しファイルを表示するように設定を変更する必要があります。

また、「起動時にすべてのファイルを開くフォルダー」は、「ファイル」タブの「オプション」から開ける「Excelのオプション」ダイアログボックスの「詳細設定」の「全般」で設定できます。ここにパスを指定したフォルダーに保存したブックも、Excelを起動したときに自動的に開かれます。

さらに、Windowsの起動時に常に特定のブックを開くようにしたい場合は、そのブック、またはそのショートカットを、Windowsの「スタートアップ」フォルダーに保存しておけばよいでしょう。このフォルダーの場所は、ファイル検索で探してください。

Chapter 3

VBAでWebデータを継続的に収集しよう

Section 3-01 VBAのプログラミングを開始する

ここでは、マクロとVBAの基礎知識について説明します。本書の読者にとっては今さらと思われるかもしれませんが、後で解説する内容と関連する部分も多いので、よくわからないことが出てきたらここに戻って確認してみてください。

1 マクロとVBAの基礎知識

●「マクロ」と「VBA」の関係

アプリケーションの中の一連の操作を自動的に実行する機能のことを「マクロ」といいます。自動実行する一連の機能を登録する方法は、アプリケーションによってさまざまです。たとえば、実際に実行した一連の操作をそのまま記録したり、操作を1つ1つ登録していったり、専用の「言語」を使ってプログラムのように記述したりといった方法があります。

Excelを含むOfficeアプリケーションでは、「VBA (Visual Basic for Applications)」と呼ばれる専用のマクロ言語で、実行したい一連の操作を記述していきます。さらにExcelでは、一連の操作をマクロとして記録することも可能で、その操作は自動的にVBAのコード (プログラム) として記述されます。

VBAの仕様は、プログラミング言語のVisual Basic (VB) と同様で、条件分岐や繰り返しといった制御構造も一通り用意されています。単に操作を自動化するだけでなく、Excel自体の機能では実現できない処理も、VBAを利用することで実現可能になります。さらに、外部的なプログラムの機能を利用するための仕組みも用意されており、単なるマクロ言語の枠を超えた本格的なプログラミングが可能です。

ここでは、このVBAを利用して、Webからデータを取り込んだり、整形して保存したりといった処理を自動実行するプログラムを作成するための基礎知識を解説していきましょう。

2 マクロのプログラムを作成する

● Visual Basic Editorの表示

VBAのプログラムは、「Visual Basic Editor」(VBE) と呼ばれる専用の編集画面で記述します。VBEは、次の手順で表示します。

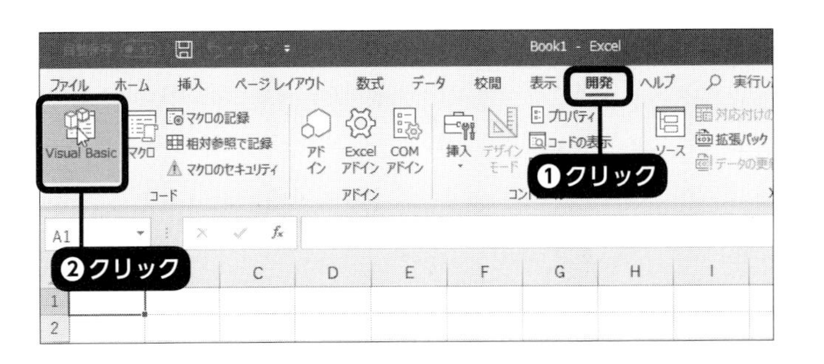

1 「開発」タブの「コード」グループの「Visual Basic」をクリックします❶❷。

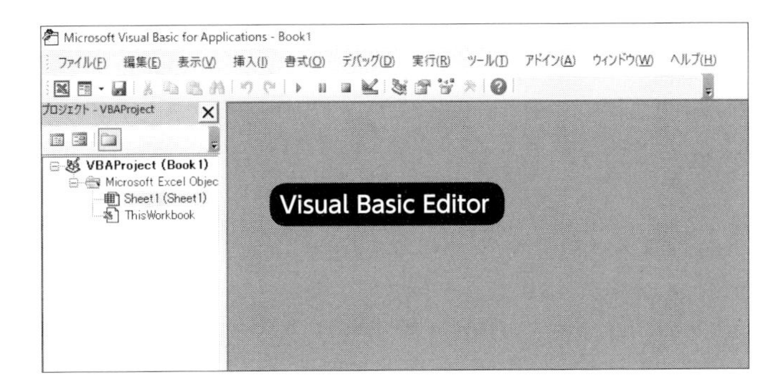

2 VBEが、Excelとは別のウィンドウで表示されます。

● 標準モジュールの作成

ExcelのVBAでは、プログラムは「プロジェクト」の中の「モジュール」に記述します。プロジェクトとモジュールは、VBEの左側に表示される「プロジェクトエクスプローラー」で確認することができます。「プロジェクト」とは、ここでは、Excelのブックを VBA の保管場所の単位として表したものと理解してください。VBEで最初からプロジェクトに含まれているモジュールや新たに追加したモジュール、およびその中に記述したプログラムは、そのプロジェクトに対応するブックのファイルに保存されます。

図01 プロジェクトとモジュール

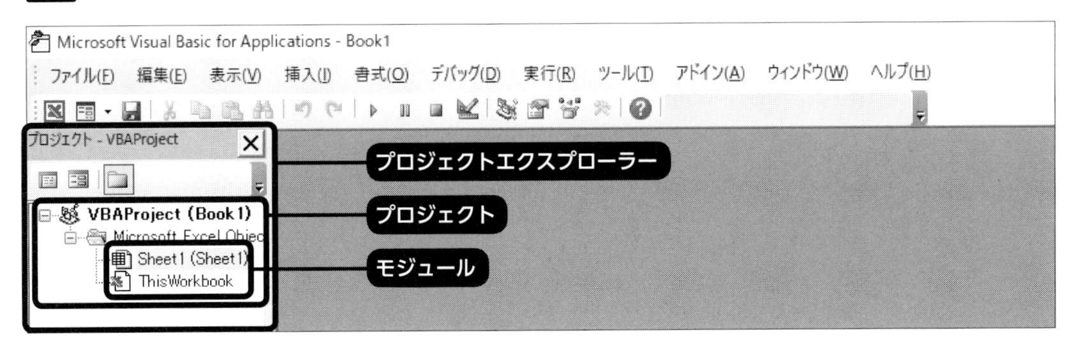

モジュールにはいくつか種類がありますが、Excelの一般的な「マクロ」のプログラムは、「標準モジュール」に記述します。標準モジュールは、最初はプロジェクトの中に存在しません。記録機能で一連の操作をマクロ化する場合は自動作成されますが、一からプログラムを記述していく場合は、まず次の手順で標準モジュールを作成する必要があります。

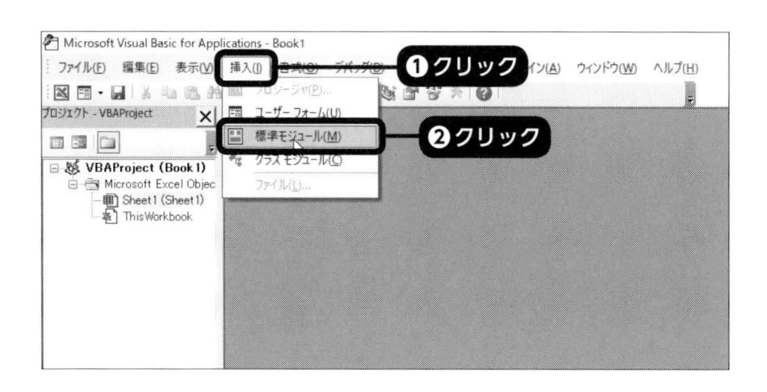

1 「挿入」メニューから「標準モジュール」を選びます❶❷。なお、複数のブックを開いている場合は、モジュールを作成したいプロジェクト、またはその中のモジュールをクリックしてからこの操作を実行するのが確実です。

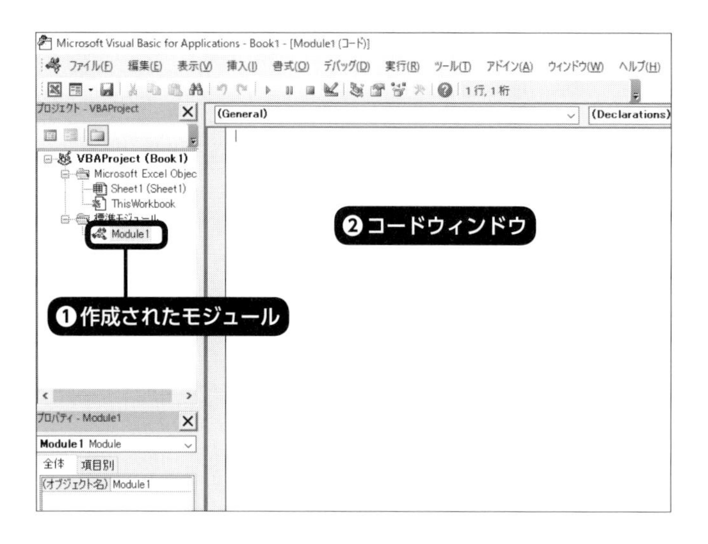

2 対象のプロジェクトの中に新しい標準モジュールが作成されます。モジュールは、その種類に応じて、フォルダーによって分類された形で表示されます❶。同時に、画面の右側に新しいウィンドウが表示されます。このウィンドウは「コードウィンドウ」と呼ばれ、モジュールの内容を表します❷。VBAのプログラムは、コードウィンドウの中に記述していきます。

● Subプロシージャの作成

VBAのプログラムは、コードウィンドウに「プロシージャ」として記述します。プロシージャとは、1回にまとめて実行されるプログラムの単位です。プロシージャにもいくつか種類がありますが、Excelの「マクロ」の実体は、標準モジュールに記述された「Subプロシージャ」です。

ここでは、B2セルに「作業開始」と入力し、さらに「文字列を入力しました」というメッセージを表示する、「MyMacro」というマクロプログラムを作成してみましょう。

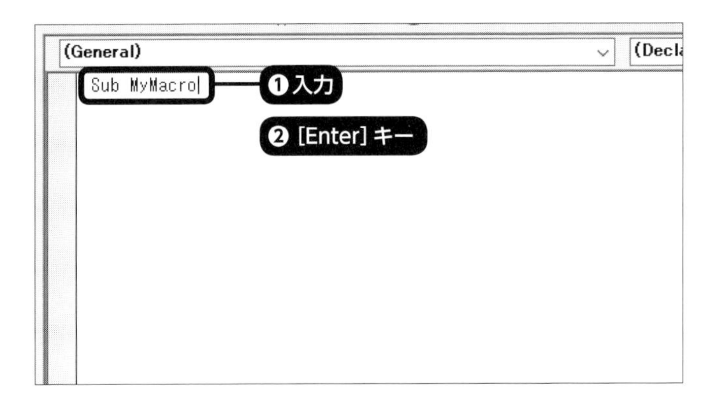

1 標準モジュールのコードウィンドウに「Sub MyMacro」と入力し、[Enter] キーを押して改行します❶❷。

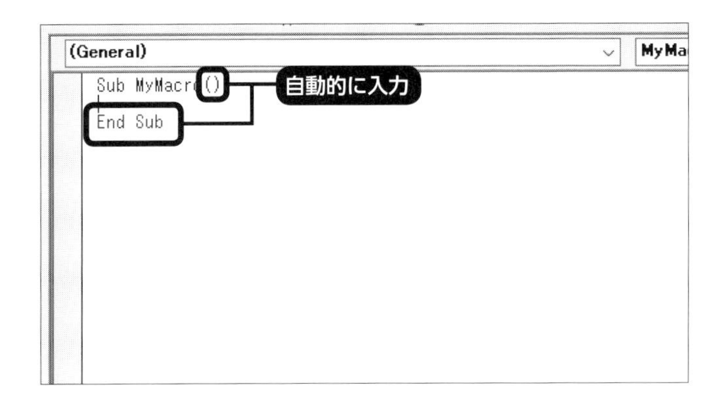

2 入力した行に自動的に「()」が付き、さらに1行空けて、「End Sub」という行が自動挿入されます。この「Sub MyMacro()」から「End Sub」までが1つのSubプロシージャであり、実際に実行させたい処理はこの間に記述していきます。

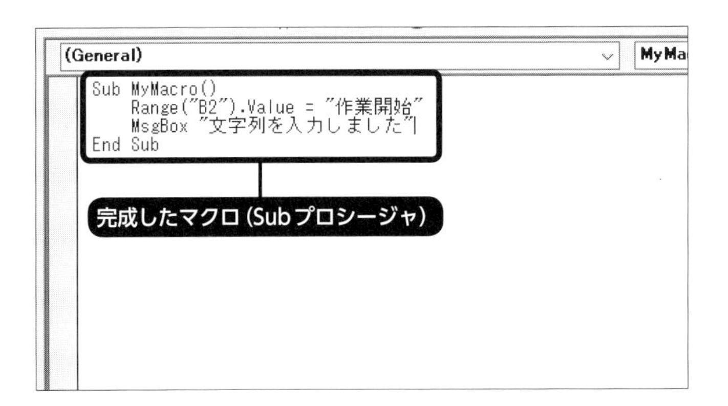

3 セルに入力し、メッセージを表示するプログラムを記述します。これでマクロ「MyMacro」のプログラムは完成です。

なお、この「MyMacro」というプロシージャ名（マクロ名）には、これ以外にもユーザーが自由な名前を付けることができます。ただし、スペースや記号などは使用できず、数字で始めることはできないといった制約もあります。一方、日本語はプロシージャ名に使用可能です。

3 記録機能でマクロを作成する

● 操作手順をそのままマクロ化する

マクロは、標準モジュールに直接Subプロシージャを記述する形で作成するほかに、実際に実行した操作を、そのままVBAのプログラムとして記録することもできます。マクロの記録は、次のような手順で実行します。

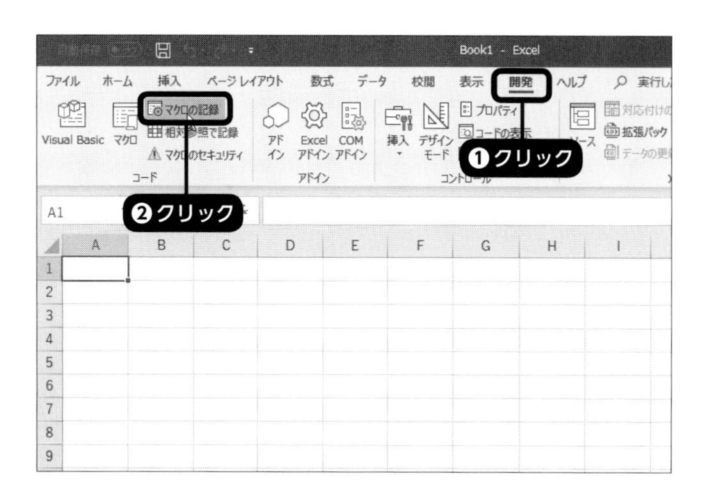

1 「開発」タブの「コード」グループの「マクロの記録」をクリックします❶❷。

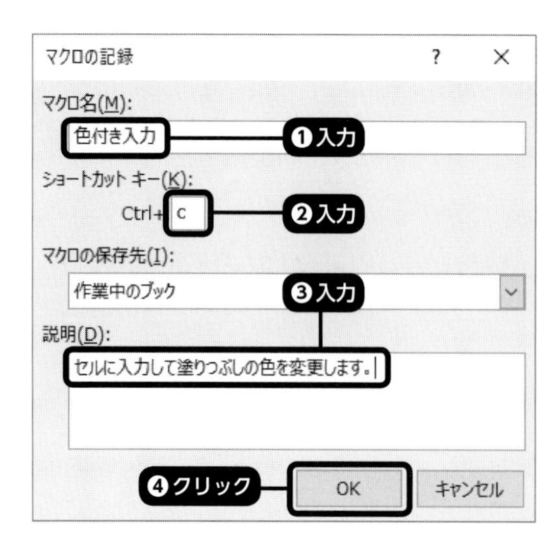

2 「マクロの記録」ダイアログボックスが表示されたら、「マクロ名」に任意のマクロ名を入力します❶。「ショートカットキー」、「マクロの保存先」、「説明」は、それぞれ必要に応じて設定します。ここでは「ショートカットキー」の「Ctrl＋」の右に「c」と入力し❷、さらに「説明」を入力します❸。「OK」をクリックすると❹、マクロの記録が開始されます。

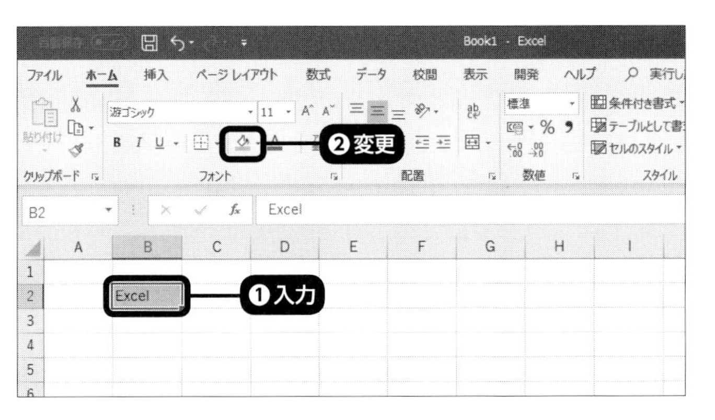

3 記録したい一連の操作を実行します。ここではB2セルを選択して「Excel」と入力し❶、改めてそのセルを選択して、塗りつぶしの色を変更します❷。

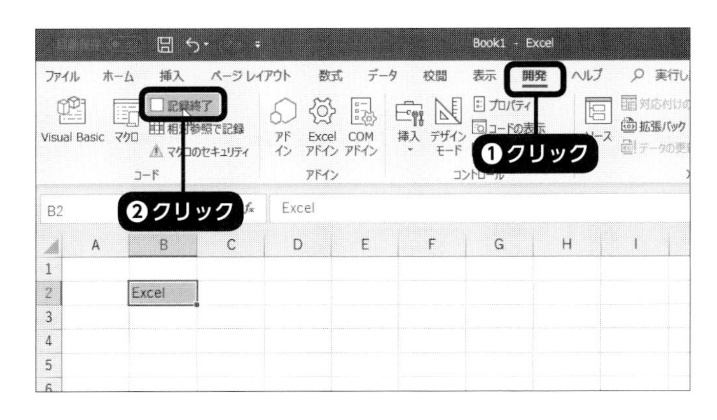

4 記録したい一連の操作を実行したら、「開発」タブの「コード」グループの「記録終了」をクリックします❶❷。

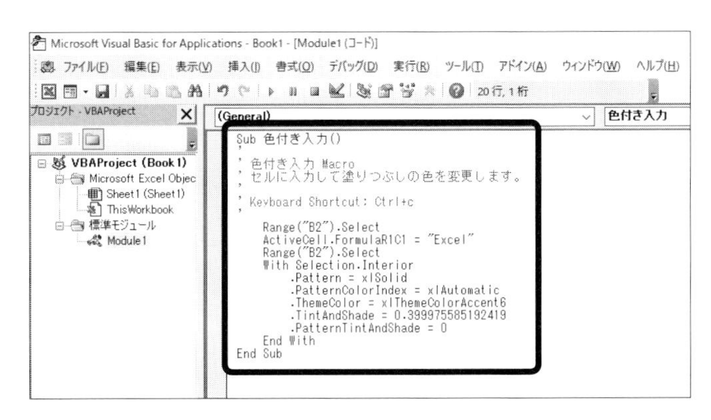

5 一連の操作がマクロ化されているので、VBEを開いてそのプログラムを確認します。事前に標準モジュールを作成していない場合も、マクロを記録すると、自動的に新しい標準モジュールが作成され、記録された操作がプログラムとして記述されます。

なお、ここでは「開始」タブからマクロの記録と終了の操作を実行しましたが、「開発」タブを表示していない場合は、「表示」タブの「マクロ」から「マクロの記録」と「マクロの終了」を選ぶこともできます。また、画面左下のステータスバーにあるボタンから、マクロの記録と終了を実行することも可能です。

4 マクロを実行する

●「マクロ」ダイアログボックスから実行する

マクロを実行する方法もいくつかありますが、ここでは最も基本となる、Excelの「マクロ」ダイアログボックスでマクロを選んで実行する方法を紹介しましょう。

1 「開発」タブの「コード」グループの「マクロ」をクリックします❶❷。

2 「マクロ」ダイアログボックスが表示されます。実行したいマクロをクリックして選択し❶、「実行」をクリックします❷。

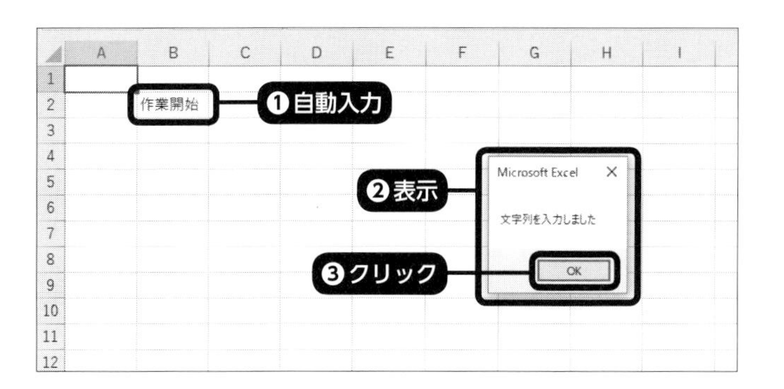

3 選択したマクロが実行されます。この例では、B2セルに「作業開始」と入力され❶、メッセージボックスに「文字列を入力しました」と表示されます❷。「OK」をクリックするとこのダイアログボックスが閉じ、マクロが終了します❸。

なお、「開発」タブを表示していない場合は、「表示」タブの「マクロ」グループの「マクロ」をクリックしても「マクロ」ダイアログボックスが表示されます。

● ショートカットキーで実行する

マクロにショートカットキーを設定していれば、そのキーを押すだけで、マクロを実行することができます。次の操作は、新しいワークシートを作成してから実行します。

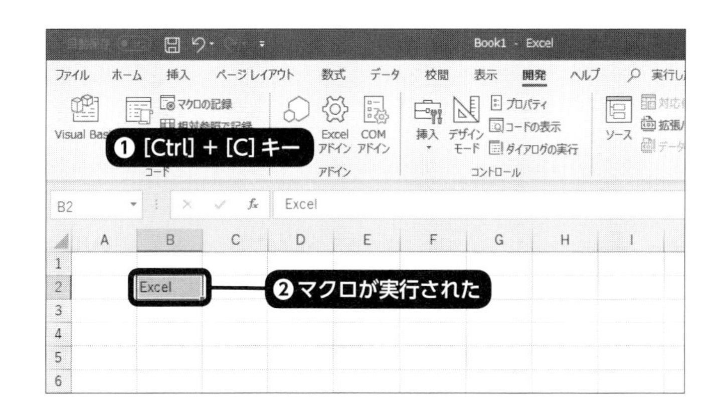

1 [Ctrl] キーを押しながら [C] キーを押します❶。マクロ「色付き入力」が実行されて、B2セルに文字列が入力され、塗りつぶしの色が変更されます❷。

COLUMN マクロ実行用ショートカットキーの設定

「マクロの記録」ダイアログボックスの「ショートカットキー」の指定には、「c」のような小文字のアルファベット1文字を指定します。ここで大文字の「C」を指定した場合は、[Ctrl] + [Shift] + [C] キーを同時に押すというショートカットキーの指定になります。[Ctrl] + [C] キーは、通常は「コピー」を実行するためのショートカットキーですが、このような割り当て済みのショートカットキーも、ここで指定すると、マクロを実行する機能が優先されます。

5 自動実行マクロを作成する

● イベントマクロを利用する

VBAでは、実行のための操作をする必要がある「マクロ」タイプのプログラムのほかに、ユーザーの操作など何らかの状況の変化に伴って、自動的に実行されるようなプログラムを作成することも可能です。このとき、実行のきっかけとなる状況の変化のことを「イベント」といい、自動的に実行されるプログラムを「イベントマクロ」または「イベントプロシージャ」などと呼びます。

イベントマクロは、標準モジュールではなく、そのイベントが発生したワークシートやブックなどを表すモジュールに記述します。ここでは、特定のワークシート上でセルに何か入力したときに、そのデータをメッセージに表示するイベントマクロを作成しましょう。

1 プロジェクトエクスプローラーで「Sheet1」のモジュールをダブルクリックし、そのコードウィンドウを表示させます。

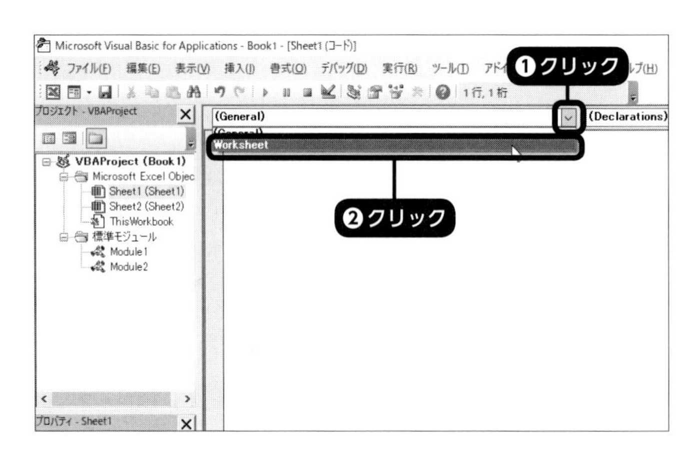

2 コードウィンドウ左上の「オブジェクト」ボックスの「▼」をクリックし❶、「Worksheet」を選びます❷。

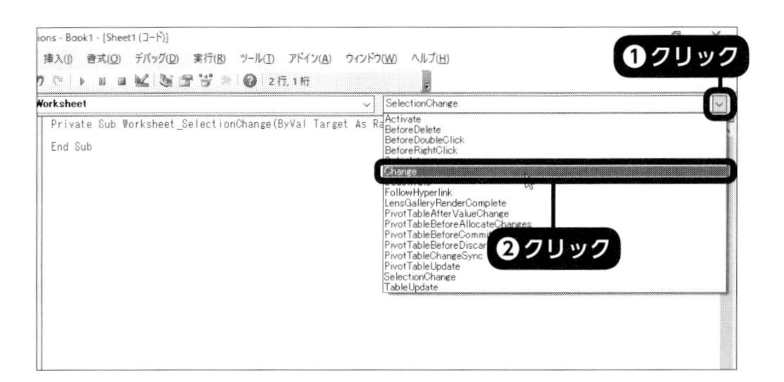

3 コードウィンドウの中に、「Worksheet」の既定のイベントである「SelectionChange」イベントマクロが自動的に作成されます。コードウィンドウの右上の「プロシージャ」ボックスの「▼」をクリックし❶、「Change」を選びます❷。

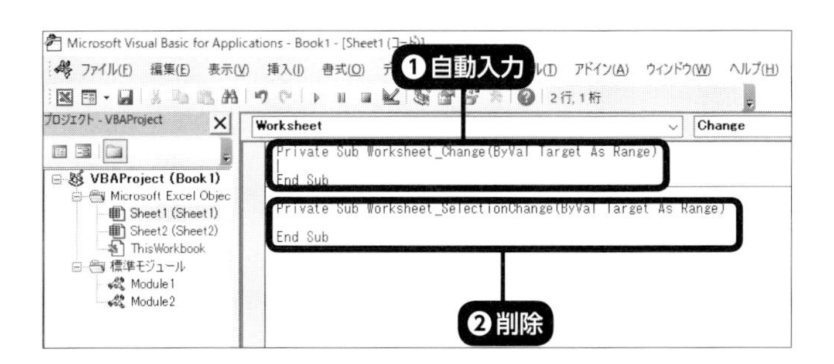

4 「Worksheet」オブジェクトの「Change」イベントマクロが自動的に入力されます❶。先に自動作成された「Worksheet_SelectionChange」イベントマクロは、不要であれば選択して削除します❷。

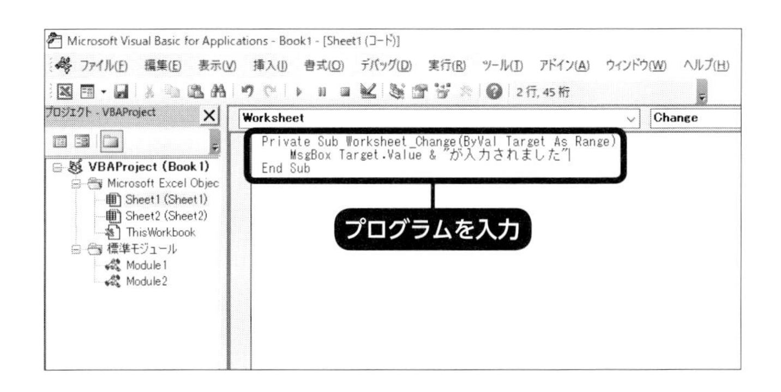

5 「Worksheet_Change」イベントマクロに、そのイベント発生時に実行したいプログラムを入力します。「Target」は、変更されたセルを表し、「Value」でその値を求めることができます。

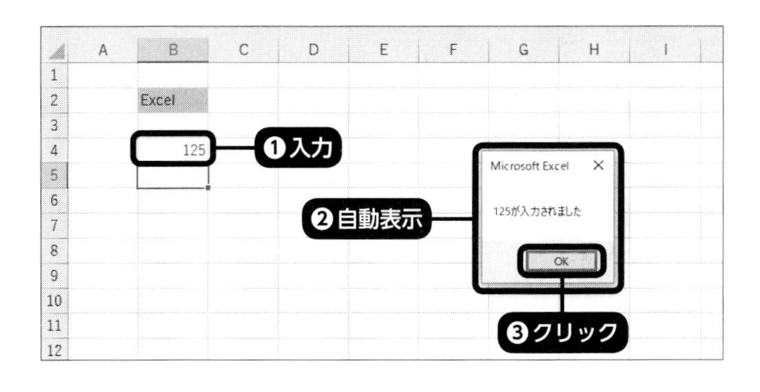

6 Excelの画面に戻り、適当なセルにデータを入力してみましょう❶。そのデータがメッセージボックスに表示されるので❷、「OK」をクリックしてこのメッセージを閉じます❸。

同様に、「プロシージャ」ボックスからWorksheetオブジェクトに対応するさまざまなイベントを選択し、そのイベントマクロを作成することができます。また、プロジェクトエクスプローラーで「ThisWorkbook」のモジュールをダブルクリックし、表示されるコードウィンドウで、「オブジェクト」ボックスから「Workbook」を選べば、Workbookオブジェクトで使用可能なさまざまなイベントに対応するイベントマクロを作成することも可能です。

6 マクロを含むブックを保存する

●「マクロ有効ブック」形式で保存する

プロジェクトに記述されたVBAのプログラムは、最終的にそのプロジェクトに対応するブックのファイルの中に保存されます。VBEでもブックの保存を実行することは可能ですが、保存の操作をせずにVBEを閉じてしまっても、最終的にExcelでそのブックを保存すればプログラムは保存されます。

ただし、通常の「Excelブック」形式では、VBAのプログラムを含めて保存することはできません。VBAを含めて保存するには、「名前を付けて保存」で、「Excelマクロ有効ブック」形式で保存する必要があります。

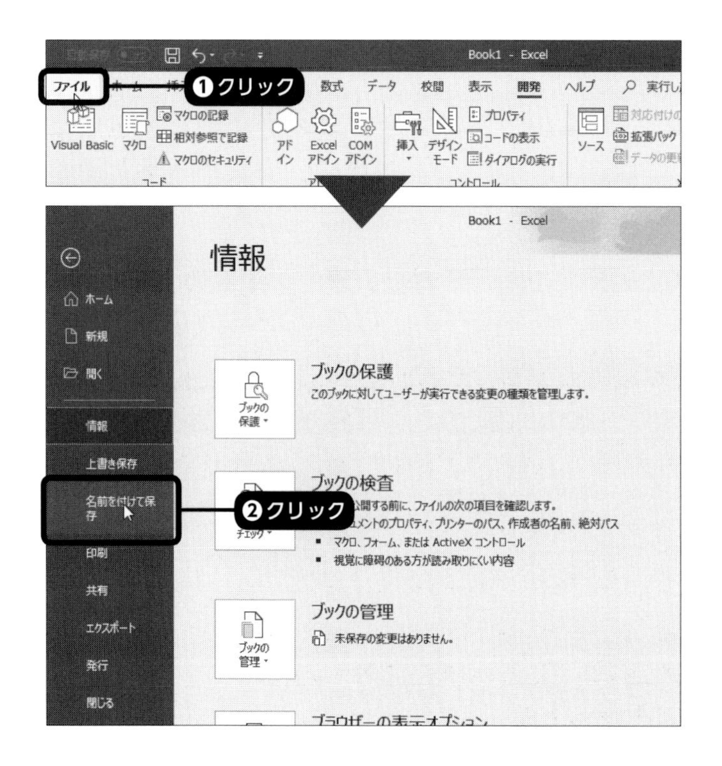

1 「ファイル」タブをクリックして❶、「名前を付けて保存」をクリックします❷。

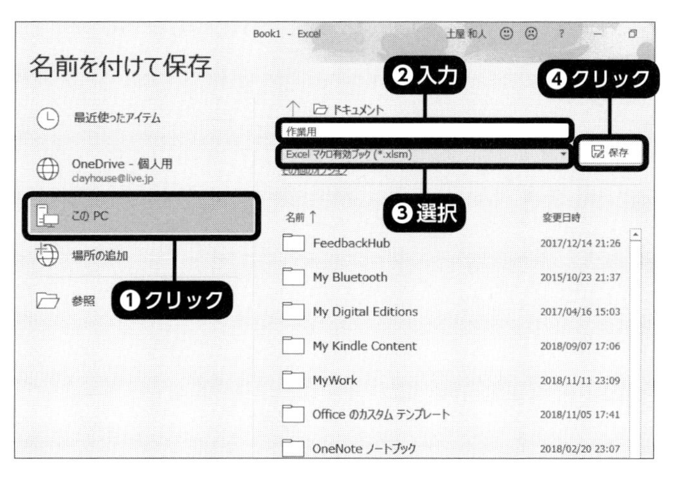

2 ここでは保存する場所として「このPC」を選び❶、ファイル名を入力し❷、ファイル形式として「Excelマクロ有効ブック」形式を選びます❸。「保存」をクリックすると❹、VBAを含めてブックが保存されます。

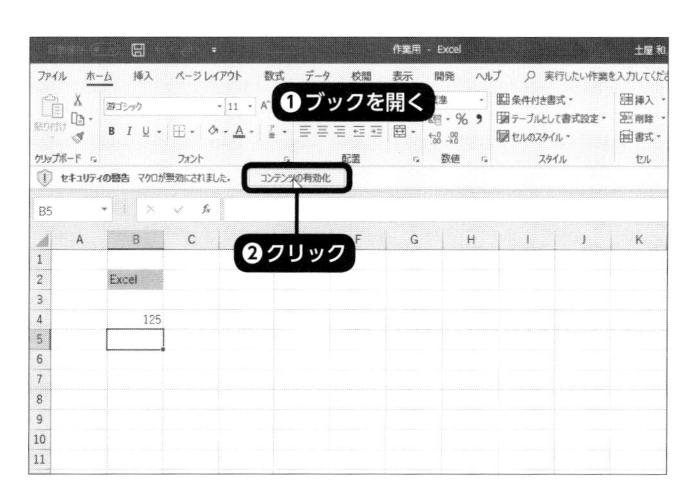

3 保存したブックを一度閉じ、再び開きます❶。通常のセキュリティの設定では、VBAが無効化されて開かれます。このとき、画面の上部には「警告」メッセージバーが表示されています。そのブックのVBAが安全なものであることがわかっている場合は、「コンテンツの有効化」をクリックしてVBAを有効にします❷。

「コンテンツの有効化」をクリックすると、そのブックが「信頼できるドキュメント」に登録されます。そして、以後、このブックを開いてもこのメッセージバーは表示されず、最初からVBAが有効な状態になります。ただし、ブック自体というより、その保存場所とファイル名が登録されているだけなので、ブックを移動したり、別のファイル名に変更したりすると、再びこのメッセージバーが表示されます。

7 VBAのコードの基本構成

本書では、Webからデータを取り込むためのVBAの各種のプログラム（コード）を紹介していきますが、VBAの言語仕様についての詳しい説明は省略します。各コードで使用している命令などについての詳しい解説は、VBAについての解説書を参考にしてください。

ここでは、VBAのコードについての最低限の用語と概念について、一通り説明しておきましょう。

● オブジェクトとプロパティ／メソッド

各プロシージャでは、基本的に、コードは上から順番に1行ずつ実行されていきます。各コードでは、操作の対象となる「オブジェクト」を指定し、それに対して「メソッド」または「プロパティ」を使用して、オブジェクトに対する操作を実行します。

Excel VBAにおける「オブジェクト」とは、セルやワークシートといった操作の対象となるもの、または書式設定などの機能を象徴的に表したものです。「メソッド」とは、オブジェクトに対する操作、またはオブジェクトの機能を利用した操作のことです。また、「プロパティ」は対象のオブジェクトの属性であり、その現在の状態を取り出したり、値を設定することで現在の状態を変えたりすることができます。

Excel VBAでは、オブジェクトの指定自体も、プロパティを使って行うのが一般的です。たとえば、A4セルを操作したい場合、「Range」というプロパティの引数に「A4」という文字列を指定することで、A4セルを表すRangeオブジェクトを取得することができます。このRangeプロパティは、対象オブジェクトを省略することが可能です。また、メソッドの中にも、単に操作を実行するだけでなく戻り値を返すものがあり、さらに戻り値としてオブジェクトを返すメソッドもあります。Excel VBAのコードでは、対象オブジェクトを省略した、オブジェクトを返すプロパティまたはメソッドから行の記述を開始するのが一般的です。

たとえば、A4セルを選択するという操作は、Rangeオブジェクトに対して「Select」というメソッドを実行することで実現できます。

コード01 A4セルを選択する

```
Range("A4").Select
```

また、A4セルのフォントスタイルを太字にするという操作は、Rangeオブジェクトの「Bold」プロパティに、「True」という値を設定することで実現できます。

コード02 A4セルの文字を太字にする

```
Range("A4").Bold = True
```

オブジェクトは、階層的に記述することができます。たとえば、特定のワークシートの中の特定のセルを指定したい場合は、ワークシートを表すオブジェクトを対象にRangeプロパティなどを指定し、そのセルを表すRangeオブジェクトを取得します。また、セルの設定などの機能を表すオブジェクトもあり、たとえばセルの塗りつぶしの書式は、Rangeオブジェクトの「Interior」プロパティで「Interior」オブジェクトで取得し、さらにそのプロパティとして設定します。

次の例は、「Color」プロパティで、A4セルの塗りつぶしの色を赤に変更するコードです。

コード03 A4セルの塗りつぶしを赤にする

```
Range("A4").Interior.Color = vbRed
```

● オブジェクトとコレクション

Excelで開かれているすべてのブック、1つのブックに含まれているワークシート、1つのワークシートに含まれているセルのような、同種のオブジェクトの0個以上の集合を「コレクション」といいます。コレクションもオブジェクトの一種であり、たとえば、すべてのブックを表す「Workbooks」コレクションは、対象オブジェクトを省略した「Workbooks」プロパティによって取得できます。ブックやワークシートを新規作成する操作は、コレクションにメソッドでオブジェクトを追加するという形で実行します。ブックやシートを新規作成する際に使用するのが「Add」メソッドです。

コード04 ブックを新規作成する

```
Workbooks.Add
```

コレクションに含まれる特定のオブジェクトは、コレクション内での順番を表す番号、または名前を表す文字列で指定できます。コレクションにこれらの「インデックス」を指定することで、その特定のオブジェクトを取得することが可能です。たとえば、作業中のブックで、シート見出しの左から3番目の位置にあるワークシートの名前を「最新情報」に変更してみましょう。まず対象オブジェクトを省略した「Worksheets」プロパティで、作業中のブックのすべてのワークシートを表す「Worksheets」コレクションを取得し、インデックスとして「3」を指定して、そのワークシートを表す「Worksheet」オブジェクトを取得します。さらに、その「Name」プロパティに、変更したいシート名の文字列を設定します。

コード05 3番目のシート名を変更する

```
Worksheets(3).Name = "最新情報"
```

ここでの説明はこの程度に留めておきますが、VBAでプログラミングをしていくうえでは、これ以外にも、変数や配列、制御構造といったさまざまな知識が必要となります。

8 VBAでテーブルを操作する

「テーブル」の概要と、Excelの通常操作でセル範囲をテーブルに変換する方法については、P.25で詳しく説明しました。そこでも述べた通り、テーブルとはワークシート上に作成される特殊なデータ範囲であり、Excelでデータベースのように大量のデータを記録・管理するのに適しています。1つのワークシートの中に複数のテーブルを作成し、複数の種類のデータを連携させて作業することも可能です。

図02 テーブルでデータを管理

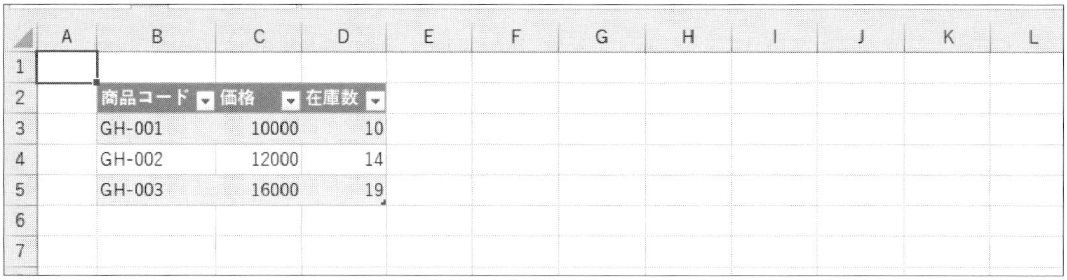

	A	B	C	D	E	F	G	H	I	J	K	L
1												
2		商品コード	価格	在庫数								
3		GH-001	10000	10								
4		GH-002	12000	14								
5		GH-003	16000	19								
6												
7												

テーブルは、WebクエリやXMLテーブルでも利用していますが、本書で紹介するVBAのプログラムでは、Webからデータを取り込む場合、取得したデータの記録場所として、テーブルを多用しています。そのため、ここでは、VBAでテーブルを扱う場合の基本的な操作方法を解説しておきましょう。

● ListObjectオブジェクトを作成する

テーブルは、VBAでは「ListObject」というオブジェクトとして操作されます。「テーブル」なのに「リスト」というのはややわかりにくいですが、この機能が最初に登場した時点では、「テーブル」ではなく「リスト」という名称だったためです。

また、1つのワークシートの中に作成されたテーブルの0個以上の集合は、「ListObjects」コレクションです。ListObjectsコレクションは、そのテーブルを含むワークシートを表すWorksheetオブジェクトの「ListObjects」プロパティで取得できます。

ワークシートにVBAでテーブルを追加したい場合は、ListObjectsコレクションの「Add」メソッドを使用します。この書式は次の通りです。

書式01 ListObjectsコレクションのAddメソッドの書式

```
ListObjects.Add(SourceType, Source, LinkSource, XlListObjectHasHeaders, Destination,
TableStyleName)
```

引数はすべて省略可能です。引数「SourceType」では、テーブルにするデータソースを次のような定数で指定します。

表01 データソースに指定できる定数

定数	実際の値	データソース
xlSrcExternal	0	外部データソース
xlSrcRange	1	セル範囲
xlSrcXml	2	XML
xlSrcQuery	3	クエリー
xlSrcModel	4	PowerPivotモデル

引数「Source」には、「SourceType」の種類に応じたデータソースを指定します。xlSrcRangeを指定した場合、テーブルに変換するセル範囲を表すRangeオブジェクトを指定します。

引数「LinkSource」は、外部データソースに接続するかどうかをTrue／Falseで指定します。引数Sourceに定数xlSrcRangeを指定した場合、この指定は無効です。

引数「XlListObjectHasHeaders」は、元データの1行目を列見出しにするかどうかを定数「xlYes」(する)、「xlNo」(しない)、「xlGuess」(データから推定)のいずれかで指定します。

引数「Destination」は、外部から取り込んだデータをテーブルにする場合に、その基準(左上端)となるセル範囲を表すRangeオブジェクトを指定するものです。

さらに、引数「TableStyleName」には、テーブルスタイルの名前を表す文字列(「TableStyleLight1」などの英語名)を指定します。

このメソッドを実行すると、指定した内容で対象のワークシート上に新しいテーブルが作成され、さらに作成されたテーブルを表すListObjectオブジェクトが返されます。単に新しいテーブルを作成するだけなら、「Add」の後にスペースを空けて各引数を指定しますが、戻り値を取得する場合、各引数は「()」(カッコ)の中に入れます。

次のコードでは、作業中のワークシートのB2:D5のセル範囲をテーブルに変換し、そのListObjectオブジェクトの「Name」プロパティで、そのテーブル名を「在庫管理」に変更します。

コード06 テーブルを作成してテーブル名を設定

```
ActiveSheet.ListObjects.Add(SourceType:=xlSrcRange, _
    Source:=Range("B2:D5")).Name = "在庫管理"
```

図03 セル範囲をテーブルに変換

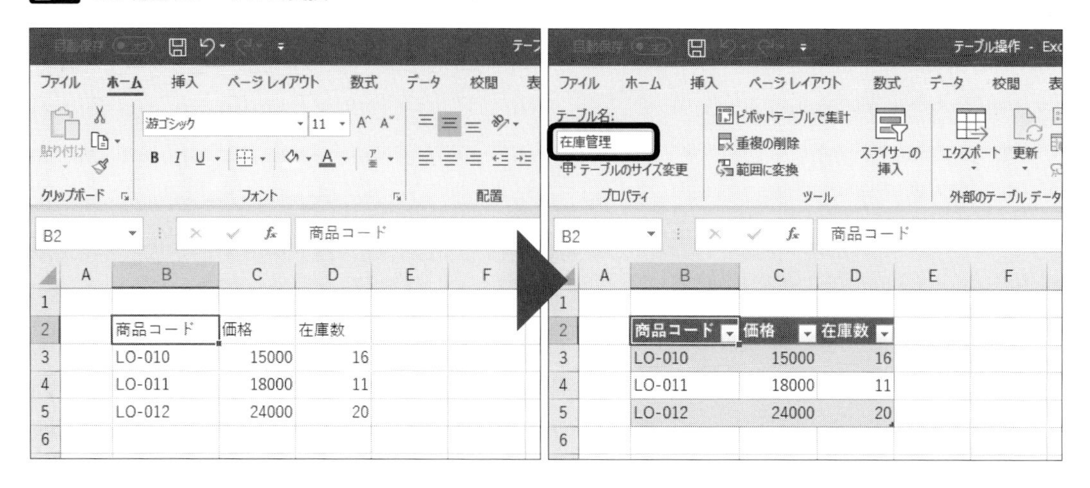

なお、作成済みのテーブルは、ListObjectsコレクションにインデックスを指定することで、特定のListObjectオブジェクトとして取得することができます。インデックスには、作成順を表す番号、またはテーブル名の文字列を指定します。

次のコードは、「在庫管理」テーブルのテーブルスタイルを「薄い青、テーブルスタイル (単色) 2」に変更するものです。テーブルスタイルは、ListObjectオブジェクトの「TableStyle」プロパティに、スタイル名を表す英語の文字列で指定します。

コード07 テーブルスタイルを変更

```
ActiveSheet.ListObjects("在庫管理").TableStyle = "TableStyleLight2"
```

図04 テーブルスタイルの変更結果

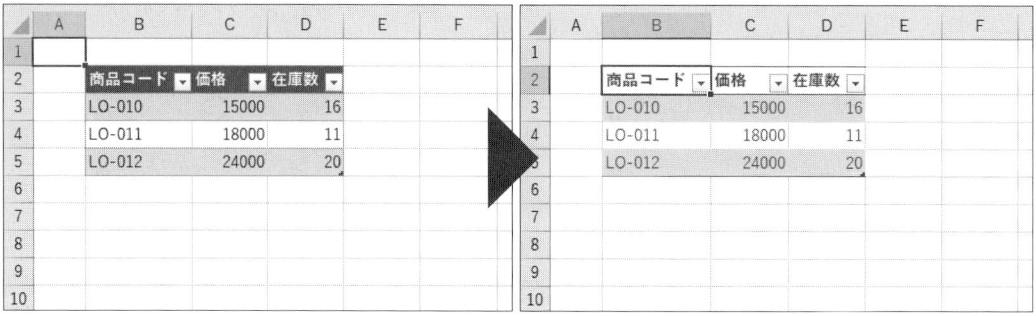

商品コード	価格	在庫数
LO-010	15000	16
LO-011	18000	11
LO-012	24000	20

● テーブルの各要素を操作する

ListObjectオブジェクトのプロパティで、テーブルの各要素を表すオブジェクトを取得し、操作することができます。たとえば、テーブルの列はListColumnオブジェクトで、すべての列の集合はListColumnsコレクションです。また、テーブルの行はListRowオブジェクトで、すべての行の集合はListRowsコレクションです。これらのAddメソッドで、テーブルに列や行を追加することができます。また、その戻り値として、追加された列や行を表すListColumnオブジェクトやListRowオブジェクトを取得することも可能です。

次のコードでは、「在庫管理」テーブルの右に新しい列を追加します。列見出しは、自動的に「列1」などのように設定されます。

コード08 テーブルに列を追加

```
ActiveSheet.ListObjects("在庫管理").ListColumns.Add
```

図05 列が追加されたテーブル

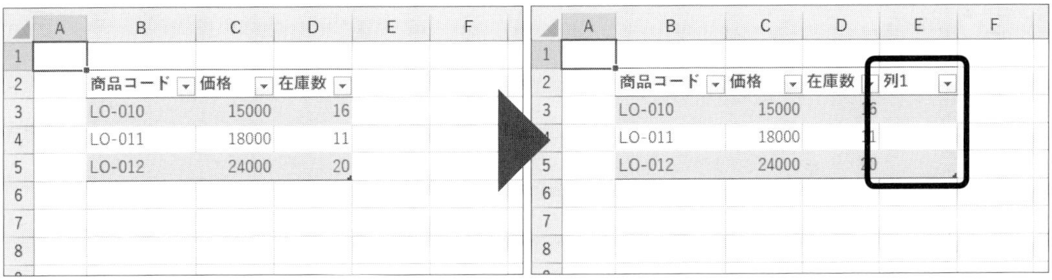

	A	B	C	D	E	F
1						
2		商品コード	価格	在庫数		
3		LO-010	15000	16		
4		LO-011	18000	11		
5		LO-012	24000	20		
6						
7						
8						

▶

	A	B	C	D	E	F
1						
2		商品コード	価格	在庫数	列1	
3		LO-010	15000	16		
4		LO-011	18000	11		
5		LO-012	24000	20		
6						
7						
8						

一方、テーブルの列見出しのデータ範囲全体はListObjectオブジェクトの「DataBodyRange」プロパティ、列見出しの範囲は「HeaderRowRange」プロパティ、集計行の範囲は「TotalsRowRange」プロパティで、それぞれRangeオブジェクトとして取得することができます。Rangeオブジェクトなので、そのままデータの入力や変更などの操作が実行できます。

また、ListObjectオブジェクトやListColumnオブジェクト、ListRowオブジェクトの範囲をRangeオブジェクトとして操作したい場合は、それぞれに「Range」プロパティを指定すればOKです。セル範囲を表すRangeオブジェクトに対しては、インデックスの数字を指定して、その中で指定の位置にあるセルを表すRangeオブジェクトを取得できます。

次のコードは、「在庫管理」テーブルに1行追加し、その先頭（左端）のセルに「LO-013」と入力する処理です。

コード09 行を追加してデータを入力

```
ActiveSheet.ListObjects("在庫管理").ListRows.Add.Range(1).Value = "LO-013"
```

図06 行が追加されたテーブル

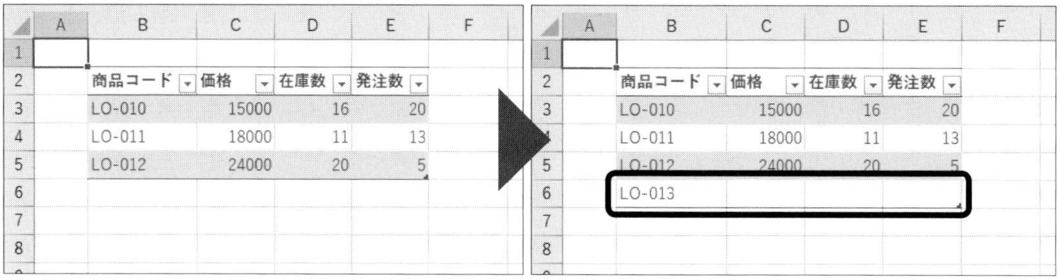

	A	B	C	D	E	F
1						
2		商品コード	価格	在庫数	発注数	
3		LO-010	15000	16	20	
4		LO-011	18000	11	13	
5		LO-012	24000	20	5	
6						
7						
8						

	A	B	C	D	E	F
1						
2		商品コード	価格	在庫数	発注数	
3		LO-010	15000	16	20	
4		LO-011	18000	11	13	
5		LO-012	24000	20	5	
6		LO-013				
7						
8						

次に、指定したテーブルの範囲を対象に、Rangeオブジェクトとしての処理をしてみましょう。まず、テーブルのすべてのセルの文字に斜体を設定します。

コード10 テーブルの範囲全体に書式を設定

```
ActiveSheet.ListObjects("在庫管理").Range.Font.Italic = True
```

図07 テーブル全体を斜体に変更

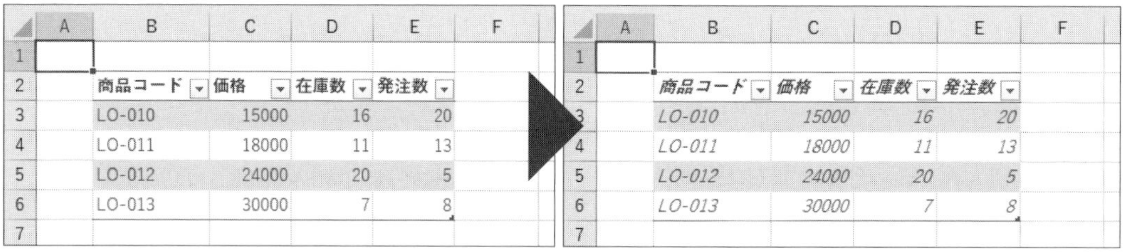

	A	B	C	D	E	F
1						
2		商品コード	価格	在庫数	発注数	
3		LO-010	15000	16	20	
4		LO-011	18000	11	13	
5		LO-012	24000	20	5	
6		LO-013	30000	7	8	
7						

	A	B	C	D	E	F
1						
2		*商品コード*	*価格*	*在庫数*	*発注数*	
3		*LO-010*	*15000*	*16*	*20*	
4		*LO-011*	*18000*	*11*	*13*	
5		*LO-012*	*24000*	*20*	*5*	
6		*LO-013*	*30000*	*7*	*8*	
7						

また、テーブル全体ではなく、見出し行を除いたデータ範囲だけを対象に同様の処理を実行する場合は、「DataBodyRange」プロパティを使用します。

コード11 テーブルのデータ範囲全体に書式を設定

```
ActiveSheet.ListObjects("在庫管理").DataBodyRange.Font.Italic = True
```

図08 テーブルのデータ範囲を斜体に変更

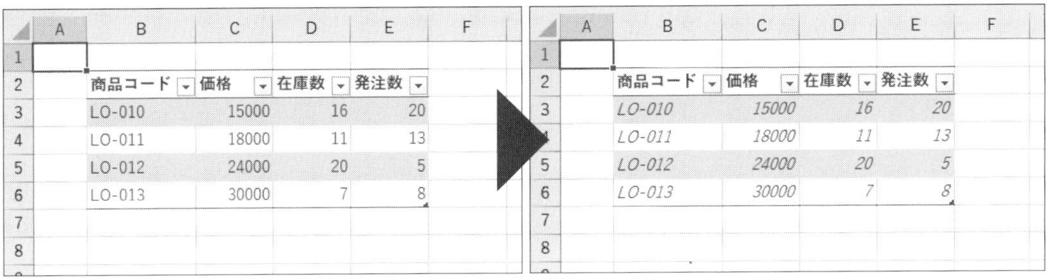

	A	B	C	D	E	F
1						
2		商品コード	価格	在庫数	発注数	
3		LO-010	15000	16	20	
4		LO-011	18000	11	13	
5		LO-012	24000	20	5	
6		LO-013	30000	7	8	
7						
8						

▶

	A	B	C	D	E	F
1						
2		商品コード	価格	在庫数	発注数	
3		*LO-010*	*15000*	*16*	*20*	
4		*LO-011*	*18000*	*11*	*13*	
5		*LO-012*	*24000*	*20*	*5*	
6		*LO-013*	*30000*	*7*	*8*	
7						
8						

ただし、このような場合には、セル範囲に付けた「名前」と同様に、テーブル名をそのままRangeプロパティの引数に指定する方法もあります。記述自体もこのほうが簡潔です。

コード12 テーブル名でRangeオブジェクトを取得

```
Range("在庫管理").Font.Italic = True
```

テーブル名はブック全体で共通なので、標準モジュールに記述する場合はシート名の指定も不要です(ワークシートのモジュールに記述した場合、そのシート以外にあるテーブルを操作するときは、シート名の指定が必要です)。

また、このように取得したRangeオブジェクトの「ListObject」プロパティで、そのテーブルを表すListObjectオブジェクトを取得する方法もあります。

さらに、テーブルの特定の列のデータ範囲も、やはりRangeプロパティを使って指定することが可能です。次の例は、「在庫管理」テーブルの「価格」列の表示形式を通貨形式に変更するコードです。

コード13 テーブルの列を指定して書式を設定

```
Range("在庫管理[価格]").NumberFormatLocal = "¥#,##0_);[赤](¥#,##0)"
```

図09 価格の列だけに通貨の表示形式を設定

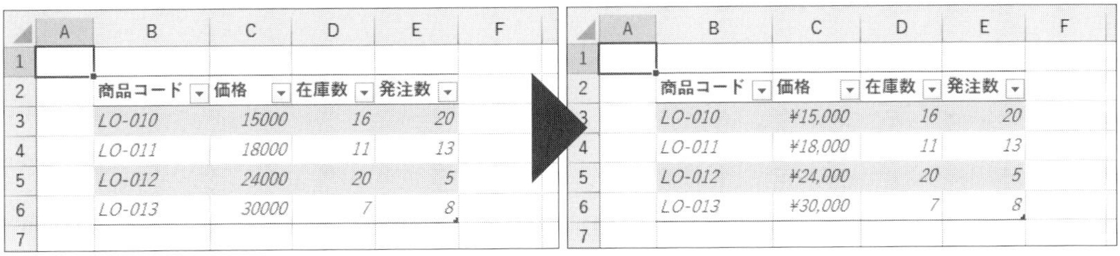

	A	B	C	D	E	F
1						
2		商品コード	価格	在庫数	発注数	
3		*LO-010*	*15000*	*16*	*20*	
4		*LO-011*	*18000*	*11*	*13*	
5		*LO-012*	*24000*	*20*	*5*	
6		*LO-013*	*30000*	*7*	*8*	
7						

▶

	A	B	C	D	E	F
1						
2		商品コード	価格	在庫数	発注数	
3		*LO-010*	*¥15,000*	*16*	*20*	
4		*LO-011*	*¥18,000*	*11*	*13*	
5		*LO-012*	*¥24,000*	*20*	*5*	
6		*LO-013*	*¥30,000*	*7*	*8*	
7						

Section 3-02 ExcelのWebデータ取得機能をVBAで利用する

ここからは、Webからデータを取り込む操作を実現するためのVBAのプログラムを紹介していきましょう。まず、Excel自身が備えているWebクエリなどのWebデータ取得機能を、VBAのプログラムとして実行する方法を解説します。

1 Webクエリをプログラム化する

Chapter 2で解説した通り、最近のバージョンのExcelでは、Webからデータを取得できる「Webクエリ」として、「データの取得と変換」(Power Query)と「外部データ」(データベースクエリ)という2つの機能が使用できます。

ここでは、「マクロの記録」機能でその両方のWebクエリ機能を実際に使用し、Webデータをワークシートに取り込む操作がどのようなプログラムになるかを確認しましょう。なお、以下の解説における「クエリ」とは、「ブックの中に作成される、外部データを取り込むための設定」のことです。クエリにはデータソースなどの設定が含まれ、「更新」の操作を実行することで最新の状態に置き換えることができます。また、1つのブックの中に複数のクエリを作成することも可能です。

●「データの取得と変換」をマクロ記録する

まず、P.32と同じ「データの取得と変換」の操作で、サンプル用のWebページから1番目の表を取り込む操作を、「海鮮ギフトセット取得」というマクロ名で記録します。すでに解説した操作なので、ここではその手順を簡単に示すだけに留めます。

①マクロの記録を開始します。
②「データ」タブの「データの取得と変換」の「Webから」をクリックします。
③「Webから」ダイアログボックスでURLに「http://www.clayhouse.jp/cweb/goodslist」と入力し、「OK」をクリックします。
④「ナビゲーター」ダイアログボックスで「海鮮ギフトセット」を選択し、「読み込み」をクリックして、ワークシートに表のデータを取り込みます。
⑤マクロの記録を終了します。

図10 Webクエリをマクロ記録

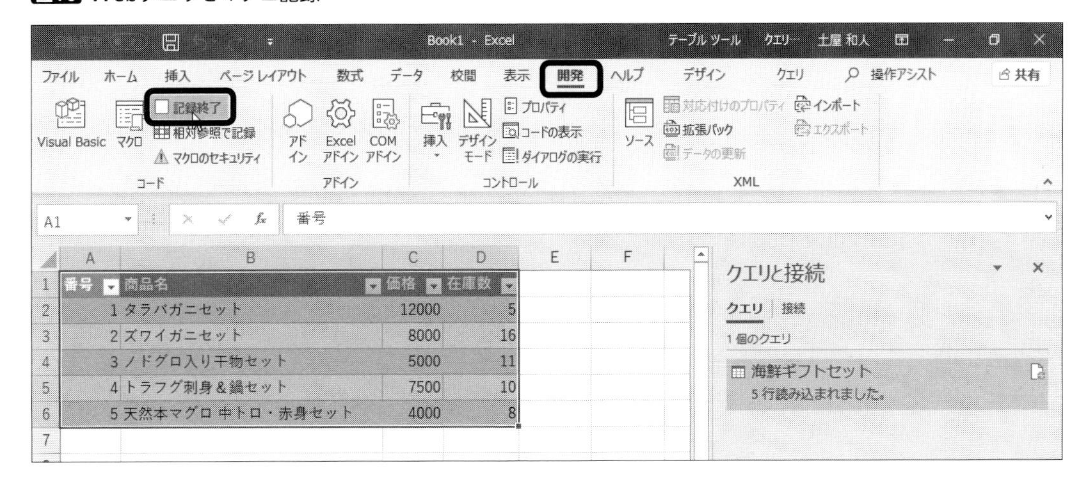

マクロの記録を終了してVBEを確認すると、次のようなSubプロシージャが生成されています。

コード14 Webクエリの記録マクロ

```
Sub 海鮮ギフトセット取得()
'
' 海鮮ギフトセット取得 Macro
'
'
1       ActiveWorkbook.Queries.Add Name:="海鮮ギフトセット", Formula:= _
            "let" & Chr(13) & "" & Chr(10) & "    ソース = Web.Page" & _
            "(Web.Contents(""http://www.clayhouse.jp/cweb/goodslist"")),"  & _
            Chr(13) & "" & Chr(10) & "    Data0 = ソース{0}[Data]," & Chr(13) _
            & "" & Chr(10) & "    変更された型 = Table.TransformColumnTypes" & _
            "(Data0,{{""番号"", Int64.Type}, {""商品名"", type text}," & _
            " {""価格"", type number}, {""在庫数"", Int64.Type}})" & Chr(13) & _
            "" & Chr(10) & "in" & Chr(13) & "" & Chr(10) & "    変更された型"
2       ActiveWorkbook.Worksheets.Add
3       With ActiveSheet.ListObjects.Add(SourceType:=0, Source:= _
            "OLEDB;Provider=Microsoft.Mashup.OleDb.1;Data Source=$Workbook$" & _
            ";Location=海鮮ギフトセット;Extended Properties=""""""" _
            , Destination:=Range("$A$1")).QueryTable
4           .CommandType = xlCmdSql
5           .CommandText = Array("SELECT * FROM [海鮮ギフトセット]")
6           .RowNumbers = False
7           .FillAdjacentFormulas = False
```

コード14 Webクエリの記録マクロ（続き）

```
8              .PreserveFormatting = True
9              .RefreshOnFileOpen = False
10             .BackgroundQuery = True
11             .RefreshStyle = xlInsertDeleteCells
12             .SavePassword = False
13             .SaveData = True
14             .AdjustColumnWidth = True
15             .RefreshPeriod = 0
16             .PreserveColumnInfo = True
17             .ListObject.DisplayName = "海鮮ギフトセット"
18             .Refresh BackgroundQuery:=False
19         End With
       End Sub
```

以下のプログラムについては、プロシージャの先頭の「Sub マクロ名()」と末尾の「End Sub」の行を除いた実行行の先頭に、解説で参照しやすくするために番号を付けています。この番号は、実際のプログラムには入っていません。

また、実際に生成されるコードのままでは1行が長くなりすぎるため、途中で適宜行継続文字「 _」(半角スペースとアンダースコア) による仮の改行を挿入しています。行継続文字で終了している行は、VBAのコード上は、次の行とつながっていると見なされます。行継続文字は記録機能で生成されたコードにも自動的に入る場合がありますが、それでも1行が長すぎる場合は、さらに行継続文字を追加しています。ただし、語句の途中や「""」で囲まれた文字列の途中に行継続文字を入れることはできないため、文字列の途中に「"」を入れて分割し、「&」でつなげている箇所もあります (いずれも以下同様)。

「'」で始まっている行は「コメント」であり、プログラムとしては実行されません。記録機能で作成したマクロでは、先頭の数行に、その「説明」や「ショートカットキー」などの情報を記述したコメントが自動的に入ります。

● クエリを実行するコード

それでは、このプログラムのメインの処理部分について解説していきましょう。

プログラムの1行目では、まず作業中のブックを表すWorkbookオブジェクトの「Queries」プロパティで、ブック内のすべてのクエリを表す「Queries」コレクションを取得します。そのAddメソッドで、ブック内に新しいクエリを作成し、戻り値としてこのクエリを表す「WorkbookQuery」オブジェクトを返します。

Addメソッドの引数「Name」には、クエリの名前を指定します。これは、取り込まれたデータのセルを選択しているときに表示される「クエリと接続」作業ウィンドウに表示されるクエリの名前です。

図11「クエリと接続」作業ウィンドウで確認

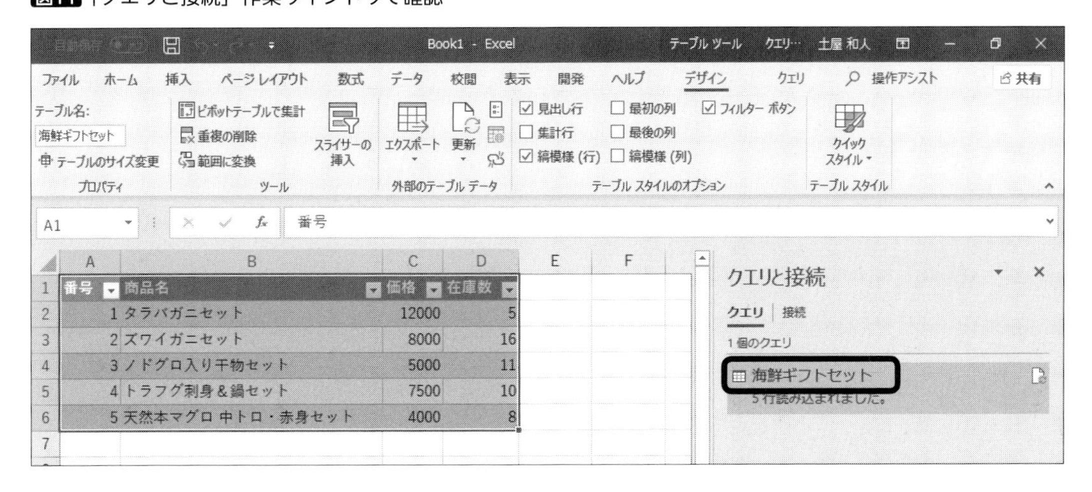

クエリの名前は、「クエリツール」-「クエリ」タブの「編集」グループの「編集」をクリックし、表示されるPower Queryエディターで、画面の右側の「クエリの設定」の「プロパティ」の「名前」欄でも確認できます。

図12 Power Queryエディターで確認

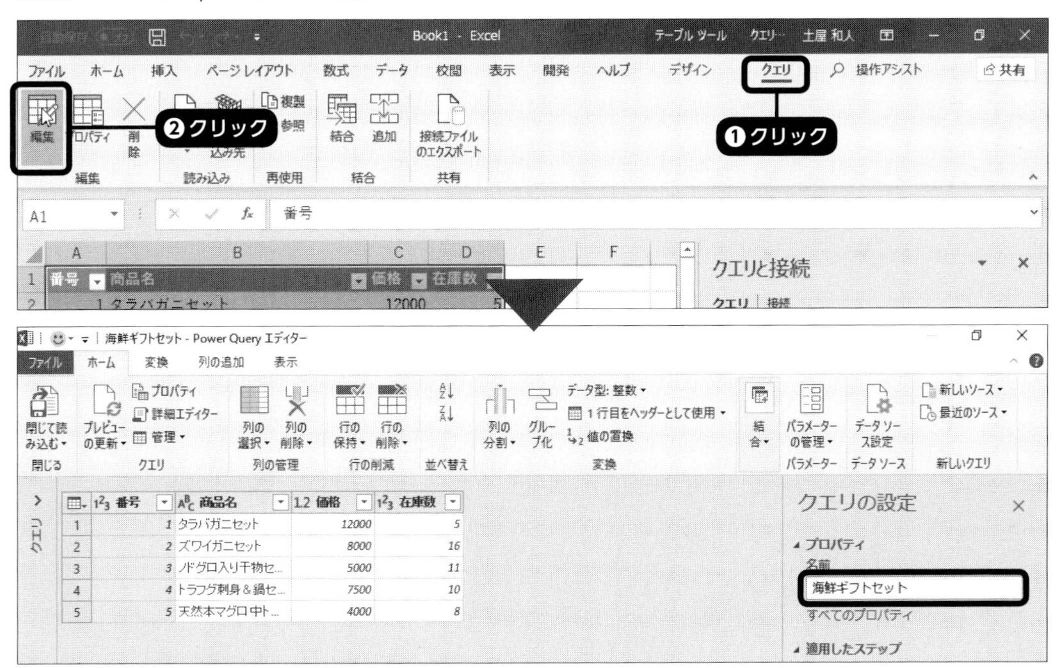

Addメソッドの引数「Formula」には、クエリの抽出内容を指定する式を指定します。これは、Power Queryエディターで、「ホーム」タブの「クエリ」グループの「詳細エディター」をクリックして表示される「詳細エディター」ダイアログボックスで確認・変更が可能な式です。

図13 詳細エディターで式を確認

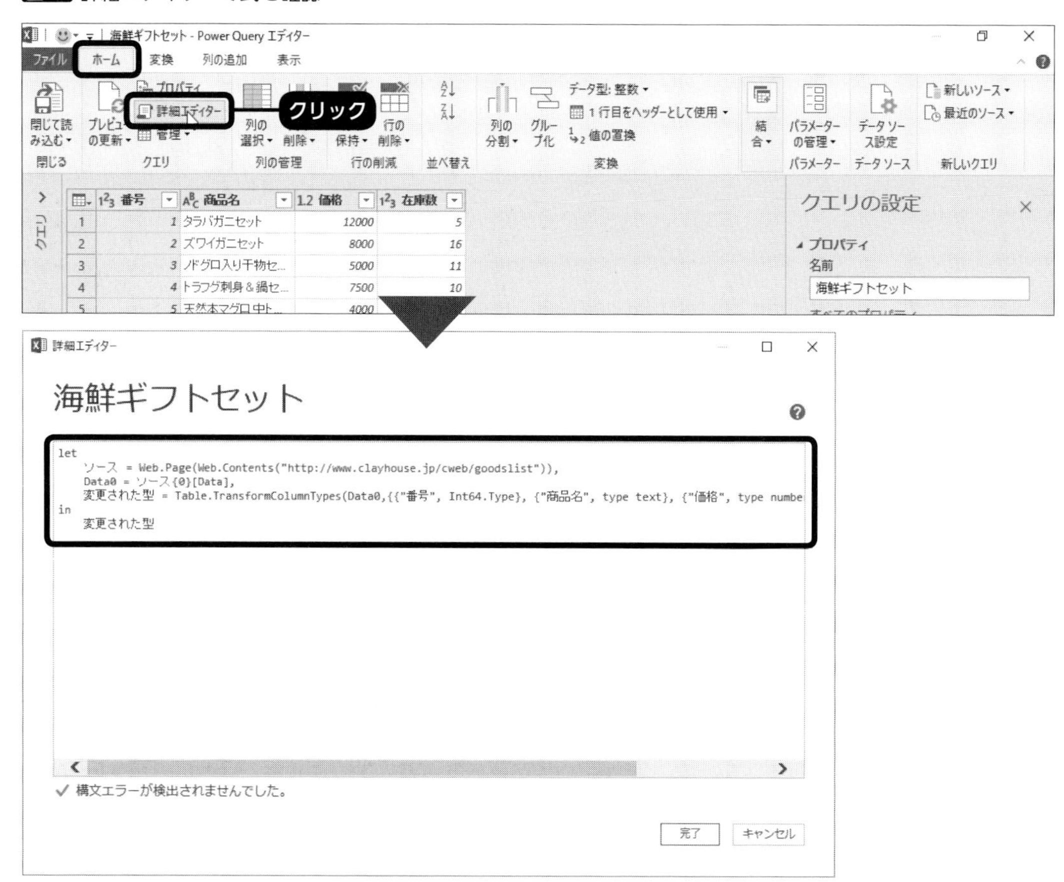

自動生成されたコードでは、この式の中の改行が「Chr(13)」や「Chr(10)」で表されています。前者は「CR」、後者は「LF」の改行コードを表します。

クエリを作成したら、2行目で、作業中のブックを表すWorkbookオブジェクトの「Worksheets」プロパティですべてのワークシートを表す「Worksheets」コレクションを取得し、そのAddメソッドで新しいワークシートを追加します。

3行目では、作業中のワークシートを表すWorksheetオブジェクトの「ListObjects」プロパティで、ワークシート内のすべてのテーブルを表すListObjectsコレクションを取得し、そのAddメソッドで、新しいテーブルを作成します。引数「SourceType」にはデータソースとして外部データを意味する「0」を指定し、引数「Source」にデータソースへの接続を示す文字列を指定します。この部分は、記録機能で自動的に生成される文字列をほぼそのまま使用し、「海鮮ギフトセット」の部分に、Queriesコレクションのメソッドで引数「Name」に指定した文字列をそのまま指定すればOKです。また、引数「Destination」に、テーブルを作成する基準のセルを指定します。作成されたテーブルを表すListObjectオブジェクトを返されるので、そのQueryTableプロパティで、クエリが設定されたテーブルを表すQueryTableオブジェクトが返されます。

4〜18行目は、Withで指定されたこのQueryTableオブジェクトに対する操作ですが、既定値を変更していない場合でもすべての設定がコード化されるため、実際にVBAのプログラムとして作成・使用する際には、必ずしもこのすべてが必要なわけではありません。ここでは4〜5行目と17〜18行目についてだけ説明しますが、それ以外の行は省略することも可能です。

4行目のCommandTypeは、クエリテーブルのコマンドの種類を指定するプロパティです。これに定数xlCmdSqlを指定した場合は、CommandTextプロパティにSQLステートメントを設定します。ここでは5行目の処理で、「海鮮ギフトセット」というクエリからすべての列のデータを取り込むステートメントを設定しています。

17行目は、「テーブル名」として表示される名前を設定する処理です。

そして、18行目の「Refresh」メソッドでクエリテーブルを更新し、実際にデータを取り込みます。

● 表の一部を取り込む処理を記録する

今度は、P.34と同じ手順で、指定した表のすべてのデータではなく、Power Queryエディターでデータを絞り込んで取り込む操作を記録機能でマクロ化してみましょう。そして、それぞれのプログラムを比較することで、どの設定がどの部分のコードに対応しているかがよく理解できるはずです。今回も、具体的な操作の解説は省略し、簡単な操作手順だけを紹介しておきます。

①マクロの記録を開始します。
②「データ」タブの「データの取得と変換」の「Webから」をクリックします。
③「Webから」ダイアログボックスでURLに「http://www.clayhouse.jp/cweb/goodslist」と入力し、「OK」をクリックします。
④「ナビゲーター」ダイアログボックスで「精肉・加工肉ギフトセット」を選択し、「Clean Data」(または「編集」)をクリックします。
⑤Power Queryエディターの画面で、「番号」と「価格」の列を削除します。
⑥「在庫数」列の数値フィルターで、この列のデータが「15」以上の行のみ表示させます。
⑦「閉じて読み込む」で、ワークシートに表のデータを取り込みます。
⑧マクロの記録を終了します。

図14 一部を取り出すWebクエリをマクロ記録

マクロの記録を終了してVBEを確認すると、次のようなSubプロシージャが生成されています。

コード15 一部を取り出すWebクエリの記録マクロ

```
  Sub 肉ギフトセット取得()
  '
  ' 肉ギフトセット取得 Macro
  '
  '
1     ActiveWorkbook.Queries.Add Name:="精肉・加工肉ギフトセット", Formula:= _
            "let" & Chr(13) & "" & Chr(10) & "    ソース = Web.Page" _
            "(Web.Contents(""http://www.clayhouse.jp/cweb/goodslist""))," & _
            Chr(13) & "" & Chr(10) & "    Data1 = ソース{1}[Data]," & Chr(13) _
            & "" & Chr(10) & "    変更された型 = Table.TransformColumnTypes" & _
            "(Data1,{{""番号"", Int64.Type}, {""商品名"", type text}, " & _
            "{""価格"", type number}, {""在庫数"", Int64.Type}})," & Chr(13) & _
            "" & Chr(10) & "    削除された列 = Table.RemoveColumns" & _
            "(変更された型,{""番号"", ""価格""})," & Chr(13) & "" & Chr(10) & _
            "    フィルターされた行 = Table.SelectRows(削除された列, " & _
            "each [在庫数] >= 15" & ")" & Chr(13) & "" & Chr(10) & "in" & _
            Chr(13) & "" & Chr(10) & "    フィルターされた行" & ""
2     ActiveWorkbook.Worksheets.Add
3     With ActiveSheet.ListObjects.Add(SourceType:=0, Source:= _
            "OLEDB;Provider=Microsoft.Mashup.OleDb.1;Data Source=$Workbook$;" _
            & "Location=精肉・加工肉ギフトセット;Extended Properties=""""" _
            , Destination:=Range("$A$1")).QueryTable
```

コード15 一部を取り出すWebクエリの記録マクロ（続き）

```
4            .CommandType = xlCmdSql
5            .CommandText = Array("SELECT * FROM [精肉・加工肉ギフトセット]")
6            .RowNumbers = False
7            .FillAdjacentFormulas = False
8            .PreserveFormatting = True
9            .RefreshOnFileOpen = False
10           .BackgroundQuery = True
11           .RefreshStyle = xlInsertDeleteCells
12           .SavePassword = False
13           .SaveData = True
14           .AdjustColumnWidth = True
15           .RefreshPeriod = 0
16           .PreserveColumnInfo = True
17           .ListObject.DisplayName = "精肉_加工肉ギフトセット"
18           .Refresh BackgroundQuery:=False
19       End With
     End Sub
```

記録時の操作は前回と比べてやや込み入っていますが、しかし、生成されたコードの内容自体は、マクロ「海鮮ギフト取得」のプログラムとほとんど変わりません。異なっているのは、1行目のQueriesコレクションのAddメソッドの引数「Formula」の指定が、少々複雑になっている点です。

クエリの「式」を理解する

「データの取得と変換」のWebクエリの操作を記録し、作成されたマクロを応用したい場合、ポイントとなるのはこの「Formula」の指定、つまりクエリの式の指定です。自動記録されたプログラムでは、式には「&」やChr関数などが入り、可読性が低くなっています。ここでは、改めてクエリ「海鮮ギフトセット」からPower Queryエディターの詳細エディターで確認できるクエリの式を示します。

コード16 クエリ「海鮮ギフトセット」の式

```
1  let
2      ソース = Web.Page(Web.Contents("http://www.clayhouse.jp/cweb/goodslist")),
3      Data0 = ソース{0}[Data],
4      変更された型 = Table.TransformColumnTypes(Data0,{{"番号", Int64.Type}, {"商品
       名", type text}, {"価格", type number}, {"在庫数", Int64.Type}})
5  in
6      変更された型
```

「let」と「in」の間の各行は、Power Queryエディターの処理のステップを表しています。各行の「=」の左側は、右側の処理実行後のデータのまとまりを表し、次の行ではそのデータを対象に処理が実行されます。まず、2行目の「Web.Contents」の後のカッコには、データを取得するWebページのURLが指定されています。3行目の「Data0 = ソース{0}」の部分の「0」はそのWebページの最初の表(tableタグ)であることを意味します。順番を指定する番号の初期値は「0」なので、同じページに2つ以上の表がある場合、2番目の表は「1」、3番目の表は「2」のように指定します。

4行目の後半では、「{"順位", Int64.Type}」のように各列とそのデータ型が指定されています。「Int64.Type」は整数、「type text」は文字列を表すデータ型で、このほかにも10進数を表す「type number」、日付を表す「type date」などのデータ型があります。

Power Queryエディターでさらに列の削除やフィルターなどの処理を行った場合は、その内容が式に追加されます。マクロ「肉ギフトセット取得」のプログラムの1行目はやはり複雑でわかりにくくなっていますが、同様にクエリ「精肉・加工肉ギフトセット」をPower Queryエディターの詳細エディターで確認すると、次のような式であることがわかります。

コード17 クエリ「精肉・加工肉ギフトセット」の式

```
1  let
2     ソース = Web.Page(Web.Contents("http://www.clayhouse.jp/cweb/goodslist")),
3     Data1 = ソース{1}[Data],
4     変更された型 = Table.TransformColumnTypes(Data1,{{"番号", Int64.Type}, {"商品
      名", type text}, {"価格", type number}, {"在庫数", Int64.Type}}),
5     削除された列 = Table.RemoveColumns(変更された型,{"番号", "価格"}),
6     フィルターされた行 = Table.SelectRows(削除された列, each [在庫数] >= 15)
7  in
8     変更された型
```

式の各部分がどのような意味かを理解できれば、Webクエリを記録したマクロのプログラムで修正すべき点もわかってくるはずです。そのほかのPower Queryエディター上での操作や設定が、それぞれどのような式になるかについても、実際に対象のWebページからデータを取り込み、Power Queryエディターから詳細エディターを開いて確認するとよいでしょう。

● Webクエリの記録マクロを応用する

ここでは、A2:B4のセル範囲に、あらかじめ複数のURLとタイトルが入力されています。その各Webページに、同じ構成(列数と列見出し、および各列のデータ型)の表があるものとします。このURLとタイトルを参照して、各ページの1番目の表をすべてブックに取り込むクエリを自動設定するマクロプログラムを作成してみましょう。

図15 URLとタイトルを入力した表

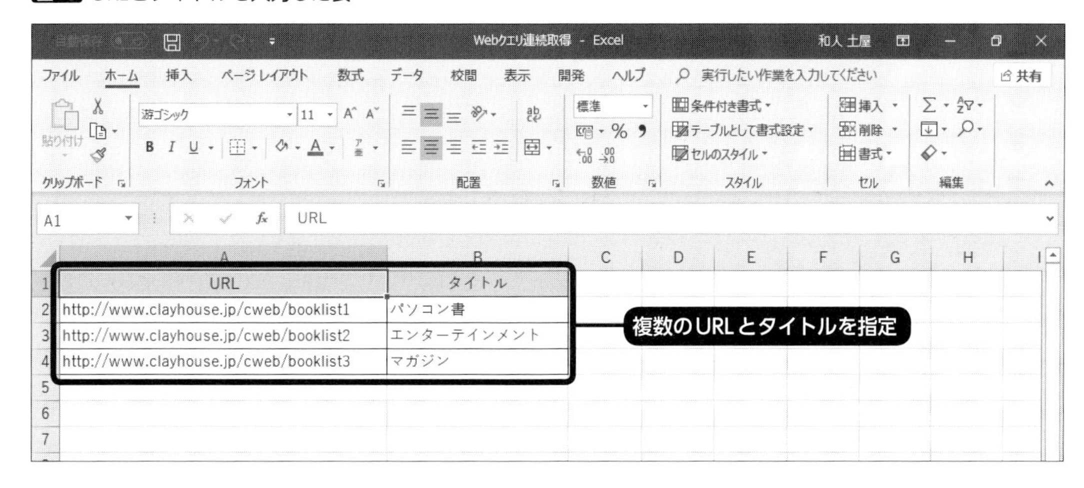

ここまで紹介してきた、Webクエリを記録してマクロ化したプログラムを応用し、これらのURLの表データを、それぞれ新しいワークシートに取り込んでいくプログラムを作成します。

コード18 複数のWebページへのクエリを設定するマクロプログラム

```
  Sub 複数クエリ作成()
1     Dim sRow As Range
2     For Each sRow In Range("A2:B4").Rows
3         ActiveWorkbook.Queries.Add Name:=sRow.Cells(2).Value, _
              Formula:="let" & Chr(13) & "" & Chr(10) & "    ソース = " _
              & "Web.Page(Web.Contents(" & Chr(34) & sRow.Cells(1).Value _
              & Chr(34) & "))," & Chr(13) & "" & Chr(10) & _
              "    Data1 = ソース{1}[Data]," & Chr(13) & "" & Chr(10) & _
              "    変更された型 = Table.TransformColumnTypes(Data1," _
              & "{{""番号"", Int64.Type}, " & "{""書名"", type text}," _
              & "{""価格"", Int64.Type}, {""在庫数"", Int64.Type}})," & _
              Chr(13) & "" & Chr(10) & "    削除された列 = " & _
              "Table.RemoveColumns(変更された型,{""番号"", ""在庫数""})," _
              & Chr(13) & "" & Chr(10) & "    フィルターされた行 = " & _
              "Table.SelectRows(削除された列, each [価格] <= 2000)" & _
              Chr(13) & "" & Chr(10) & "in" & Chr(13) & "" & Chr(10) & _
              "    フィルターされた行"
4         ActiveWorkbook.Worksheets.Add
5         With ActiveSheet.ListObjects.Add(SourceType:=0, Source:= _
              "OLEDB;Provider=Microsoft.Mashup.OleDb.1;Data Source=" _
              & "$Workbook$;Location=" & Chr(34) & sRow.Cells(2).Value _
```

コード18 複数のWebページへのクエリを設定するマクロプログラム（続き）

```
                        & Chr(34) & ";Extended Properties=""""""", _
                        Destination:=Range("$A$1")).QueryTable
6                       .CommandType = xlCmdSql
7                       .CommandText = Array("SELECT * FROM [" & _
                                sRow.Cells(2).Value & "]")
8                       .ListObject.DisplayName = sRow.Cells(2).Value
9                       .Refresh BackgroundQuery:=False
10              End With
11      Next sRow
12  End Sub
```

「For Each」の後に変数（オブジェクト変数）を指定し、さらに「In」に続けてコレクションを指定すると、それに含まれる各オブジェクトを変数にセットして、「Next 変数」の行までの間の処理を繰り返します。このコードでは2行目でA2:B4のセル範囲を表すRangeオブジェクトを指定し、さらに「Rows」プロパティを指定することで、そのRangeオブジェクトを行単位のまとまりに区切り直します。この各行を対象に、「For Each ～ Next」で10行目までの処理を繰り返します。

各行のセル範囲は変数sRowにセットされているので、その「Cells(1)」でA列のセル、「Cells(2)」でB列のセルの値を取り出し、クエリの名前や式の指定の一部に使用しています。

図16 マクロ「複数クエリ作成」の実行結果

	A	B	C
1	書名	価格	
2	Excel使いこなし入門ガイド	1400	
3	今すぐ始めるExcel 2019	1800	
4			
5			
6			
7			
8			
9			
10			
11			

	A	B
1	書名	価格
2	松への扉	1200
3	アンドロイドは元気執事の夢を見るか	1500
4	果てしなき雪崩の果てに	1800
5	百億の樽と千億の猿	1000
6		
7		
8		
9		
10		
11		

	A	B	C
1	書名	価格	
2	マンスリービジネス	1000	
3	ゴールド経済	800	
4	ワールドトレンド	900	
5	週刊エコノロジー	600	
6	ウィークリービジネスジャパン	700	
7			
8			
9			
10			
11			

2 旧Webクエリをプログラム化する

次に、以前のバージョンのデータベースクエリでWebデータを取り込む操作を、記録機能でVBAのプログラムにしてみましょう。やはり、Chapter 2で解説した、旧WebクエリでWebページの表を取り込む操作を、「海鮮ギフトセット取得2」というマクロ名で記録します。

図17 旧Webクエリをマクロ記録

この結果、次のようなマクロプログラムが生成されます。

コード19 旧Webクエリの記録マクロ

```
    Sub 海鮮ギフトセット取得2()
    '
    ' 海鮮ギフトセット取得2 Macro
    '
    '
1       Application.CutCopyMode = False
2       With ActiveSheet.QueryTables.Add(Connection:= _
               "URL;http://www.clayhouse.jp/cweb/goodslist", _
               Destination:=Range("$A$1"))
3              .CommandType = 0
4              .Name = "goodslist"
5              .FieldNames = True
6              .RowNumbers = False
7              .FillAdjacentFormulas = False
8              .PreserveFormatting = True
9              .RefreshOnFileOpen = False
10             .BackgroundQuery = True
11             .RefreshStyle = xlInsertDeleteCells
12             .SavePassword = False
13             .SaveData = True
14             .AdjustColumnWidth = True
15             .RefreshPeriod = 0
```

コード19 旧Webクエリの記録マクロ（続き）

```
16            .WebSelectionType = xlSpecifiedTables
17            .WebFormatting = xlWebFormattingNone
18            .WebTables = "1"
19            .WebPreFormattedTextToColumns = True
20            .WebConsecutiveDelimitersAsOne = True
21            .WebSingleBlockTextImport = False
22            .WebDisableDateRecognition = False
23            .WebDisableRedirections = False
24            .Refresh BackgroundQuery:=False
25        End With
      End Sub
```

旧Webクエリの場合、データを取り込んだ範囲は「クエリテーブル」（QueryTableオブジェクト）と呼ばれる特殊なデータ範囲になりますが、これは「テーブル」（ListObjectオブジェクト）とは異なります。クエリテーブルの範囲は書式も特に変わらないため、クエリが設定されているかどうかを見た目で判断するのはやや困難です。

VBAで新しいクエリテーブルを作成する操作は、実行行の1行目で、QueryTablesコレクションのAddメソッドで実行しています。クエリの種類がWebクエリの場合、このメソッドの引数「Connection」に、データを取り込みたいWebページのURLを指定します。また、引数「Destination」にクエリテーブルを作成する基準（左上端）のセルを表すRangeオブジェクトを指定します。このメソッドは、戻り値として、作成されたクエリテーブルを表すQueryTableオブジェクトを返すので、これを直接「With」に指定して、以下、このクエリテーブルに対する操作を実行していきます。各コードでは、クエリに関する設定がすべて指定されますが、既定値のままでよい場合はやはり省略可能です。

ここでは指定したWebページの中の特定の表を取り込んでいますが、旧Webクエリの場合、「取得と変換」のWebクエリとは違って、ページ全体を取り込むことも可能です。取り込む対象がページ全体か表かという指定をしているのが、16行目のQueryTableオブジェクトのWebSelectionTypeプロパティです。ここでは「表」を意味するxlSpecifiedTablesという定数を指定していますが、Webページ全体を取り込みたい場合は、このプロパティにxlEntirePageという定数を指定します。

また、取り込み対象が表の場合、取り込む表の指定は、18行目のQueryTableオブジェクトのWebTablesプロパティで指定します。ここでは「1」を指定することで、対象のWebページの中の1番目の表を取り込んでいます。

さらに、24行目のQueryTableオブジェクトのRefreshメソッドで、クエリテーブルを更新し、データの取り込みを実行しています。引数「BackgroundQuery」は、バックグラウンドで更新するかどうかをTrue／Falseで指定するものです。

3 更新時に自動的に記録する

Webクエリは、実際にはVBAで自動的に設定するケースは多くないでしょう。設定したタイミングで自動的に更新できるため、最初の設定自体は手動操作で行うことがほとんどのはずです。ただし、クエリテーブルが更新されると、それまで表示されていたデータは失われてしまいます。ここでは、クエリが自動更新されたときに、変更されたデータを自動的に別のテーブルに転記するプログラムを紹介します。

今回のサンプルでは、あらかじめ http://www.clayhouse.jp/cweb/booklist1 から、「データの取得と変換」のWebクエリで「Windows関連」の表のデータを取り込んでいます。また、その際、Power Queryエディターで、在庫数の少ない順に並べ替えています。さらに、「接続のプロパティ」の設定で、「ファイルを開くときにデータを更新する」にチェックを付けておきます。

図18 設定したWebクエリ

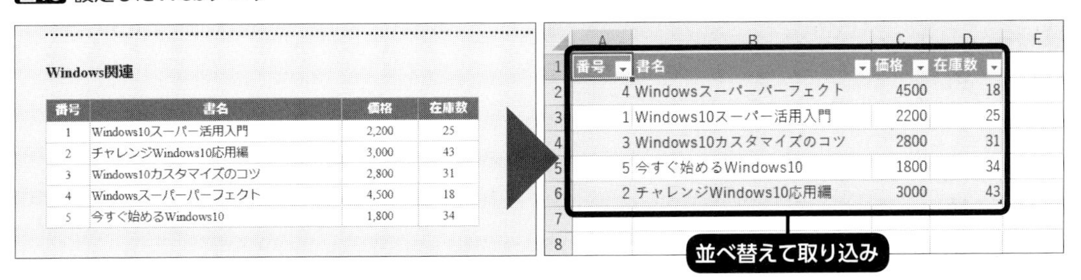

このクエリテーブル「Windows関連」が更新されたら、その瞬間の日付と時刻、そしてその1行目の書名、つまりその時点で最も在庫数の少ない書籍の名前と在庫数を、自動的に別シートのテーブル「在庫管理」に追加していくプログラムを作成します。

Webクエリが更新されたときに自動的にデータを転記するには、そのタイミングで自動実行されるイベントマクロを作成する必要があります。クエリテーブルの更新という動作自体をイベントとして設定するのが確実ですが、この方法は、クラスモジュールを使用した、やや複雑な設定手順が必要となります。

ここでは、ワークシートの変更に対応して自動実行されるイベントマクロにします。ただし、この方法では、クエリテーブルが更新ではなく手動で変更された場合にも、転記が実行されてしまうので注意してください。具体的には、次のようなプログラムを「Sheet1 (Webクエリ)」のモジュールに記述します。

コード20 クエリ更新時に自動実行されるイベントマクロ

```
  Private Sub Worksheet_Change(ByVal Target As Range)
1     Dim tTbl As ListObject
2     If Not Intersect(Target, Range("Windows関連")) Is Nothing Then
3             Set tTbl = Sheets("記録").ListObjects("在庫管理")
```

コード20 クエリ更新時に自動実行されるイベントマクロ（続き）

```
4              If Not IsEmpty(tTbl.DataBodyRange(1)) Then tTbl.ListRows.Add
5              With tTbl.ListRows(tTbl.ListRows.Count).Range
6                      .Cells(1).Value = Date
7                      .Cells(2).Value = Time
8                      .Cells(3).Value = Range("Windows関連").Cells(1, 2).Value
9                      .Cells(4).Value = Range("Windows関連").Cells(1, 4).Value
10             End With
11         End If
       End Sub
```

このプログラムでは、監視対象のクエリテーブル「Windows関連」は、テーブル（ListObjectオブジェクト）としては扱わず、そのテーブル名を使って、データ範囲をRangeオブジェクトとして取得しています。2行目では、「Intersect」メソッドで、変更されたセルを表すTargetと、テーブル「Windows関連」のデータ行の範囲の共通部分を求めます。それが「Nothing」でなかった場合、つまり変更されたのがこのテーブルのデータであると判定できた場合に、以降の処理を実行します。

3行目では、データの履歴を記録していくテーブル「記録」を表すListObjectオブジェクトを、オブジェクト変数tTblにセットします。4行目では、このテーブルのデータ行の最初のセルが空白かどうかを調べます。つまり、テーブル自体にまだ何もデータが入力されていないかどうかを確認します。空白でなかった場合、つまりすでにデータが入力されている場合は、ListRowsコレクションのAddメソッドで、テーブルに行を1行追加します。

そして、ListRowsコレクションの「Count」プロパティで「記録」テーブルの現在の行数を求め、その行、つまりテーブルの最終行のセル範囲を対象に以降の処理を実行します。最終行の左から1番目のセルには今日の日付を、2番目のセルには現在の時刻を入力します。さらに、3番目のセルにはテーブル「Windows関連」の1行目の書名を、4番目のセルにはその在庫数を転記します。

図19 クエリ更新時に自動実行

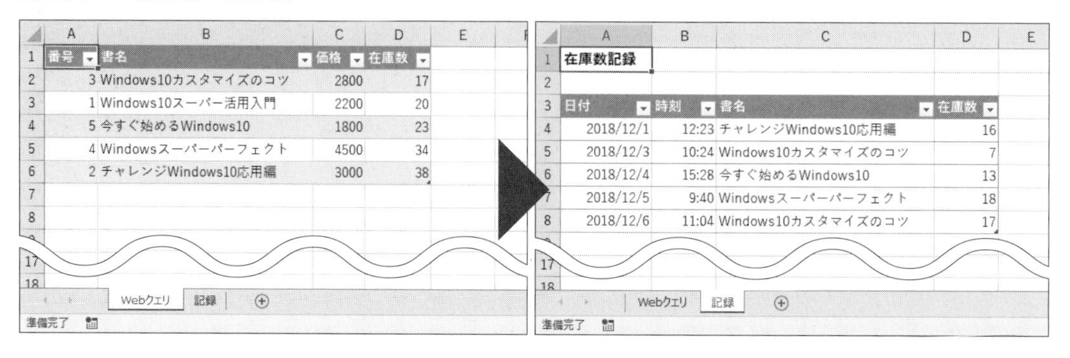

4 VBAでXMLテーブルに取り込む

VBAでXMLデータを取り込む方法としては、本書では後述するMSXMLを使った方法がメインになりますが、VBAでテーブルに外部のXMLデータを取り込む方法についても、ここで簡単に触れておきましょう。ただし、P.58で解説した、「XMLソース」作業ウィンドウを表示し、「XMLの対応付け」を設定してテーブルに取り込む手順をマクロとして記録しても、Webクエリのように正しくコード化することはできません。ここでは、記録機能に頼らず、ワークシート上に作成したXMLテーブルにXMLデータを取り込むプログラムを解説していきます。

● XMLデータをインポートする

ルート要素の直下にデータの各項目の要素が並列で収められているような単純な構成のXMLデータであれば、事前に要素と列との対応付けを行わず、直接ワークシートにインポートできる場合もあります。ここでは、作業中のブックと同じフォルダーの中に保存されているXMLファイル「members.xml」をインポートするコードを紹介します。ここで取り込むサンプルは、これまでにも何度か使用してきた、次のようなXMLデータです。

コード21 XMLファイルの例

```
   <?xml version="1.0" encoding="UTF-8" standalone="yes"?>
1  <team>
2     <member code="M001">
3           <name>鈴木純一</name>
4           <age>28</age>
5     </member>
6     <member code="M010">
7           <name>鈴木真知子</name>
8           <age>25</age>
9     </member>
10    <member code="M015">
11          <name>佐藤浩二</name>
12          <age>32</age>
13    </member>
14 </team>
```

このXMLデータであれば、次のようなプログラムで、作業中のワークシートに簡単に取り込むことができます。なお、このプログラムを実行すると、「XMLの対応付け」を追加する操作でXMLスキーマではなくXMLファイルを指定したときと同様、「指定したXMLソースはスキーマを参照していません。…」というメッセージが表示されます。

コード22 XMLデータをインポートするプログラム

```
    Sub XML インポート ()
1       ActiveWorkbook.XmlImport Url:=ActiveWorkbook.Path & _
                "¥members.xml", ImportMap:=Nothing, _
                Destination:=Range("B2")
    End Sub
```

「ActiveWorkbook」プロパティで作業中のブックを表すWorkbookオブジェクトを取得し、その「XmlImport」メソッドで、XMLファイルをインポートします。取り込むXMLデータは、引数「Url」にそのパスを表す文字列で指定します。ここでは、Workbookオブジェクトの「Path」プロパティで取得した作業中のブックのパスに「¥members.xml」というファイル名を結合して指定していますが、ここにXMLデータを返すWebのURLを指定することも可能です。

すでにブックにXMLの対応付け(XMLマップ)が作成されている場合は、引数「ImportMap」にその対応付けを表すXmlMapオブジェクトを指定しますが、既存の対応付けがない場合や使用しない場合は「Nothing」を指定します。さらに、取り込んだXMLデータを表示するテーブルを作成する基準(左上端)の位置を、引数「Destination」に指定します。

図20 XMLデータがインポートされたテーブル

code	name	age
M001	鈴木純一	28
M010	鈴木真知子	25
M015	佐藤浩二	32

● テーブルに対応付けて読み込む

取り込んだXMLデータの特定の要素と、ワークシート上に作成したテーブルの特定の列とを対応付けて、該当するデータを読み込むこともできます。ここでは、あらかじめ列見出しが入力されたセル範囲をテーブルに変換し、同じXMLファイルをそのテーブルに取り込んでみましょう。ただし、列見出しの並び順は元のXMLファイルとは変えており、この順番に合わせてデータが取り込まれるようにします。

コード23 テーブルにマッピングして取り込むプログラム

```
    Sub XML マッピング読み込み ()
1       Dim tList As ListObject
2       Dim iMap As XmlMap
3       Dim sXPath() As Variant, num As Integer
4       Set tList = ActiveSheet.ListObjects.Add(SourceType:=xlSrcRange, _
               Source:=Range("B2:D3"), XlListObjectHasHeaders:=xlYes)
5       tList.Name = " 会員リスト "
6       Application.DisplayAlerts = False
7       Set iMap = ActiveWorkbook.XmlMaps.Add( _
               Schema:=ActiveWorkbook.Path & "¥members.xml")
8       iMap.Name = " メンバー対応付け "
9       Application.DisplayAlerts = True
10      sXPath = Array("/team/member/name", _
               "/team/member/@code", "/team/member/age")
11      For num = 0 To 2
12             tList.ListColumns(num + 1).XPath.SetValue _
                      Map:=iMap, XPath:=sXPath(num)
13      Next num
14      iMap.DataBinding.Refresh
    End Sub
```

4行目で、作業中のワークシートのB2:D3のセル範囲に新しいテーブルを作成し、そのListObjectオブジェクトを変数tListにセットします。さらに5行目で、そのテーブル名を「会員リスト」にします。ここでも、「対応付け」(XMLマップ)としてXMLスキーマではなくXMLデータを指定しているため、通常は「指定したXMLソースはスキーマを参照していません。…」というメッセージが表示されますが、6行目で「DisplayAlerts」プロパティに「False」を指定することで、これが表示されないようにしています。なお、この設定は9行目で元の状態に戻します。

7行目では、作業中のブックに含まれるすべてのXMLマップを表す「XmlMaps」コレクションの「Add」メソッドで、新しいXMLマップを作成します。対象のXMLファイル(本来はXMLスキーマ)は引数「Schema」にそのパスを指定します。作成されたXMLマップに対し、8行目で「メンバー対応付け」という名前を設定します。

テーブルの各列に対応付ける要素は、XPathで指定します。今回は3つの列に設定するため、その各列用のXPathの文字列を、10行目であらかじめsXPathという配列変数に代入しておきます。

11～13行では、For ～ Nextで変数numの値を0から2まで変化させながら、その間の12行目の処理を繰り返します。具体的には、テーブルの各列を表す「ListColumn」オブジェクトの「XPath」プロパティで取得できる「XPath」オブジェクトに対し、「SetValue」メソッドで、特定の要素のXPathの文字列を指定していきます。

14行目では、XmlMapオブジェクトの「DataBinding」プロパティで、XMLのソースデータへの接続を表す「XmlDataBinding」オブジェクトを取得し、その「Refresh」メソッドでデータを更新します。

図21 テーブルにマッピングして取り込むプログラム

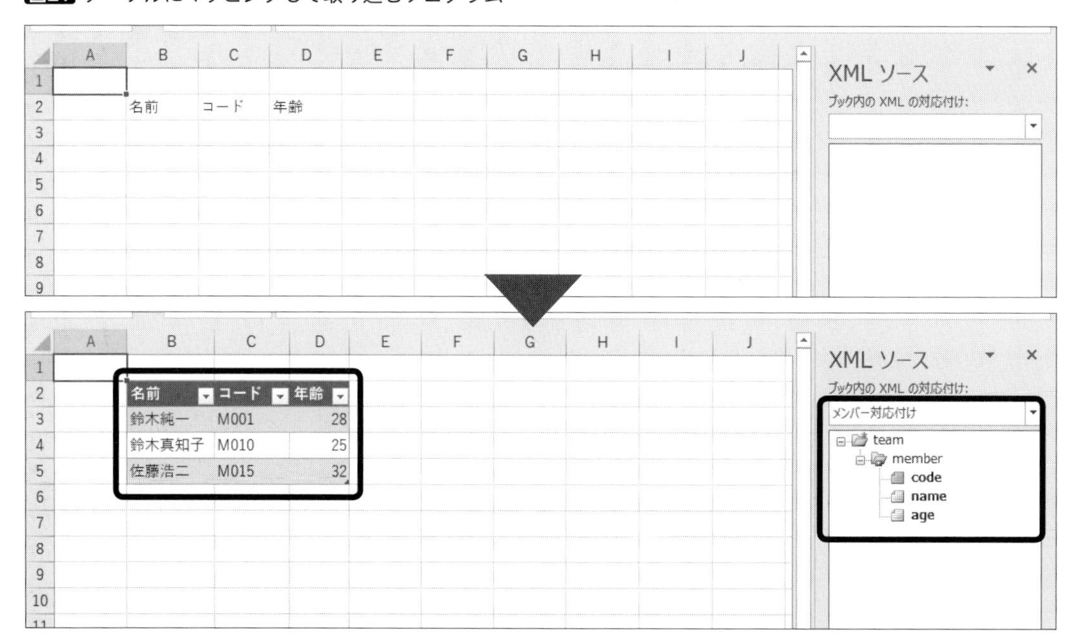

Webの XMLデータをテーブルに取り込む

前のプログラムで、XmlMapsコレクションのAddメソッドでブック内に新たにXMLマップを作成する際、XMLデータ（スキーマ）としてXMLデータを返すURLを指定すれば、WebからXMLデータをワークシートに取り込むことも可能です。ここでは、やはり前にも使用した技術評論社の新刊書籍情報のRSSフィードの内容を、ワークシートのXMLテーブルに取り込んでみましょう。

なお、このXMLデータの場合、ワークシートの各セルに取り込みたい「item」以下の要素がルート要素の直下にないため、P.108で紹介したWorkbookオブジェクトのXmlImportメソッドでは、取得したデータの各項目をうまく取り込むことができません。

コード24 WebのXMLデータをテーブルに取り込むプログラム

```
   Sub WebXML 読み込み ()
1      Dim tList As ListObject
2      Dim iMap As XmlMap
3      Dim sXPath() As Variant, num As Integer
4      Set tList = ActiveSheet.ListObjects.Add(SourceType:=xlSrcRange, _
             Source:=Range("B2:D3"), XlListObjectHasHeaders:=xlYes)
5      tList.Name = " 新刊リスト "
6      Application.DisplayAlerts = False
7      Set iMap = ActiveWorkbook.XmlMaps.Add( _
             Schema:="http://gihyo.jp/book/feed/rss2")
8      iMap.Name = " 新刊書籍情報 "
9      Application.DisplayAlerts = True
10     sXPath = Array("/rss/channel/item/title", _
             "/rss/channel/item/link", "/rss/channel/item/pubDate")
11     For num = 0 To 2
12             tList.ListColumns(num + 1).XPath.SetValue _
                     Map:=iMap, XPath:=sXPath(num)
13     Next num
14     If iMap.DataBinding.Refresh = xlXmlImportSuccess Then
15             MsgBox "XML データの取り込みに成功しました "
16     Else
17             MsgBox "XML データを取り込めませんでした "
18     End If
   End Sub
```

取得するデータに合わせてテーブル名や取り込むデータのパス、XPathなどを変更しているほかは、今回のプログラムも「XMLマッピング読み込み」のプログラムとほとんど同じ内容です。実際にWeb上のXMLデータを指定しているのが、7行目のXmlMapsコレクションのAddメソッドの引数「Schema」の部分です。

また、今回は単に取り込みを実行するだけでなく、14行目でIf 〜 Thenを使用し、XmlDataBindingオブジェクトのRefreshメソッドの戻り値を判定しています。Refreshメソッドの戻り値は取り込みの結果を数値で表すもので、成功した場合は「xlXmlImportSuccess」(実際の値は0)、失敗した場合は「xlXmlImportValidationFailed」(実際の値は2)などの定数で判定できます。ここでは、成功した場合は15行目、そうでない場合は17行目のメッセージを表示させています。

このプログラムを実行して、その結果を確認してみましょう。

図22 RSSフィードをマッピングして取り込んだテーブル

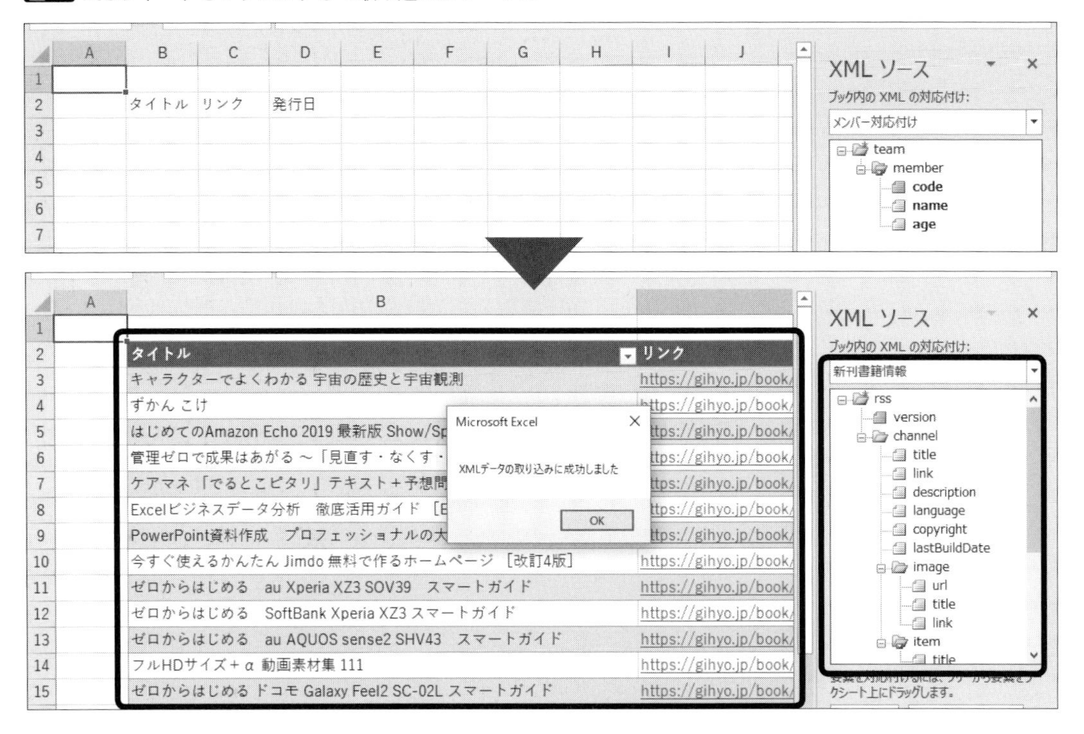

　なお、「発行日」列には元のRSSフィードの「pubDate」要素の値が、RSSの日付形式で取り込まれています。これをExcelの日付データとして扱うには、さらに文字列として加工するなどの処理が必要になります。

図23 RSSフィードから取り込んだ日付のデータ

	C	D
1		
2	リンク	発行日
3	https://gihyo.jp/book/2019/978-4-297-10413-9	Sat, 02 Feb 2019 00:00:00 +0900
4	https://gihyo.jp/book/2019/978-4-297-10393-4	Sat, 26 Jan 2019 00:00:00 +0900
5	https://gihyo.jp/book/2019/978-4-297-10330-9	Fri, 25 Jan 2019 00:00:00 +0900
6	https://gihyo.jp/book/2019/978-4-297-10358-3	Thu, 24 Jan 2019 00:00:00 +0900
7	https://gihyo.jp/book/2019/978-4-297-10345-3	Tue, 22 Jan 2019 00:00:00 +0900
8	https://gihyo.jp/book/2019/978-4-297-10300-2	Sat, 19 Jan 2019 00:00:00 +0900
9	https://gihyo.jp/book/2019/978-4-297-10308-8	Sat, 19 Jan 2019 00:00:00 +0900
10	https://gihyo.jp/book/2019/978-4-297-10281-4	Sat, 19 Jan 2019 00:00:00 +0900
11	https://gihyo.jp/book/2019/978-4-297-10349-1	Sat, 12 Jan 2019 00:00:00 +0900
12	https://gihyo.jp/book/2019/978-4-297-10364-4	Sat, 12 Jan 2019 00:00:00 +0900
13	https://gihyo.jp/book/2019/978-4-297-10360-6	Sat, 12 Jan 2019 00:00:00 +0900
14	https://gihyo.jp/book/2019/978-4-297-10299-9	Thu, 10 Jan 2019 00:00:00 +0900

Section
3-03 VBAでWebデータを直接取得する

ここからは、VBAで直接インターネット上の特定のURLにアクセスし、そのデータを取得するプログラムの例を紹介していきます。このような処理は、Excel VBA本来の機能だけでは不可能なので、外部的なプログラムの機能を利用します。

1 MSXMLで全データを取得する

ExcelのVBA自体には、インターネットのデータを取得する機能は用意されていません。しかし、それらを実現する外部的な機能がWindowsやInternet Explorerに付属する形で用意されており、VBAからそれらを利用して、インターネットからデータを取得することが可能です。具体的には、WinHttpやMSXMLといった外部プログラム(ライブラリ)です。MSXMLの場合、インターネットからデータを取り出すだけでなく、取得したXMLデータを、XPathなどを使って処理することも可能です。

なお、ここでは設定しませんが、WinHttpやMSXMLを使用する場合、事前に「ツール」メニューから「参照設定」を実行し、表示される「参照設定」ダイアログボックスの「参照可能なライブラリファイル」の一覧から「Microsoft WinHttp」や「Microsoft XML」にチェックを付けておくという方法もあります。

図24 「参照設定」ダイアログボックス

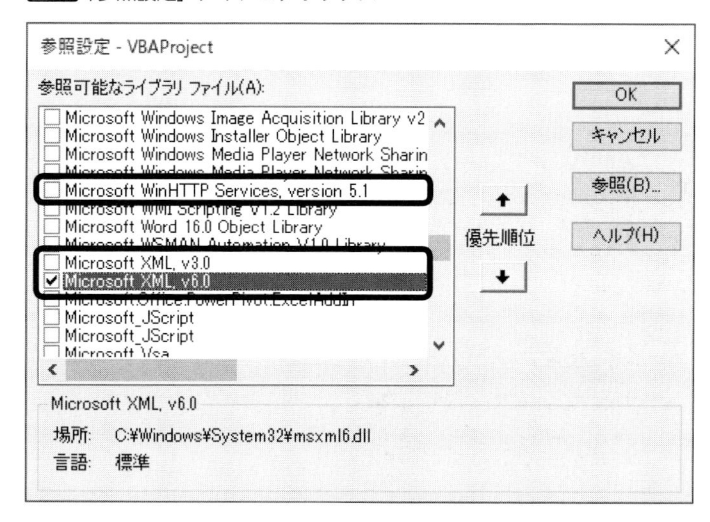

この設定をしておくことで、次のようなメリットがあります。

①固有オブジェクト型での宣言が可能になる。
②固有の定数を使用できる。
③CreateObject関数を使わなくても、Newキーワードで宣言と同時にオブジェクトを作成できる。
④ライブラリに含まれるオブジェクトとそのメンバーをオブジェクトブラウザーで確認でき、その機能を調べやすくなる。
⑤コードの入力時に、固有オブジェクトのプロパティやメソッドなどの選択肢が表示されるといった入力支援機能が働く。

ただし、変数の宣言で指定する固有オブジェクト型はややわかりにくく、環境によってプログラムの記述を変える必要があるといったデメリットもあります。ここでは、事前に参照設定はせず、実行時にこれらのオブジェクトを生成するようなプログラムの書き方を紹介します。後述する、Internet ExplorerをVBAから操作する事例でも同様です。

● HTMLデータをテキストボックスに取り込む

次のプログラムでは、MSXMLを使用して、WebページのHTMLのソースを取得します。ただし、セルは取得した長いテキストを収めるのに向いていないので、ここではそれをワークシート上の「HTML表示」という名前のテキストボックスに入力します。なお、目的のWebページのURLは、あらかじめB3セルに入力されているという前提です。

コード25 WebページのHTMLテキスト全文を取得

```
   Sub Webテキスト取得1()
1     Dim xHttp As Object
2     Set xHttp = CreateObject("MSXML2.XMLHTTP")
3     xHttp.Open "GET", Range("B3").Value, False
4     xHttp.send
5     If xHttp.StatusText <> "OK" Then
6            Set xHttp = Nothing
7            Exit Sub
8     End If
9     ActiveSheet.Shapes("HTML保管用").TextFrame.Characters.Text = _
             xHttp.responseText
10    Set xHttp = Nothing
   End Sub
```

このマクロを実行すると、次のようになります。

図25 マクロ「Webテキスト取得1」の実行例

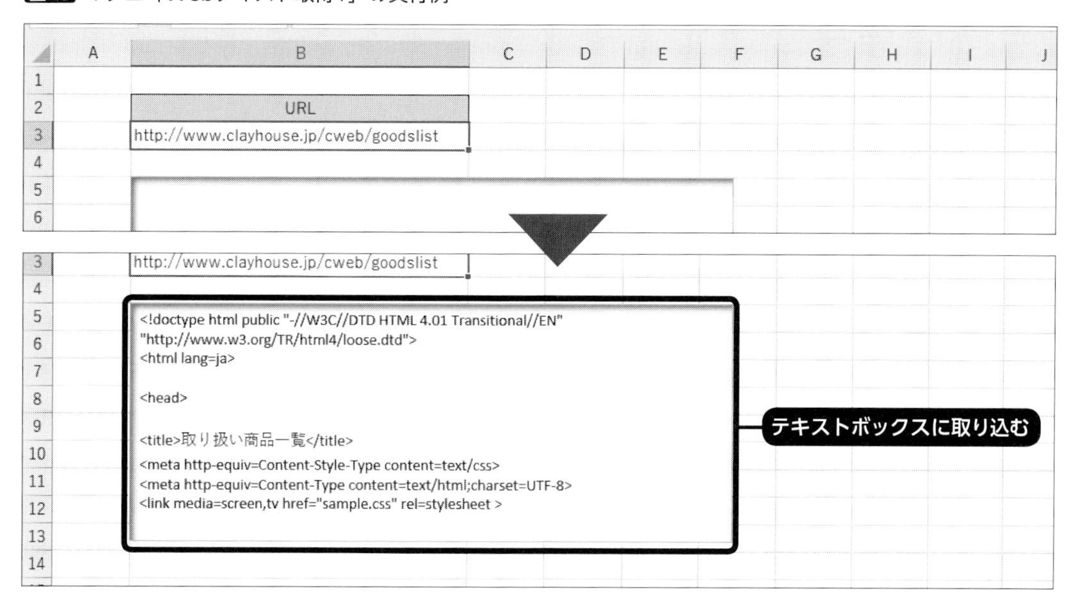

指定したURLにリクエストを送信し、送られてきたデータを取得するなどの処理に使用されるのは、MSXMLの「IServerXMLHTTPRequest2」というオブジェクトです。

また、外部的な機能をExcel VBAのオブジェクトとして利用できるようにするには、VBAのCreateObject関数を使用します。2行目でこの処理を実行し、生成されたオブジェクトを、オブジェクト変数xHttpにセットします。

3行目で、IServerXMLHTTPRequest2オブジェクトのOpenメソッドを実行し、B3セルの文字列で指定されたURLへのアクセスを確立します。そして、4行目でリクエストを送信。そのWebページのデータを正常に取得できた場合、statusTextプロパティの値は「OK」になります。5～8行ではこの判定を行い、それ以外だった場合はオブジェクト変数xHttpに「Nothing」をセットし、処理を終了します。

さらに9行目では、responseTextプロパティで、サーバーからそのWebページのHTMLソースのテキストを取得します。「HTML表示」という名前のテキストボックスをShapeオブジェクトとして取得し、その「TextFrame.Characters.Text」に代入することで、取得したHTMLソースをテキストボックスに入力しています。

最後に、やはりオブジェクト変数xHttpに「Nothing」をセットすることで、オブジェクトへの参照を解放しています。この6行目と10行目の操作は不可欠ではありませんが、オブジェクトを生成したプログラムにおける1つの作法です。

● HTMLデータをテキストファイルに保存する

取得したHTMLソースの保管にテキストボックスを使うのではなく、直接ファイルとして保存することもできます。次のプログラムは、B3セルのURLから取得したHTMLソースを、このマクロを含むブックと同じフォルダーに、「HTML保管用.txt」というテキストファイルとして保存するものです。

コード26 Webページの HTMLテキスト全文を保存

```
    Sub Web テキスト取得 2()
1       Dim xHttp As Object
2       Set xHttp = CreateObject("MSXML2.XMLHTTP")
3       xHttp.Open "GET", Range("B3").Value, False
4       xHttp.send
5       If xHttp.statusText <> "OK" Then
6               Set xHttp = Nothing
7               Exit Sub
8       End If
9       Open ThisWorkbook.Path & "¥HTML 保管用 .txt" For Output As #1
10      Print #1, xHttp.responseText
11      Close #1
12      Set xHttp = Nothing
    End Sub
```

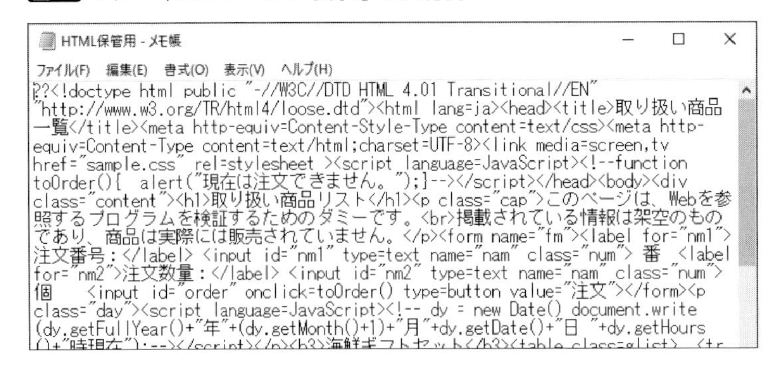

図26 マクロ「Webテキスト取得2」の実行例

指定したURLのデータを取得するところまでは、「Webテキスト取得1」と同じです。

9行目では、Openステートメントで、指定したパスに書き込み用のファイルを開きます。ここではThisWorkbookプロパティでこのマクロを含むブックを表すWorkbookオブジェクトを取得し、そのPathプロパティでこのブックのパスの文字列を取得。そこに「¥HTML保管用.txt」という文字列を追加して、ブックと同じフォルダー内にこのファイルを作成しています。

そして、10行目のPrintステートメントでこのファイルに取得したHTMLソースをすべて書き込み、11行目のCloseステートメントで、開いたファイルを閉じています。

2 一部のデータを関数で切り出す

次に、同様の処理で、HTMLソースすべてを取り出すのではなく、その中の一部だけを取り出してみましょう。ここでは「<title>」と「</title>」というHTMLタグを手掛かりとして、このWebページのタイトルをメッセージボックスに表示させます。

コード27 タイトルの文字列を取り出して表示

```
    Sub Webタイトル表示()
1       Dim xHttp As Object
2       Dim rTxt As String, mTxt As String
3       Set xHttp = CreateObject("MSXML2.XMLHTTP")
4       xHttp.Open "GET", Range("B3").Value, False
5       xHttp.send
6       If xHttp.statusText <> "OK" Then
7               Set xHttp = Nothing
8               Exit Sub
9       End If
10      rTxt = xHttp.responseText
11      mTxt = Mid(rTxt, InStr(rTxt, "<title>") + 7, InStr(rTxt, "</title>") _
                - InStr(rTxt, "<title>") - 7)
12      MsgBox mTxt
13      Set xHttp = Nothing
    End Sub
```

図27 マクロ「Webタイトル表示」の実行例

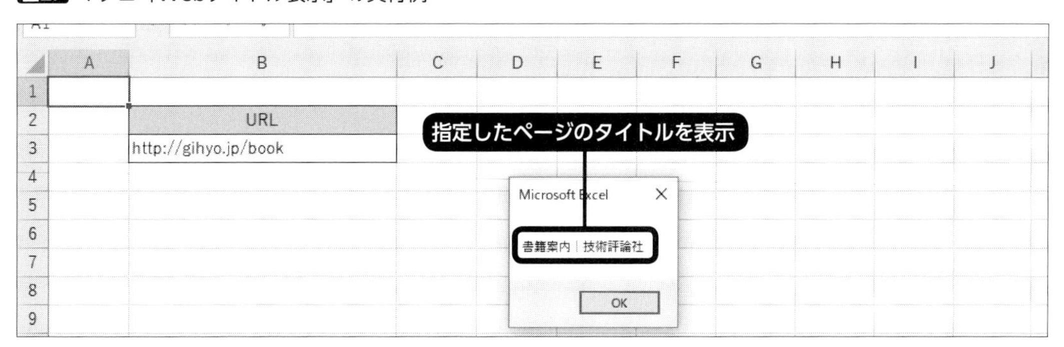

XMLHTTPのオブジェクトでWebページのHTMLソースのテキストを取得するところまでは、ここまで紹介したプログラムと同様です。

11行目では、取得したテキストを一度変数rTxtに収め、Mid関数でその中の一部のテキストを取り出します。この関数では、最初の引数で指定した文字列の、2番目の引数で指定した開始位置から、3番目の引数で指定した文字数分の文字列を取り出します。

開始位置と文字数の指定には、最初に引数で指定した文字列の中で、2番目の引数で指定した文字数の開始位置を求めるInStr関数を利用します。まず「<title>」の開始位置を求めて7を加え、この「<title>」の次の文字の位置を求めます。次に、「</title>」の開始位置から「<title>」の次の文字の位置を引いて、その間の文字数を求めます。以上の手順で、最終的に「<title>」と「</title>」に挟まれた文字列を取り出し、MsgBox関数でメッセージボックスに表示しています。

なお、ここではVBAのMid関数とInStr関数を使って特定の位置にある文字列を取り出していますが、より複雑な条件でHTMLから特定のデータを取り出したい場合は、文字列のさまざまなパターンを指定できる「正規表現」を利用する方法もあります。Excel VBAには、標準では正規表現で処理する機能はありませんが、やはり外部の機能であるVBScriptに含まれる「RegExp」というオブジェクトを使用することで、正規表現によるパターンマッチングが可能になります。

3 Web上のXMLデータを取得する

Webから取得したのがXMLデータである場合、MSXMLでXPathなどを使ってノードを特定し、単独または複数のデータを取り出すことも可能です。ただし、事前にそのXMLデータの構成を把握し、目的のデータの位置を正確に指定する必要があります。なお、HTMLデータをXMLデータとして扱い、XPathなどで処理するのは、VBAではややハードルが高いようです。

● XMLデータから1つのデータを取り出す

次の例は、B3セルに入力されたURLでアクセスできるExcel用語のXMLデータから、3番目の「term」要素の中にある「summary」要素のデータを、メッセージボックスに表示するプログラムです。メッセージボックスの見出しとして、やはり3番目の「term」要素の中の「name」要素を取り出し、「○○について」のように表示します。

コード28 用語辞典から概要を表示

```
  Sub 用語概要取得()
1     Dim xDoc As Object
2     Dim tNode1 As Object, tNode2 As Object
3     Set xDoc = CreateObject("MSXML2.DOMDocument")
```

コード28 用語辞典から概要を表示（続き）

```
4       xDoc.async = False
5       xDoc.Load Range("B3").Value
6       Set tNode1 = xDoc.SelectSingleNode("//term[2]//name")
7       Set tNode2 = xDoc.SelectSingleNode("//term[2]//summary")
8       MsgBox Prompt:=tNode2.Text, Title:=tNode1.Text & "について"
9       Set tNode1 = Nothing
10      Set tNode2 = Nothing
11      Set xDoc = Nothing
    End Sub
```

このマクロを実行すると、次のようになります。

図28 マクロ「用語概要取得」の実行例

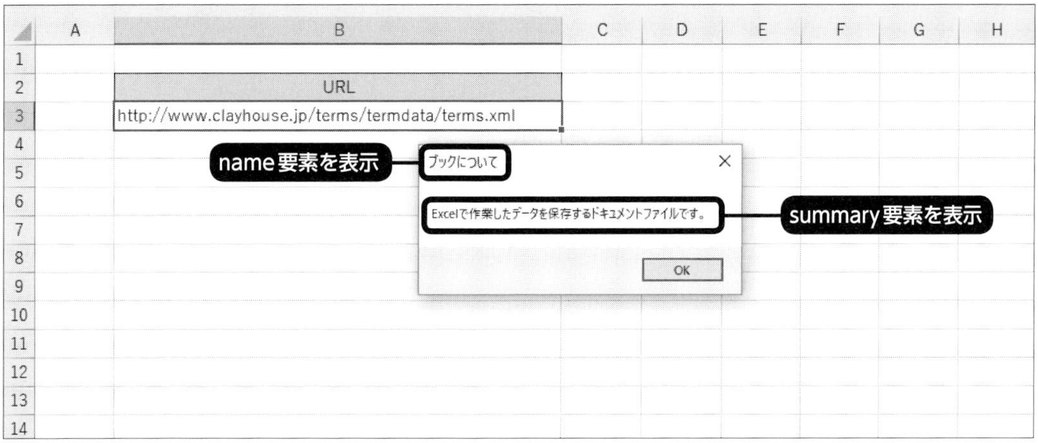

MSXMLを利用してXMLデータを取得する場合、やはりIServerXMLHTTPRequest2オブジェクトを利用して指定したURLからデータを取得し、その「responseXML」プロパティを利用してXMLデータを扱うためのオブジェクトを取得するという方法もあります。しかし、ここでは「DOMDocument」オブジェクトを利用し、より簡潔なプログラムでWebからXMLデータを取得しています。

4行目のDOMDocumentオブジェクトの「async」プロパティは同期処理を行うかどうかの設定で、VBAでは非同期処理にするため「False」を指定します。そして、5行目で「Load」メソッドに引数として取得したいXMLデータのパス（ローカルなファイルのパス、またはURL）を指定することで、そのXMLデータを取得します。

XPathを使ってそのXMLデータの特定の位置のノードを取得するには、DOMDocumentオブジェクトのSelectSingleNodeメソッドに、引数としてXPathの文字列を指定します。「//term[2]//name」というのは、3番目に登場する「term」要素の下部にある「name」要素を表し、メソッドの戻り値として、そのノードを表すIXMLDOMElementオブジェクトが返されます。「//term[2]//summary」についても同様です。そのTextプロパティでノードの文字列を取り出し、メッセージボックスに表示しています。このname要素が用語名、summary要素が用語の概要を表しているわけです。

なお、ここではMsgBox関数の引数を名前付きで指定し、これまで使用していたPromptに加えて、メッセージボックスのタイトルを指定するTitleも指定しています。name要素の文字列は、「について」を付けてこのタイトルに使用しました。

● XMLデータから複数のデータを取り出す

1つの要素だけでなく、指定した条件に該当する複数の要素をまとめて取り出し、そのデータをワークシートに入力することも可能です。

次の例は、E3セルに入力されたURLにある「terms.xml」というXMLファイルから、すべての「term」要素について、その1番目の子要素（用語名）をB列に、2番目の子要素（読み）をC列に入力するプログラムです。

コード29 用語辞典から全用語と読みを取得

```
    Sub 全用語取得()
1       Dim xDoc As Object
2       Dun tNodes As Object
3       Dim num As Long
4       Set xDoc = CreateObject("MSXML2.DOMDocument")
5       xDic.async = False
6       xDoc.Load Range("E3").Valuee
7       Set tNodes = xDoc.SelectNodes("//term")
8       For num = 0 To tNodes.Length - 1
9               Cells(num + 2, 2).Value = tNodes(num).ChildNodes(0).Text
10              Cells(num + 2, 3).Value = tNodes(num).ChildNodes(1).Text
11      Next num
12      Columns("B:C").AutoFit
13      Set tNodes = Nothing
14      Set xDoc = Nothing
    End Sub
```

このマクロを実行すると、次のようになります。

図29 マクロ「全用語取得」の実行例

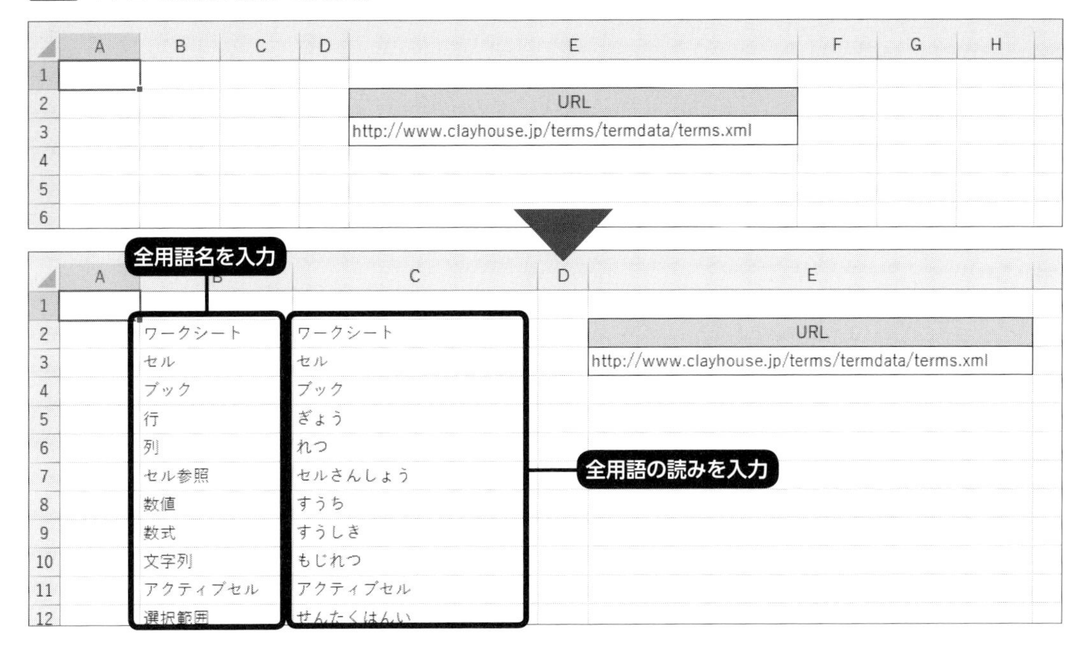

SelectSingleNodeはXPathで特定された1つのノードを返すメソッドですが、該当する複数のノードをコレクションとして取得することも可能です。これにはDOMDocumentオブジェクトのSelectNodesメソッドを使用します。やはり引数としてXPathの文字列を指定し、該当する複数のノードを表すIXMLDOMSelectionコレクションを取得します。

そのLengthプロパティで、このコレクションに含まれるノードの数を調べ、0（インデックスの初期値）からその数－1まで、カウンター変数numの値を1ずつ増加させながら繰り返し処理を実行していきます。各繰り返し処理では、インデックスとして変数numの値を指定してその順番に当たるノードを取得し、ChildNodesプロパティでその子ノードのコレクションを取得。やはりインデックスを指定して、1番目の子ノードをB列の2行目以降、2番目の子ノードをC列の2行目以降に、それぞれ入力していきます。

取り込み元のXMLファイルに含まれるすべてのtermについてこの処理を繰り返し、全ての用語をワークシートに取り出したら、AutoFitメソッドで、B列とC列の列幅を自動設定しています。

4 RSSをXMLデータとして取得する

RSSなどのフィードもXMLデータであり、やはりVBAでDOMDocumentオブジェクトを利用して、指定したURLから直接取り込むことが可能です。

次の例は、B3セルに入力されたURLで取得できる技術評論社の新刊情報のRSSフィードから、2番目の書籍のタイトルをメッセージボックスに表示するプログラムです。

コード30 RSSから新刊書のタイトルを取得

```
  Sub 新刊書籍名表示()
1     Dim xDoc As Object
2     Dim tNode As Object
3     Set xDoc = CreateObject("MSXML2.DOMDOCUMENT")
4     xDoc.async = False
5     xDoc.Load Range("B3").Value
6     Set tNode = xDoc.SelectSingleNode("//item[1]/title")
7     MsgBox tNode.Text
8     Set tNode = Nothing
9     Set xDoc = Nothing
  End Sub
```

図30 マクロ「新刊書籍名表示」の実行例

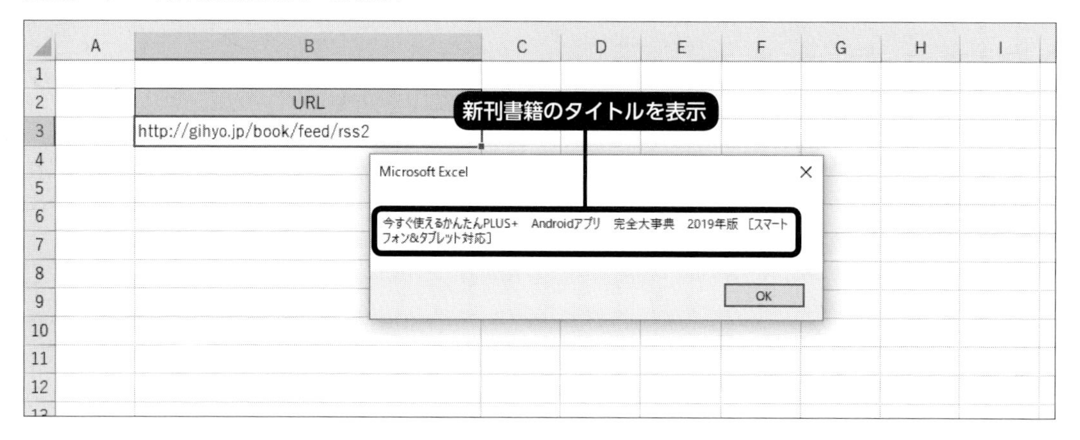

やはりDOMDocumentオブジェクトのLoadメソッドで、引数として、B3セルに入力された技術評論社のRSSフィードのURLの文字列を指定し、そのXMLデータを取得します。このDOMDocumentオブジェクトに対し、同様の処理で特定の位置のデータを取得し、メッセージボックスに表示しています。

Section 3-04 Web操作にInternet Explorerを利用する

Excel VBAでWebのデータを取得するには、WebブラウザーのInternet Explorerの機能を利用するという方法もあります。単にHTMLデータを取り出すだけでなく、そのコンテンツや特定の要素を取り出したり、入力フォームを操作したりということも可能です。

1 ページのコンテンツを取り出す

Webブラウザーにもいろいろな種類がありますが、VBAから最も操作しやすいのは、Windowsの従来の標準WebブラウザーであるInternet Explorer (以下、IE) です。Windows 10の標準WebブラウザーはEdgeに変わりましたが、やや古い技術で作成されたWebページには、いまだにIEでしか表示できないものもあるようです。そのような互換性保持の意味もあって、IEはWindows 10にも含まれており、現在でも使用が可能です。

VBAからIEを使ってWebのデータを取得するメリットとしては、HTMLではなくそのコンテンツだけをテキストとして取り出せることや、HTMLデータをHTMLDocumentオブジェクトとして取得し、タグ名などで特定のデータを取り出せること、フォームの入力ボックスやボタンなどの操作も実行できることなどがあります。また、VBAから操作する場合、実際にIEのウィンドウを画面に表示させる必要はなく、非表示の状態のまま、その機能だけを利用することも可能です。

● IEでページのテキストを取得

次の例は、IEを利用して、B3セルに入力されたURLのWebページにアクセスし、そのページのコンテンツのプレーンテキストを、このマクロを記述したブックと同じフォルダーに、「webpage.txt」という名前のファイルとして保存するプログラムです。

コード31 Webページのコンテンツを保存

```
  Sub Webページ保存()
1     Dim ie As Object
2     Set ie = CreateObject("InternetExplorer.Application")
3     ie.Navigate Range("B3").Value
4     Do While ie.Busy Or ie.ReadyState <> 4
5            DoEvents
```

コード31 Webページのコンテンツを保存（続き）

```
6       Loop
7       Open ThisWorkbook.Path & "¥webpage.txt" For Output As #1
8       Print #1, ie.Document.Body.InnerText
9       Close #1
10      ie.Quit
11      Set ie = Nothing
    End Sub
```

図31 マクロ「Webページ保存」の実行例

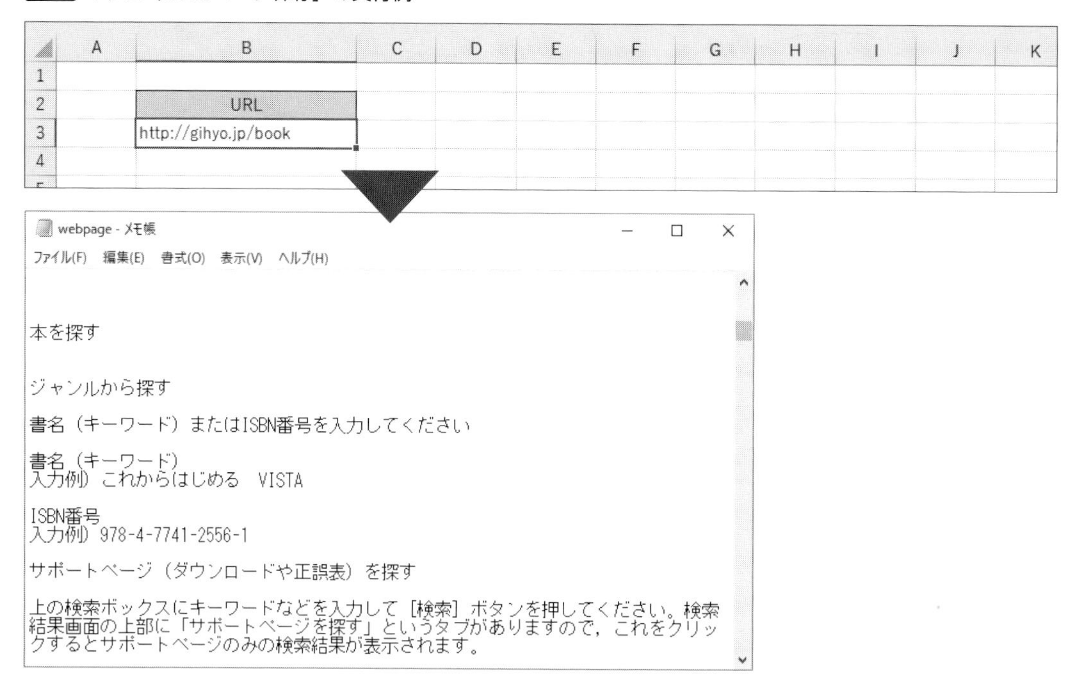

2行目で、CreateObject関数を使って、InternetExplorerアプリケーションを表すIWebBrowser2オブジェクトを生成し、オブジェクト変数ieにセットします。3行目ではそのNavigateメソッドで、引数にURLを指定して、Internet Explorerでそのページを開きます。

4〜6行は、指定のURLから必要なデータがすべて読み込まれ、Webページが完全に表示された状態になるまで待つための処理です。その後、7〜9行でそのコンテンツのテキストを「webpage.txt」というファイル名で保存します。8行目では、ieのDocumentプロパティでHTMLドキュメントを表すHTMLDocumentオブジェクトを、そのBodyプロパティでbodyタグの内部を表すHTMLElementオブジェクトを取得します。さらにそのInnerTextプロパティで、この要素の内部のコンテンツのテキストを取得し、そのすべてをテキストファイルに書き込んでいます。

以下は終了処理で、10行目では使用したInternet ExplorerをQuitメソッドで終了し、11行目ではオブジェクト変数ieを解放しています。

● 特定の項目を取り出す

次に、IEを利用して取得したWebページの中の特定のデータを取り出すプログラムを作成してみましょう。このためには、対象のWebページのHTMLの構成を調べ、目的の情報を含むタグやその属性などを利用します。

ここでは例として、技術評論社のWebサイトのトップページ(「書籍案内」のページ)から、「トピックス」に表示されている最初の項目をメッセージボックスに表示するプログラムを作成してみましょう。

図32 技術評論社のトップページ

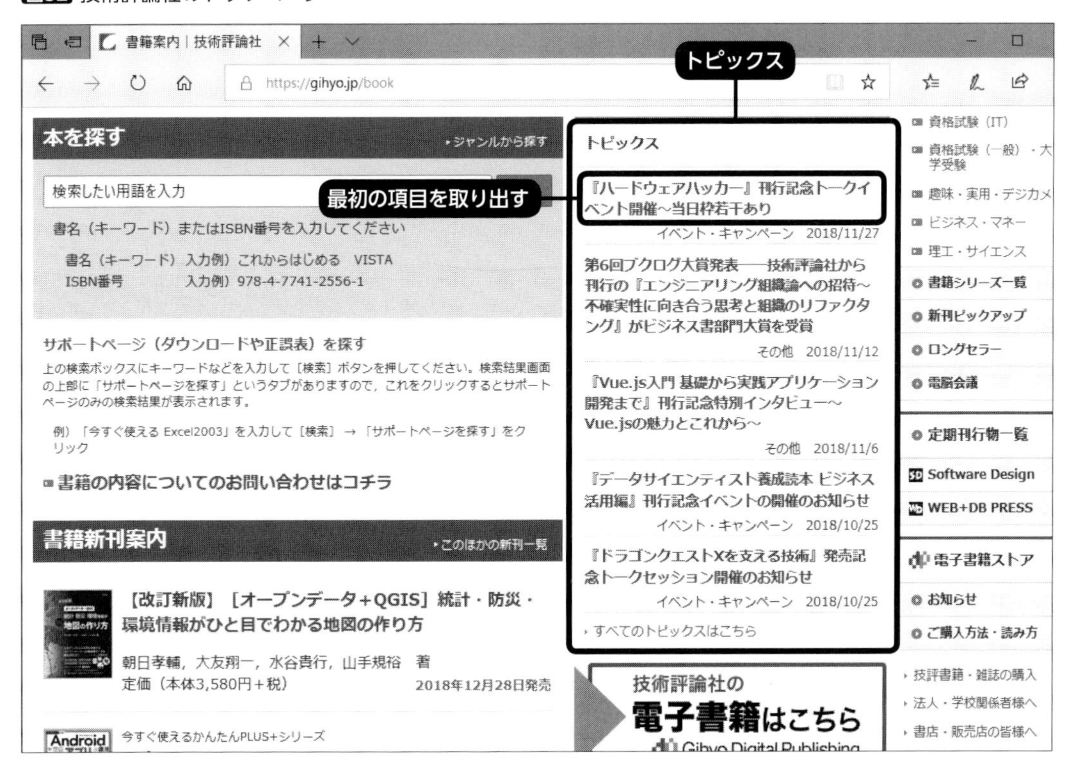

このページのソースを表示させてみると、該当部分は次のようになっています。

図33 技術評論社のトップページのソース表示

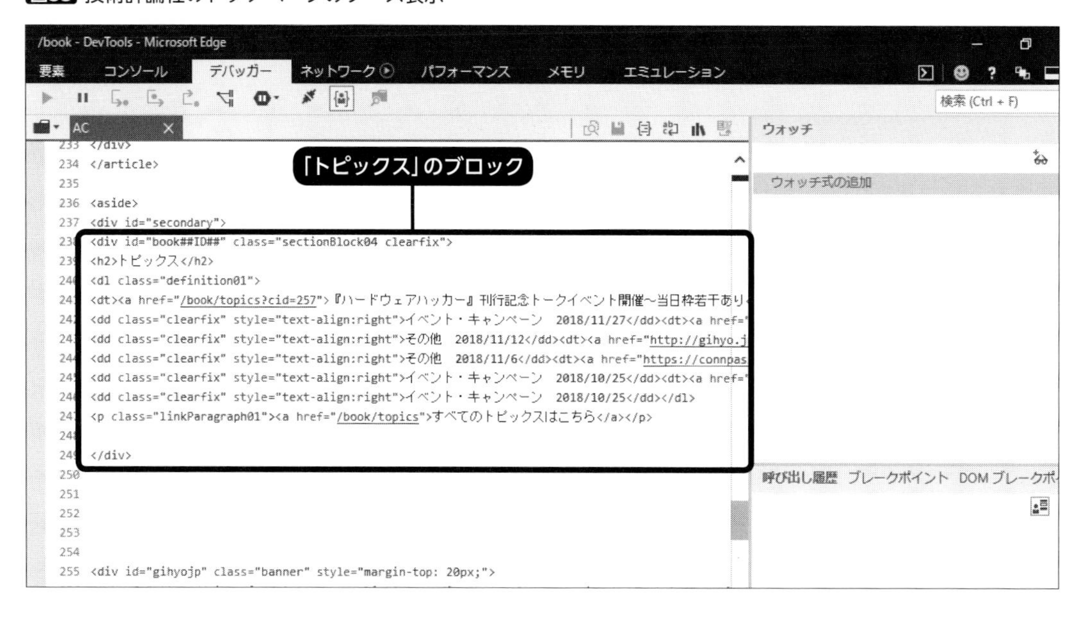

ここでは、div要素のid属性の「book##ID##」を手掛かりとして「トピックス」のブロックを特定し、さらにその中のdt要素のコレクションを取得して、その最初の項目のテキストを取り出します。具体的には、次のようなプログラムになります。

コード32 Webページの特定の情報を取得

```
    Sub トピックス取得()
1      Dim ie As Object, tElement As Object
2      Dim tName As String
3      Set ie = CreateObject("InternetExplorer.Application")
4      ie.Navigate "http://gihyo.jp/book"
5      Do While ie.Busy Or ie.ReadyState <> 4
6              DoEvents
7      Loop
8      Set tElement = ie.Document.getElementById("book##ID##")
9      Set tElement = tElement.getElementsByTagName("dt")
10     tName = tElement(0).innerText
11     Set tElement = Nothing
12     ie.Quit
13     Set ie = Nothing
14     MsgBox tName
    End Sub
```

図34 マクロ「トピックス取得」の実行例

IEのオブジェクトを作成し、指定されたURLでWebページを開くところまでは同様です。今回は、取得先のURLはセルの入力値を参照するのではなく、コードの中に直接指定しました。8行目では、そのHTMLDocumentオブジェクトのGetElementByIdメソッドでは、引数に指定した文字列をid属性として持つ要素を表すHTMLElementオブジェクトを取得します。

さらに、9行目では、このHTMLElementオブジェクトのGetElementsByTagNameメソッドで、引数に指定したタグ名のすべての要素を含むDispHTMLElementCollectionコレクションを取得します。10行目では、取得したコレクションの最初の項目を「Item(0)」で指定し、そのinnerTextプロパティで要素のコンテンツのテキストを取り出して、いったん変数tNameに収めます。

そして、先にIEの終了処理を終えてから、この変数の内容をメッセージボックスに表示させています。

複数の項目を抽出する

さらにこのプログラムを応用し、同じ技術評論社のトップページから、「新刊書籍案内」に表示されているすべての書籍名と、そのリンクを、ブック内に新規ワークシートを作成し、そのA～B列へ取り出すプログラムを考えてみましょう。

コード33 すべての新刊書籍名を転記

```
  Sub 新刊書籍取得()
1     Dim ie As Object, tElement As Object
2     Dim bNum As Long, tLink As Object
3     Set ie = CreateObject("InternetExplorer.Application")
4     ie.Navigate "http://gihyo.jp/book"
5     Do While ie.Busy Or ie.ReadyState <> 4
6             DoEvents
7     Loop
```

コード33 すべての新刊書籍名を転記（続き）

```
8       With Worksheets.Add
9           Set tElement = ie.Document.getElementById("newBookList")
10          Set tElement = tElement.getElementsByTagName("h3")
11          For bNum = 0 To tElement.Length - 1
12              .Cells(bNum + 1, 1).Value = tElement.Item(bNum).innerText
13              Set tLink = tElement(bNum).getElementsByTagName("a")
14              .Cells(bNum + 1, 2).Value = tLink(0).href
15          Next bNum
16          .Columns("A:B").AutoFit
17          .UsedRange.EntireRow.AutoFit
18      End With
19      Set tLink = Nothing
20      Set tElement = Nothing
21      ie.Quit
22      Set ie = Nothing
    End Sub
```

図35 マクロ「新刊書籍取得」の実行例

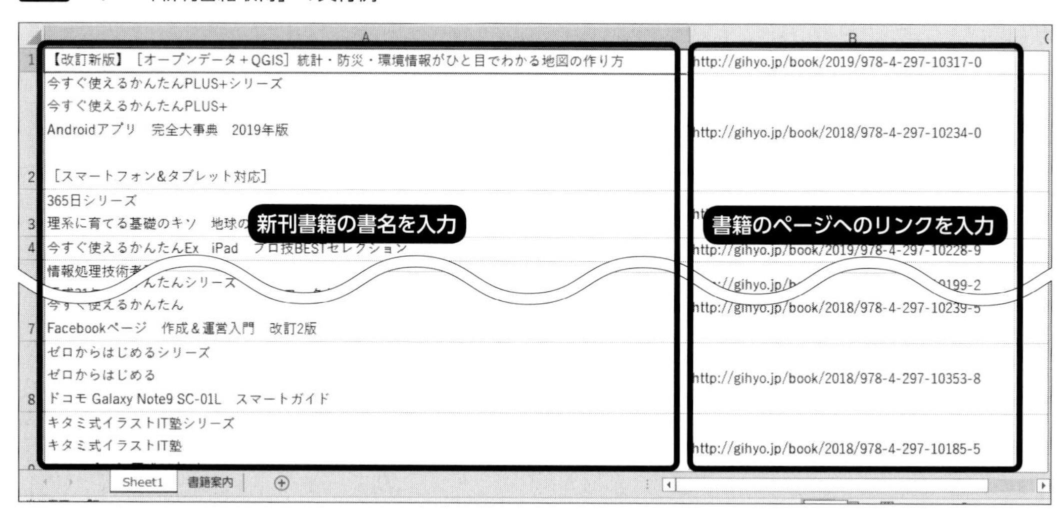

同様の処理で目的のページを開いたら、まず「newBookList」というid属性を持つ要素を探して、求められたHTMLElementオブジェクトを変数tElementにセットします。さらに、その要素の中のh3タグの要素を、getElementsByTagNameメソッドで、DispHTMLElementCollectionコレクションとして取得します。

次に、WorksheetsコレクションのAddメソッドで新しいワークシートを追加し、その戻り値の

Worksheetオブジェクトを、Withで以降の処理の対象とします。変数bNumの値を0からこのコレクションの要素数－1まで、1ずつ増加させながら、For ～ Nextによる繰り返し処理を実行します。各繰り返しの中では、12行目でA列の1行目以下に、各h3要素の中のテキスト、つまり書籍名を入力します。また、13行目で、h3要素の中のa要素のコレクションを取得してオブジェクト変数tLinkにセットします。14行目では、まずその1番目の要素のhref属性の値を求めます。要素の属性の値は、このように直接「.」に続けて指定できます。取得したURLの文字列を、B列の1行目以下に入力しています。

すべてのh3要素についてこの繰り返し処理を実行したら、16行目でA:B列の列幅をAutoFitメソッドで自動設定します。さらに17行目で、このワークシートの作業済みの範囲をUsedRangeプロパティで取得し、EntireRowプロパティでその範囲の行全体を取得して、AutoFitメソッドで行の高さを自動調整しています。

Excelでクローリングを行う場合、このようにして取得したURLから関連ページを開き、さらに必要なデータを収集していくことが可能です。

2 Webページ上の入力フォームを操作する

IEを操作するプログラムの最後に、入力フォームを操作する方法を紹介しましょう。ここでは、技術評論社の書籍案内のページの「本を探す」フォームの入力ボックスに「Word VBA」と入力し、「検索」ボタンをクリックする操作を自動的に実行するプログラムを作成します。また、IEを非表示のまま操作するのではなく、そのウィンドウを表示して、入力フォームを操作した結果がわかるようにします。また、今回はWebページのデータは取得しません。

コード34 検索用フォームの操作

```
   Sub 自動書籍検索()
1     Dim ie As Object
2     Set ie = CreateObject("InternetExplorer.Application")
3     ie.Navigate "http://gihyo.jp/book"
4     Do While ie.Busy Or ie.ReadyState <> 4
5             DoEvents
6     Loop
7     ie.Visible = True
8     With ie.Document.getElementsByTagName("form")(1)
9             .all(1).Value = "Word VBA"
10            .all(2).Click
11    End With
12    Set ie = Nothing
   End Sub
```

図36 マクロ「自動書籍検索」の実行例

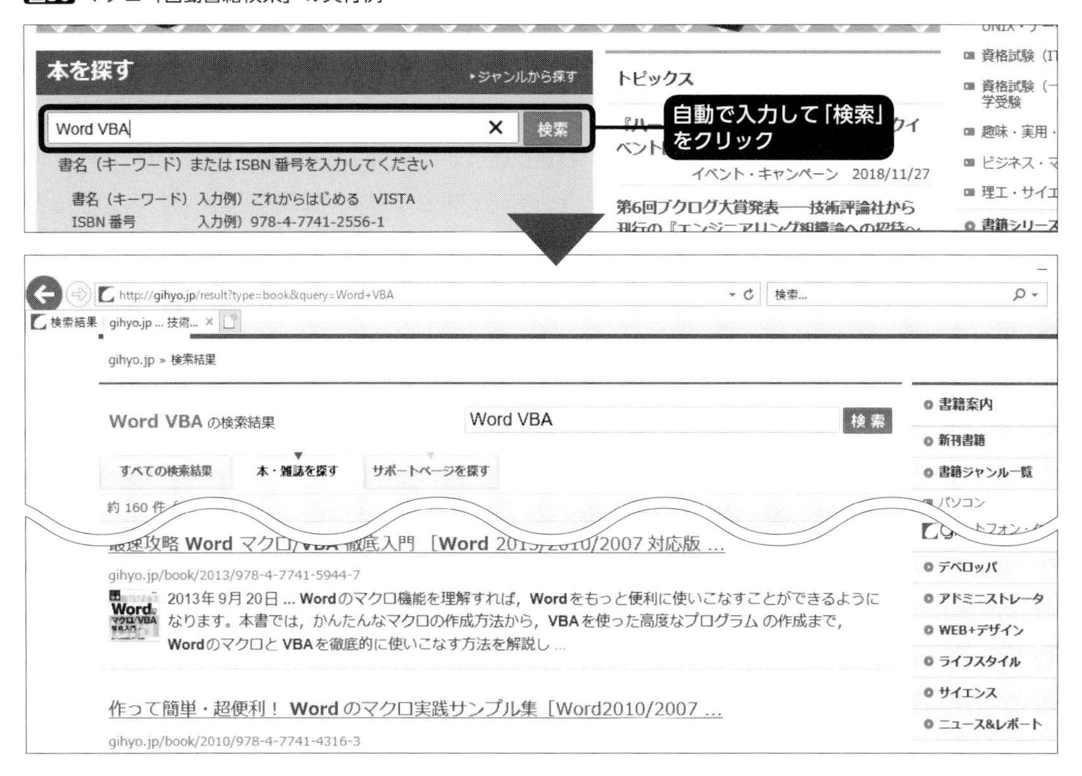

IEのオブジェクトを作成して指定したURLのページを開いたら、7行目でそのVisibleプロパティにTrueを設定して、ウィンドウを表示させます。

8行目では、getElementsByTagNameメソッドで、このドキュメントの中のformタグのコレクションを取得します。formタグはこのドキュメント内に3つありますが、操作したいのはその2番目のformタグなので、カッコの中に「1」を指定します。「all」でこのformタグの中のすべての要素を表すHtmlElementCollectionコレクションが取得できるので、「1」を指定して2番目の要素である入力ボックスを取得し、そのValueプロパティに代入する形でデータを入力します。次に、3番目の要素であるボタンを取得し、Clickメソッドでクリックを実行します。このプログラムを実行すると、検索用フォームに自動的に検索語が入力され、クリックされた結果として、検索結果のページが表示されます。

Section 3-05 WebBrowserコントロールを利用する

ユーザーフォームでWebBrowserコントロールを利用することで、外部プログラムであるInternet Explorerを利用することなく、同様にWebデータを取得したり、Webページを操作したりといったことが可能になります。

1 WebBrowserコントロールを使用可能にする

Windows 10の標準のWebブラウザーは、IEではなくEdgeです。IEも通常はインストールされていますが、不必要と判断してそのPCからアンインストールされている可能性もあるでしょう。その場合は、前述のようなIEを使ったWebデータの取り込みは実行できません。

IEのような外部のプログラムを使用しなくても、Excelの内部的な処理だけで同様の操作を実行する方法もあります。独自のユーザーインターフェースをデザインできる「ユーザーフォーム」に、Webブラウザーと同様の機能を持った「コントロール」を配置して、そのWebBrowserコントロールをVBAで操作します。

● ユーザーフォームをデザインする

まず、ユーザーフォームの作成方法から解説していきましょう。本格的にユーザーフォームを活用するなら、さまざまなコントロールをバランスよく配置するデザインのセンスや、各コントロールを有機的に組み合わせたプログラミングが必要となります。しかし、ここではWebBrowserコントロールの機能を利用することだけが目的で、ユーザーフォーム自体は画面に表示すらしません。そのため、WebBrowserコントロールは、どの位置にどのようなサイズで作成しても問題ありません。

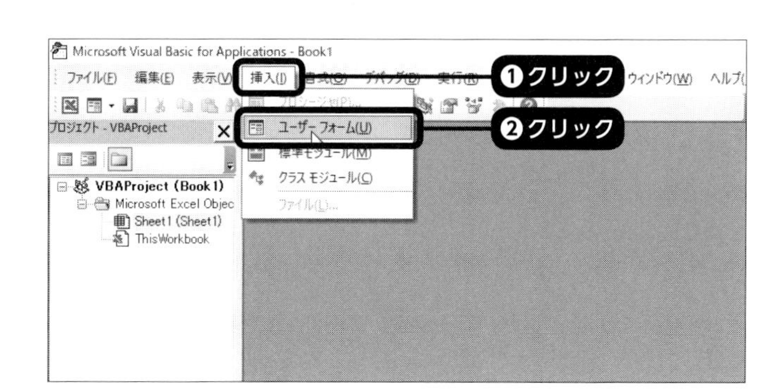

1 VBEの「挿入」メニューから「ユーザーフォーム」を選びます❶❷。これで、新しいユーザーフォームが作成されます。

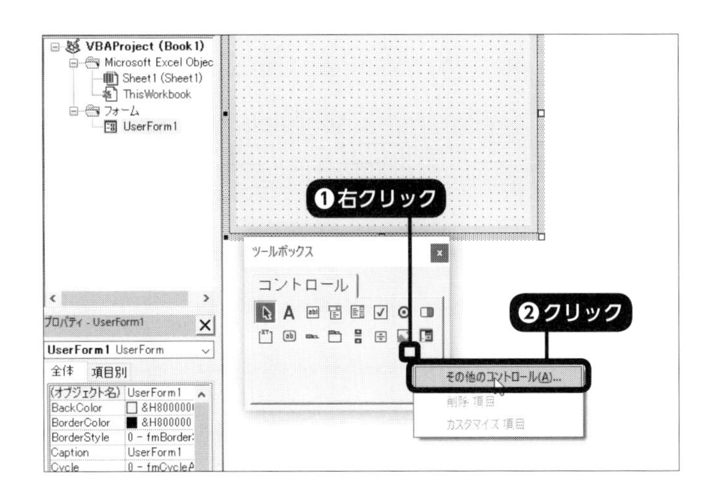

2 このフォーム上に配置することが可能なコントロールは「ツールボックス」の中に表示されていますが、初期状態ではこの中にWebBrowserコントロールはありません。ツールボックスを右クリックし❶、「その他のコントロール」を選びます❷。

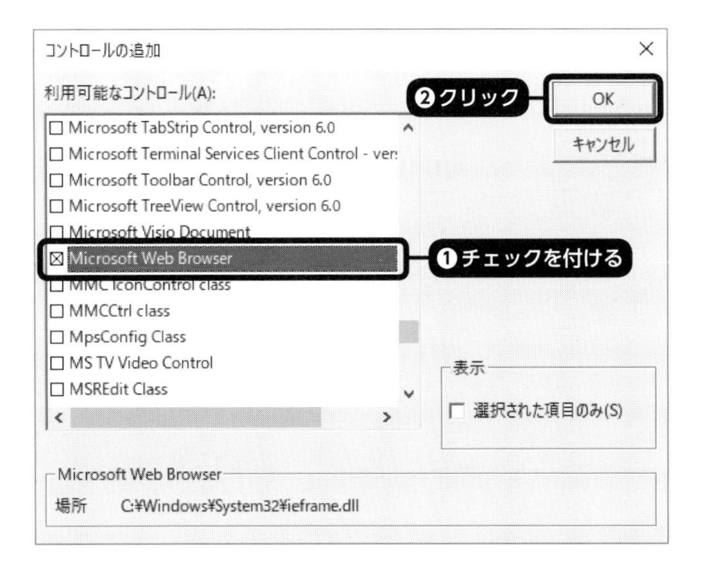

3 「コントロールの追加」ダイアログボックスで「Microsoft Web Browser」にチェックを付けて❶、「OK」をクリックします❷。

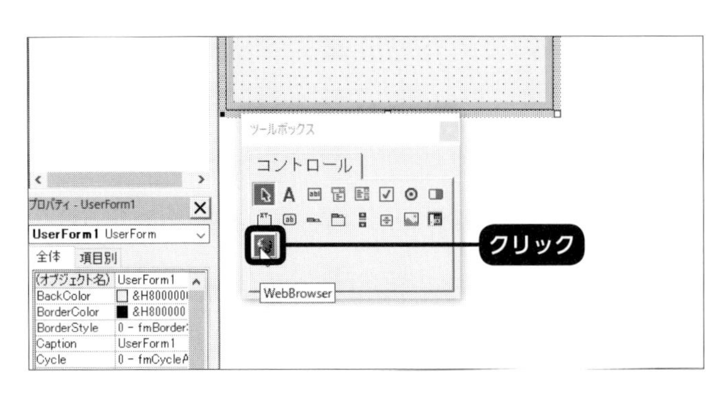

4 ツールボックスに「Web Browser」のボタンが追加されています。このボタンをクリックします。

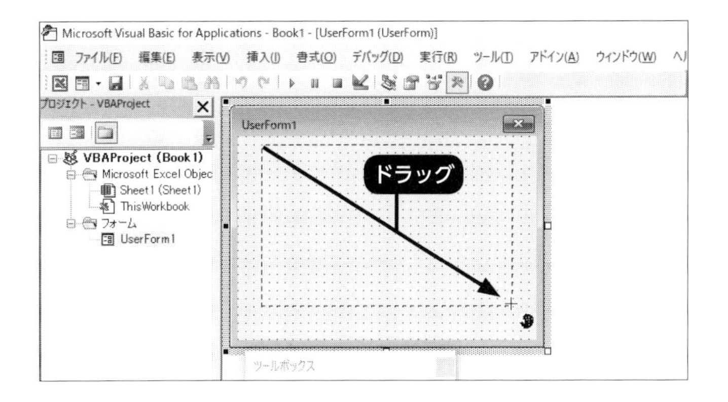

5 図形の作成と同じ要領でフォーム上をドラッグします。ここではフォームを画面に表示させない使い方を想定しているので、位置やサイズは適当で問題ありません。

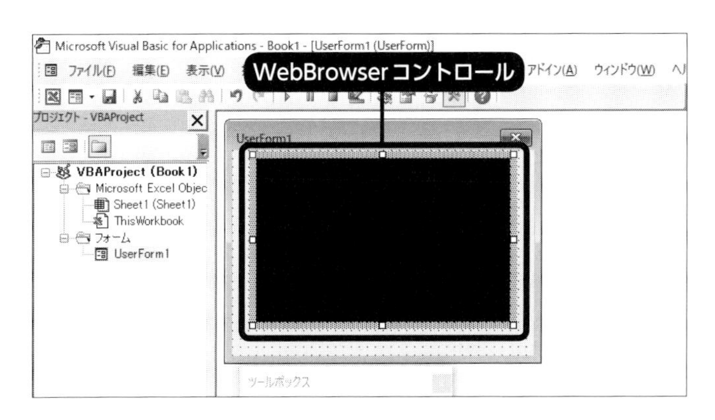

6 WebBrowserコントロールが作成されます。ユーザーフォームの作成作業は、これだけで完了です。

2 WebBrowserコントロールでWebデータを取得する

● 特定の項目を取り出す

Webのデータを取り込むためのプログラムは、これまでと同様、標準モジュールにSubプロシージャとして記述します。ここでは、IEでWebデータを取り込む処理のサンプルとして紹介した例と同じように、技術評論社の書籍案内のページの「トピックス」の最初の項目を、メッセージボックスに表示してみましょう。

コード35 WebBrowserコントロールでトピックスを取得

```
  Sub トピックス取得()
1     Dim tElement As Object
2     Dim tName As String
3     Load UserForm1
```

コード35 WebBrowserコントロールでトピックスを取得（続き）

```
4       With UserForm1.WebBrowser1
5               .Navigate "http://gihyo.jp/book"
6               Do While .Busy Or .ReadyState <> 4
7                       DoEvents
8               Loop
9               Set tElement = .Document.getElementById("book##ID##")
10              Set tElement = tElement.getElementsByTagName("dt")
11              tName = tElement(0).innerText
12      End With
13      Set tElement = Nothing
14      Unload UserForm1
15      MsgBox tName
    End Sub
```

図37 マクロ「トピックス取得」の実行例

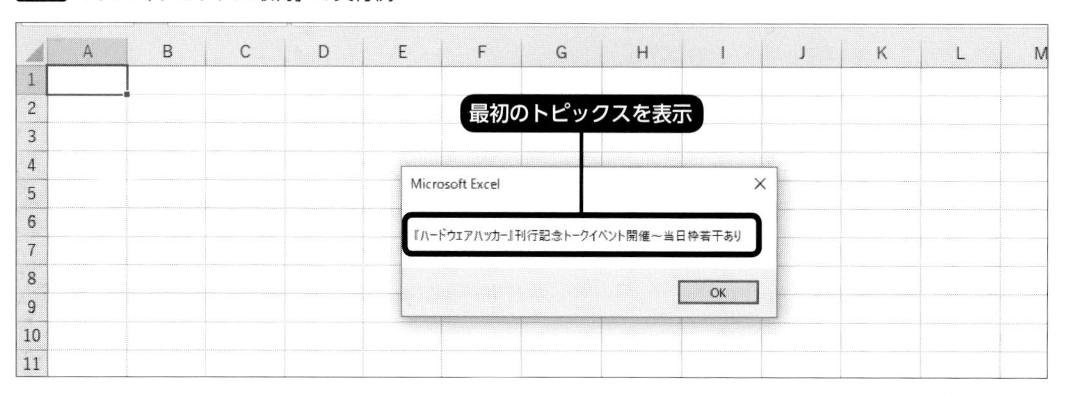

3行目では、Loadステートメントでユーザーフォームをメモリに読み込みます。ただし、この操作では、フォームが画面に表示されるわけではありません。通常はこの状態で事前の処理を行ってから画面に表示しますが、この処理の場合は、最後まで一度もフォームを表示することなく処理を完了します。

「UserForm1」の「WebBrowser1」をWithステートメントに指定することで、以下のコードでは「.」で始めることで、このオブジェクトの指定を省略できます。処理内容自体は、IEを利用したP.126のプログラムとほとんど同じであることがわかると思います。

ユーザーフォームを使った処理が終了したら、14行目でUnloadステートメントを使用して、UserForm1をメモリから解放します。

● 複数の項目を抽出する

同様に、技術評論社のトップページから「新刊書籍案内」のすべての書籍名とリンクを新しいワークシートへ取り出すプログラムを、WebBrowserコントロールを使用する形に作り直した例を示します。

コード36 WebBrowserコントロールですべての新刊書籍名を転記

```
    Sub 新刊書籍取得()
1       Dim tElement As Object, wbs As WebBrowser
2       Dim bNum As Long, tLink As Object
3       Load UserForm1
4       Set wbs = UserForm1.WebBrowser1
5       wbs.Navigate "http://gihyo.jp/book"
6       Do While wbs.Busy Or wbs.ReadyState <> 4
7               DoEvents
8       Loop
9       With Worksheets.Add
10              Set tElement = wbs.Document.getElementById("newBookList")
11              Set tElement = tElement.getElementsByTagName("h3")
12              For bNum = 0 To tElement.Length - 1
13                      .Cells(bNum + 1, 1).Value = tElement.Item(bNum).innerText
14                      Set tLink = tElement(bNum).getElementsByTagName("a")
15                      .Cells(bNum + 1, 2).Value = tLink(0).href
16              Next bNum
17              .Columns("A:B").AutoFit
18              .UsedRange.EntireRow.AutoFit
19      End With
20      Set tLink = Nothing
21      Set tElement = Nothing
22  Set wbs = Nothing
    End Sub
```

図38 マクロ「新刊書籍取得」の実行例

Section
3-06 バイナリーファイルをダウンロードする

インターネット上にある画像ファイルやPDFファイルをダウンロードする操作を、Excel VBAから実行してみましょう。このような処理は、Excel VBAの基本的な機能だけでは実現できませんが、WindowsのAPIを使用することで可能になります。

1 Windows APIの関数を使用可能にする

Excel VBAでWindowsの機能を利用したい場合は、「Windows API」を使用する必要があります。Windows APIを使うには、最初にDeclareステートメントを使用して、APIの関数などを使用可能にします。ただし、Excel(Microsoft Office)には、32ビット版と64ビット版があります。作業環境が32ビット版か64ビット版かに応じて、Declareステートメントの記述内容は微妙に異なります。ファイルをダウンロードするためのAPIを使用するには、それぞれモジュールの冒頭(宣言セクション)に次のように記述します。

コード37 ダウンロードのためのDeclareステートメント (32ビット版)

```
1  Declare Function URLDownloadToFile Lib "urlmon" _
      Alias "URLDownloadToFileA" (ByVal pCaller As Long, _
      ByVal szURL As String, ByVal szFileName As String, _
      ByVal dwReserved As Long, ByVal lpfnCB As Long) As Long
2  Declare Function DeleteUrlCacheEntry Lib "wininet" _
      Alias "DeleteUrlCacheEntryA" (ByVal lpszUrlName As String) As Long
```

コード37 ダウンロードのためのDeclareステートメント (64ビット版)

```
1  Declare PtrSafe Function URLDownloadToFile Lib "urlmon" _
      Alias "URLDownloadToFileA" (ByVal pCaller As LongPtr, _
      ByVal szURL As String, ByVal szFileName As String, _
      ByVal dwReserved As LongPtr, ByVal lpfnCB As LongPtr) As LongPtr
2  Declare PtrSafe Function DeleteUrlCacheEntry Lib "wininet" _
      Alias "DeleteUrlCacheEntryA" (ByVal lpszUrlName As String) As LongPtr
```

つまり、64ビット版では、「PtrSafe」というキーワードを追加し、「Long」を「LongPtr」(または「LongLong」)に変更します。なお、このブックをどちらの環境で使用するか事前に特定できない場合は、次のように記述することで、32ビット版と64ビット版のいずれでも、それぞれに有効なコードが実行できます。

コード38 ダウンロードのためのDeclareステートメント(32ビット/64ビットに対応)

```
1  #If Win64 Then
2  Declare PtrSafe Function URLDownloadToFile Lib "urlmon" _
      Alias "URLDownloadToFileA" (ByVal pCaller As LongPtr, _
      ByVal szURL As String, ByVal szFileName As String, _
      ByVal dwReserved As LongPtr, ByVal lpfnCB As LongPtr) As LongPtr
3  Declare PtrSafe Function DeleteUrlCacheEntry Lib "wininet" _
      Alias "DeleteUrlCacheEntryA" (ByVal lpszUrlName As String) As LongPtr
4  #Else
5  Declare Function URLDownloadToFile Lib "urlmon" _
      Alias "URLDownloadToFileA" (ByVal pCaller As Long, _
      ByVal szURL As String, ByVal szFileName As String, _
      ByVal dwReserved As Long, ByVal lpfnCB As Long) As Long
6  Declare Function DeleteUrlCacheEntry Lib "wininet" _
      Alias "DeleteUrlCacheEntryA" (ByVal lpszUrlName As String) As Long
7  #End If
```

このコードを記述すると、その環境とは異なるほうのDeclareステートメントが赤い文字で表示されますが、このモジュールに記述したプログラムは実行可能です。

いずれにしても、これで「URLDownloadToFile」と「DeleteUrlCacheEntry」という2つの関数が使用可能になります。前者がファイルをダウンロードする関数で、後者は対象のファイルのキャッシュをクリアする関数です。ダウンロードだけならURLDownloadToFile関数だけでよいのですが、サイトが更新されている可能性がある場合、DeleteUrlCacheEntry関数で事前にキャッシュをクリアしておくことで、確実に最新のファイルをダウンロードできます。

ここで紹介するプログラムは、いずれも上記のコードを宣言セクションに記述した標準モジュールに記述していくものとします。これらの記述は省略しますので、実際に試してみる場合には忘れないように注意してください。

2 VBAで画像をダウンロードする

● 特定の画像をダウンロードする

最初の例は、Webの特定のファイル名の画像を、マクロを含むブックと同じフォルダーの中に保存するプログラムです。ダウンロード対象のファイルは、そのURLとファイル名を、あらかじめB2セルに入力しておきます。

コード39 指定した画像をダウンロード

```
   Sub 画像DL()
1     Dim pName As String, dName As String, result As LongPtr
2     pName = Range("B2").Value
3     dName = ActiveWorkbook.Path & "¥dlpic01.jpg"
4     DeleteUrlCacheEntry pName
5     result = URLDownloadToFile(0, pName, dName, 0, 0)
6     If result = 0 Then
7             MsgBox "画像をダウンロードしました"
8     Else
9             MsgBox "画像のダウンロードに失敗しました"
10    End If
   End Sub
```

図39 マクロ「画像DL」の実行例

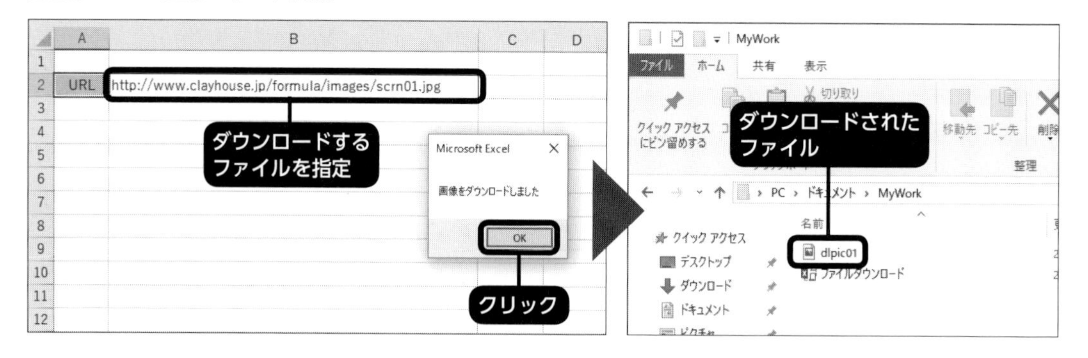

2行目ではB2セルに入力された画像ファイルのURLを変数pNameに、3行目では保存するファイル名を変数dNameに代入しています。そして、4行目で画像ファイルのキャッシュをクリアして、5行目でダウンロードを実行しています。URLDownloadToFile関数では、第2引数に画像ファイルのURL、第3引数に保存ファイル名を指定します。第1、4、5引数にはいずれも「0」を指定します。また、ダウ

ンロードに成功した場合、戻り値として「0」を返すので、6～10行ではこれを判定して、成功／失敗に応じたメッセージを表示しています。

● ページの全画像をダウンロードする

URLで指定したWebページに含まれるすべての画像ファイルを、指定したフォルダーにダウンロードするプログラムを作成します。指定したURLのHTMLデータを解析してすべての画像を取り出す処理には、Internet Explorer (IE) を利用します。

今回も、URLの指定はB2セルにあらかじめ入力しておきます。また、ダウンロードした画像ファイルは、このマクロを含むブックと同じフォルダーの中に作成される「DLImages」というフォルダーに保存されます。さらに、同じワークシートにあらかじめ作成しておいたテーブル「画像リスト」にダウンロードされた画像ファイル名が自動的に入力され、そのファイルを直接開けるハイパーリンクも設定します。

コード40 指定ページの全画像をダウンロード

```
    Sub 全画像DL()
1       Dim ie As Object, img As Object
2       Dim tPath As String, sPath As String
3       Dim sName As String, result As LongPtr
4       Set ie = CreateObject("InternetExplorer.Application")
5       ie.Navigate Range("B2").Value
6       Do While ie.Busy Or ie.ReadyState <> 4
7               DoEvents
8       Loop
9       sPath = ThisWorkbook.Path & "¥DLImages¥"
10      If Dir(sPath, vbDirectory) = "" Then MkDir sPath
11      For Each img In ie.Document.Images
12              tPath = img.src
13              sName = Mid(tPath, InStrRev(tPath, "/") + 1)
14              DeleteUrlCacheEntry img.src
15              result = URLDownloadToFile(0, tPath, sPath & sName, 0, 0)
16              If result <> 0 Then
17                      MsgBox "ダウンロード中にエラーが発生しました"
18                      Exit Sub
19              Else
20                      With ActiveSheet.ListObjects("画像リスト")
21                              If .DataBodyRange.Cells(1, 2).Value <> "" _
                                        Then .ListRows.Add
22                              With .ListRows(.ListRows.Count).Range
23                                      .Cells(2).Value = sName
24                                      ActiveSheet.Hyperlinks.Add Anchor:=.Cells(2), _
```

コード40 指定ページの全画像をダウンロード（続き）

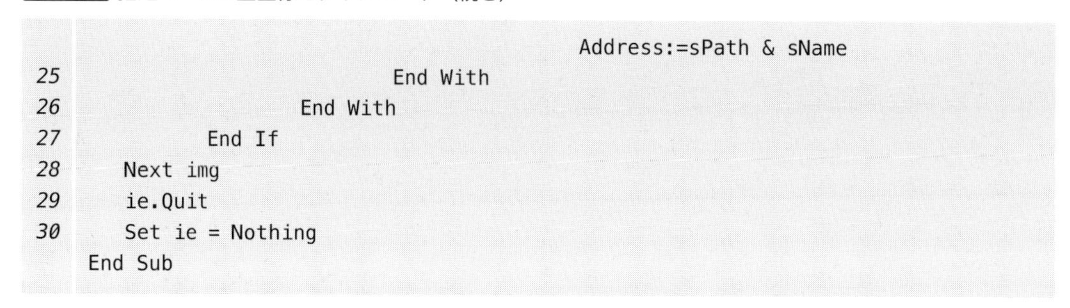

```
                                            Address:=sPath & sName
25                              End With
26                      End With
27              End If
28      Next img
29      ie.Quit
30      Set ie = Nothing
    End Sub
```

図40 マクロ「全画像DL」の実行例

これまでと同様の手順でIEを操作し、B2セルのURLのWebページをIEに読み込みます。9行目ではマクロを含むブックと同じフォルダー内に「DLImages」というフォルダー名を付けたパスの文字列を作成します。10行目で、このパスのフォルダーが存在するかどうかをDir関数で調べ、存在しない場合はMKDirステートメントで作成します。

IEのドキュメントを表すHTMLDocumentオブジェクトのImagesプロパティで、そのドキュメント内のすべてのimgタグを表すHTMLElementCollectionコレクションが求められます。11行目ではこれをFor Eachに指定し、その各要素であるHTMLImgオブジェクトに対して、繰り返し処理を実行します。12行目では画像ファイルのパスが書かれたsrc属性の値を取得し、変数tPathにこれを代入します。さらに、作成したDLImagesフォルダーのパスと、ダウンロードする画像のパスを除いたファイル名部分をそれぞれ求め、変数に代入します。

ダウンロードするファイルのURLと、保存する画像のパスを引数として、14行目でキャッシュの削除、15行目ではダウンロードを実行します。ダウンロードが成功したら、テーブル「画像リスト」に行を追加してそのファイル名を入力し、そのファイルへのハイパーリンクを設定します。このリンクをクリックすると、ダウンロードした画像が既定のアプリケーションで開かれます。この一連の処理を、Imagesプロパティで取得したすべての画像に対して繰り返します。

Chapter 4

Web収集・分析の実践テクニック

4

Section
4-01 政府の統計データをExcelで分析する

政府機関が実施・公開している統計調査の結果は、Webページからダウンロードすることができます。その中には、Excel形式のファイルで公開されているものも少なくありません。さらに、情報取得のためのWeb APIも提供されており、Excelから利用可能です。

1 e-Statとは?

「e-Stat」とは、Web上に用意された政府統計のポータルサイトです。政府関連の機関が実施している統計調査の情報は、ここからアクセスし、取得することができます。

URL01 e-StatのURL

```
https://www.e-stat.go.jp/
```

図01 e-Statのトップページ

出典：政府統計の総合窓口「e-Stat」

e-Statでは、各種の統計調査の結果が、ExcelやCSV形式などのファイルとして公開されています。目的の調査を探してこれらのファイルをダウンロードすれば、そのままExcelで開いてデータの加工や分析が行えます。

たとえば、トップページで「分野から探す」をクリックします。表示されたページで「企業・家計・経済」の「家計調査」をクリックし、さらに「家計収支編」・「二人以上の世帯」・「詳細結果表」の「月次」から2018年10月のリンクを開くと、次のようなページが表示されます。

図02 統計データのダウンロードページ

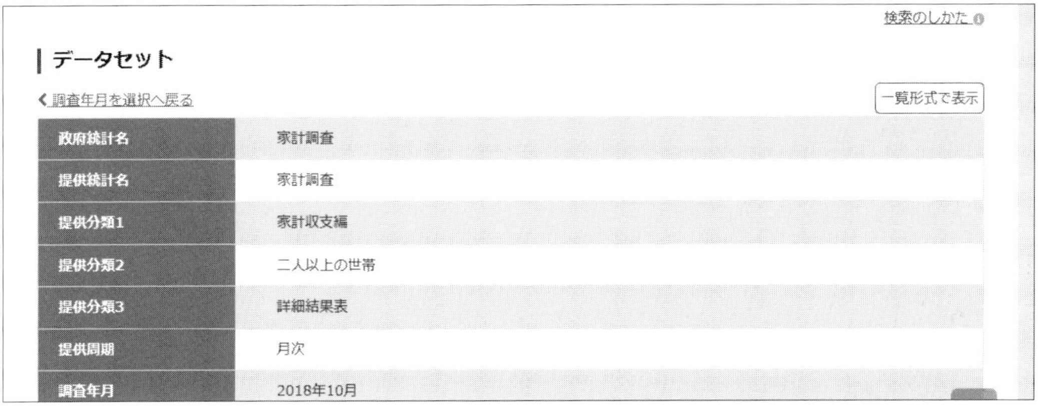

検索のしかた

データセット

＜調査年月を選択へ戻る　　一覧形式で表示

政府統計名	家計調査
提供統計名	家計調査
提供分類1	家計収支編
提供分類2	二人以上の世帯
提供分類3	詳細結果表
提供周期	月次
調査年月	2018年10月

このページの下側で、「EXCEL」と表示されたボタンをクリックすると、そのデータが入力されたExcelのファイル（Excel 97-2003ブック形式）をダウンロードできます。

図03 Excelのファイルをダウンロード

表番号	統計表	調査年月	公開（更新）日	形式
<用途分類>1世帯当たり1か月間の収入と支出				
1-1	都市階級・地方・都道府県庁所在市別			
	二人以上の世帯・勤労者世帯・無職世帯	2018年10月	2018-12-07	EXCEL DB
1-2	都市階級・地方別（構成比）			
	二人以上の世帯・勤労者世帯	2018年10月	2018-12-07	EXCEL
2-1	世帯主の定期収入階級別			
	勤労者世帯	2018年10月	2018-12-07	EXCEL
2-2	世帯主の定期収入五分位階級別			
	勤労者世帯	2018年10月	2018-12-07	EXCEL DB
2-3	年間収入階級別			

クリックしてダウンロード

インターネットからダウンロードしたファイルをExcelで開くと、セキュリティ面を考慮して、最初は「保護ビュー」で表示されます。この状態では、ワークシートを編集するための機能が制限されています。このファイルに危険性はないはずなので、「編集を有効にする」をクリックします。

図04 ダウンロードファイルの編集を有効にする

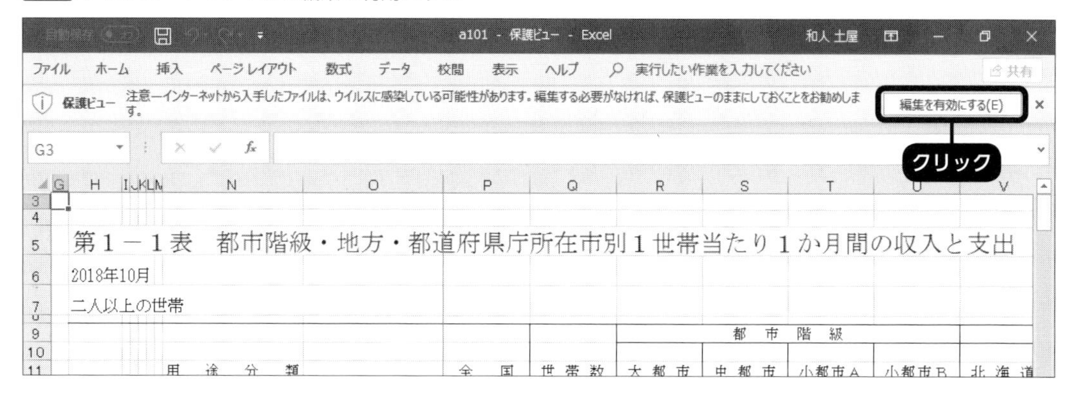

これで、「保護ビュー」のメッセージバーが消え、編集が有効になります。一度編集を有効にすると、次回以降、このメッセージバーは表示されません。

図05 ダウンロードしたExcelファイル

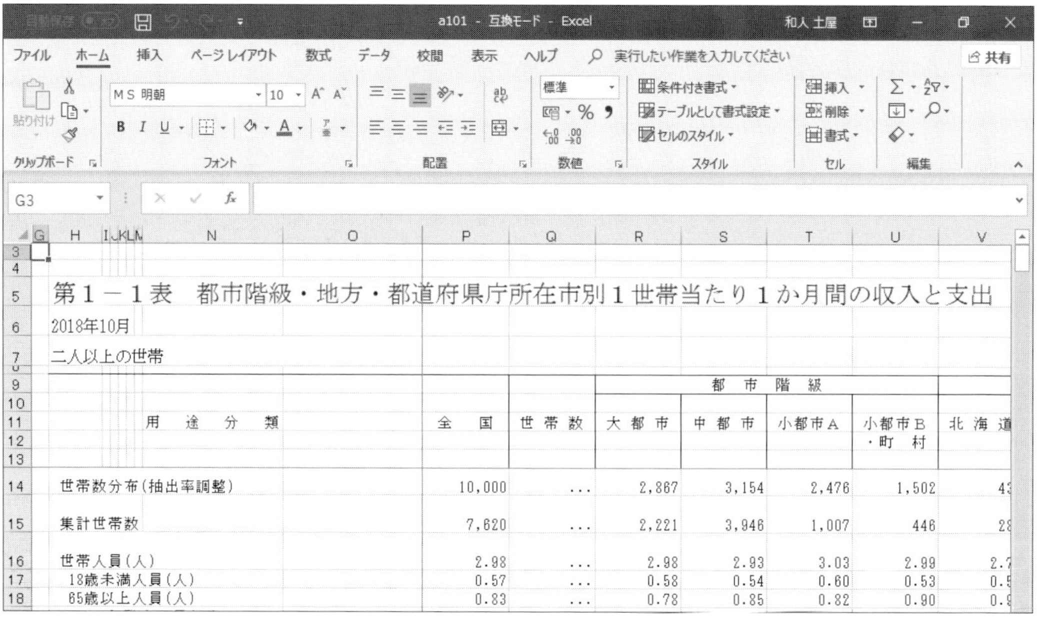

a101 - 互換モード - Excel

第１－１表　都市階級・地方・都道府県庁所在市別１世帯当たり１か月間の収入と支出

2018年10月

二人以上の世帯

用　途　分　類	全　国	世 帯 数	都市階級 大 都 市	中 都 市	小都市Ａ	小都市Ｂ・町　村	北 海 道
世帯数分布(抽出率調整)	10,000	...	2,867	3,154	2,476	1,502	4[illegible]
集計世帯数	7,620	...	2,221	3,946	1,007	446	2[illegible]
世帯人員(人)	2.98	...	2.98	2.93	3.03	2.99	2.[illegible]
18歳未満人員(人)	0.57	...	0.58	0.54	0.60	0.53	0.[illegible]
65歳以上人員(人)	0.83	...	0.78	0.85	0.82	0.90	0.[illegible]

ただし、こうしたExcelファイルは、1つのワークシートに大量のデータが入力されており、集計レベルの違う行が同列に並んでいるなど、そのままでは集計や分析に利用しづらい体裁になっています。利用しやすい形にデータを整えるのも結構手間がかかり、さらに最新の結果が公開されるたびに同じ作業を繰り返すのも面倒です。

なお、図03のページで「DB」をクリックすると、Webブラウザーの画面上で対話的にデータの表示方法を指定し、必要なデータを表示させることが可能です。この状態のデータを、さらにWebブラウザー上にグラフとして表示したり、Excelのファイルとして保存することもできます。

2 e-StatのWeb APIを利用可能にする

e-Statでは、以上のような提供方法以外にも、「Web API」によるデータの提供も行っています。REST形式のリクエストを送信すればXMLやJSONなどの形式でデータが返され、そのままWebアプリなどで利用することができます。

Excelでも、このAPIを利用して、統計データを直接取り込むことが可能です。Excel形式のファイルのダウンロードするのではなくAPIを利用するメリットとしては、まず、すべてのデータではなく、必要なデータをある程度絞り込んだ状態で、XMLデータとして取得できること、また、XMLデータであるため、ワークシートのXMLテーブルに取り込み、それをソースとしてグラフ化や、ピボットテーブルでの分析も容易にできることなどが挙げられます。

● e-Statのユーザ登録

e-StatのAPI機能を利用するには、まずe-Statのユーザ登録をする必要があります。

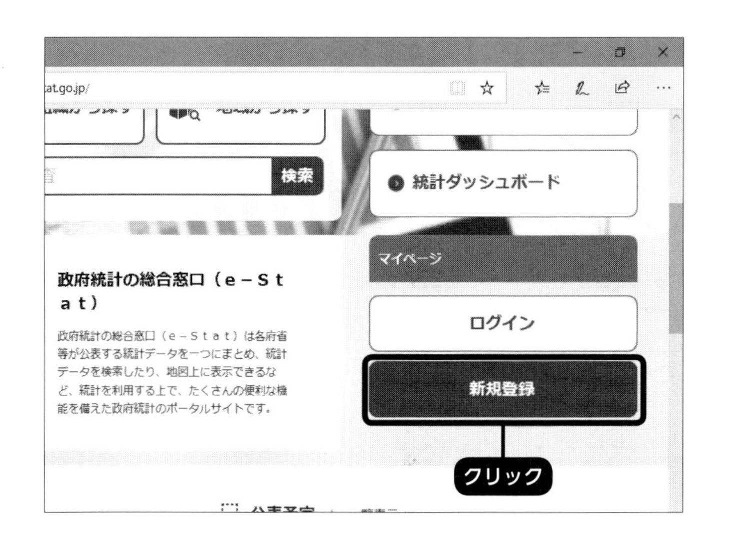

1 e-Starのトップページの右側の「新規登録」をクリックします。

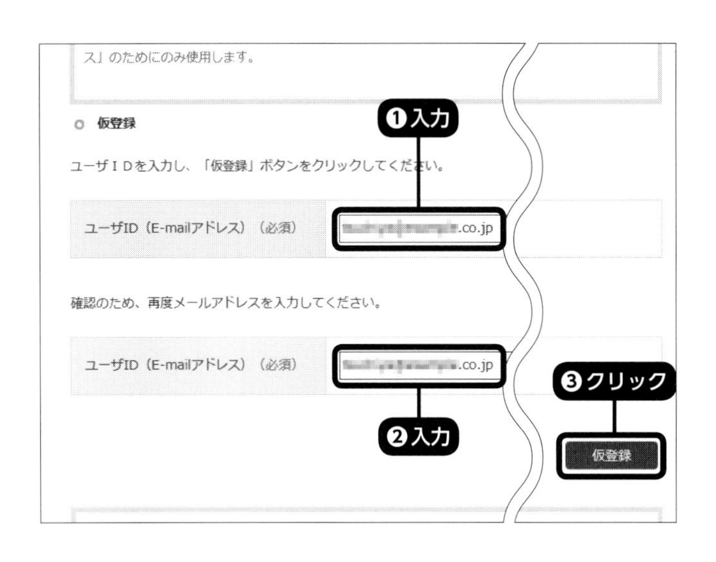

2 表示されるページでメールアドレスを2回入力して❶❷、「仮登録」をクリックします❸。

ユーザ本登録
以下の項目を入力し、「本登録」ボタンをクリックしてください。
ユーザID（E-mailアドレス）
.co.jp
利用する機能について
「API機能」及び「地図で見る統計(jSTATMAP)」を、利用する機能に追加できます。
利用する機能（必須）
e-Stat
API機能
地図で見る統計(jSTATMAP)
利用したい機能にチェックを入れてください
チェックを付けておく

3 仮登録のメールアドレスに送信されたメールに記載されたページにアクセスし、必要な情報を入力して本登録を完了します。まず、利用する機能としては、必ず「API機能」にチェックを付けておきます。

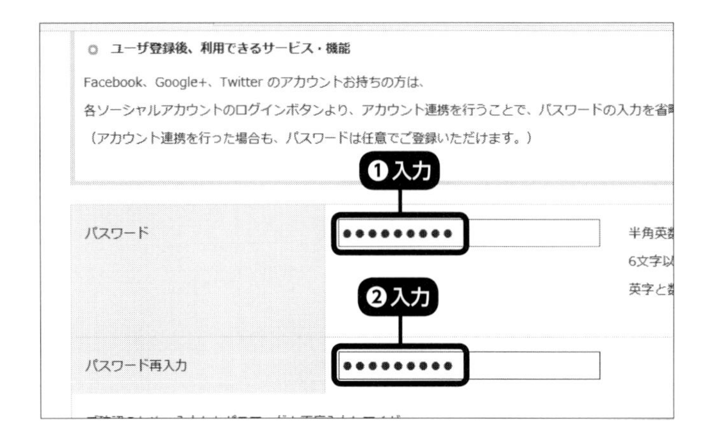

4 画面を下方向へスクロールし、登録したいパスワードを2カ所に入力します❶❷。

5 さらに画面を下方向へスクロールし、「本登録」をクリックします。これで、e-Statのユーザ登録は完了です。

● アプリケーションIDを取得する

本登録が完了したら、ログインして「マイページ」を開き、アプリケーションIDを取得します。

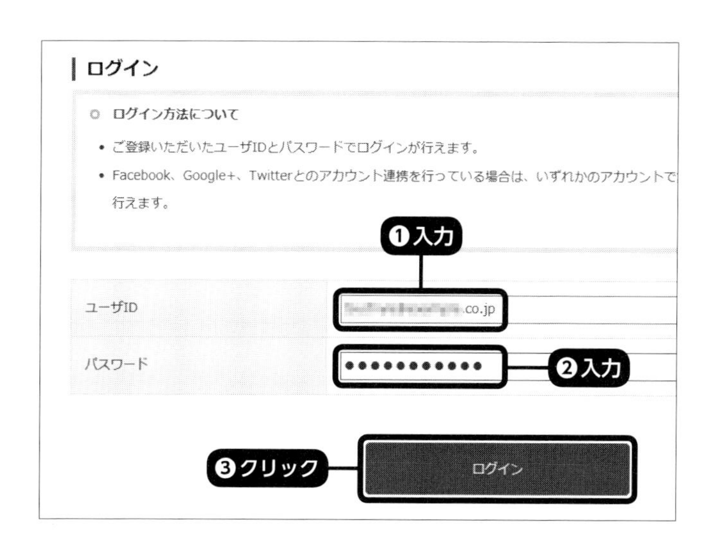

1 e-Statのトップページを開いて「ログイン」をクリックし、表示されるページでユーザIDとパスワードを入力して❶❷、「ログイン」をクリックします❸。

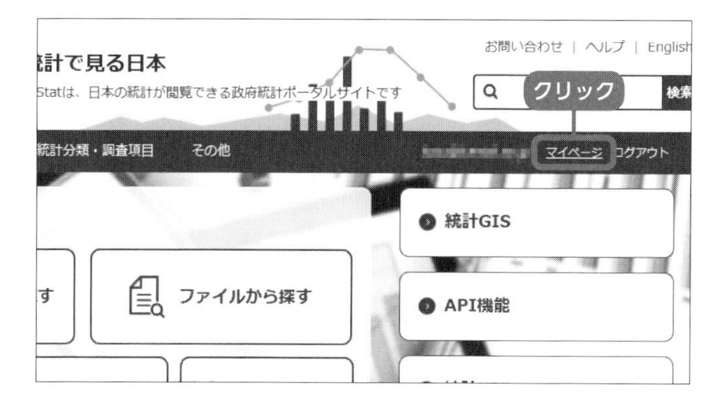

2 e-Statにログインした状態になるので、「マイページ」をクリックします。

3 「API機能（アプリケーションID発行）」をクリックします。

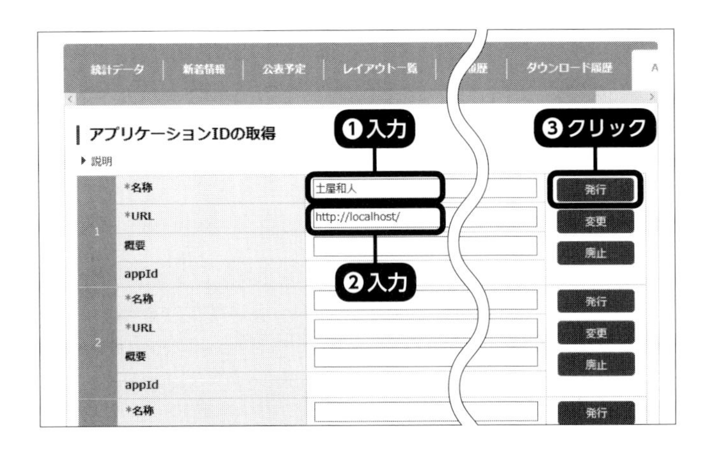

4 任意の名称とURLを入力します❶❷。今回の利用法のように特定のWebサイトでAPIを使用するわけではない場合、URLには「http://localhost/」のようにすればOKです。「発行」をクリックすると❸、「appId」が発行されます。

必要に応じて複数のアプリケーションIDを取得することも可能です。

API機能の利用法は、e-Statのトップページで「API機能」をクリックし、「機能概要」や「開発支援情報」の各項目を参照してください。

図06 e-StatのAPI機能のページを表示

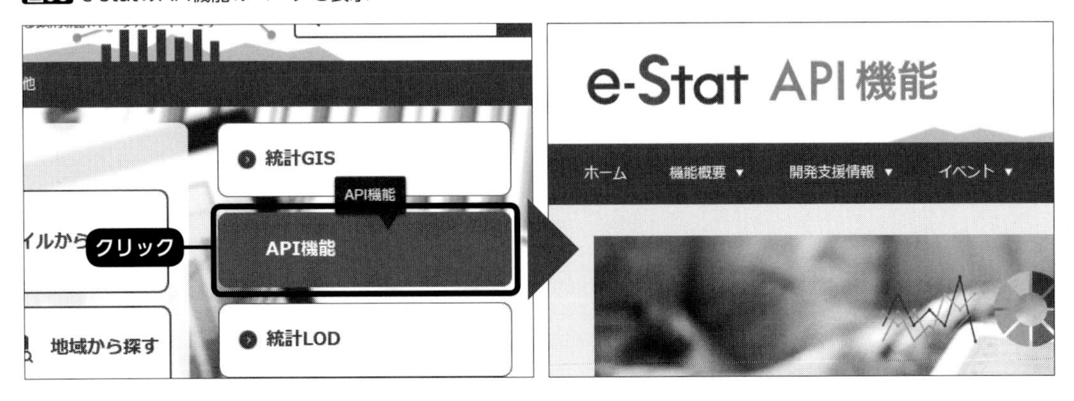

● e-StatのAPI機能の使い方の基本

e-StatのAPI機能では、7種類の情報を取得することができます。求めたい情報に応じたURLを組み立て、e-StatのAPI用のWebサーバーにリクエストを送信します。

データをXML形式で取得する場合、リクエストURLの基本的な構成は、いずれの情報でも次のようになります。

URL02 リクエストURLの基本構成

```
https://api.e-stat.go.jp/rest/[バージョン]/app/[取得情報の種類]?[パラメータ群]
```

このAPI機能はhttpsによるリクエストに対応していますが、「s」のない「http://」で始めることも可能です。また、データをJSON形式で取得したい場合は「app/」の後に「json/」を、JSONP形式で取得したい場合は「app/」の後に「jsonp/」を追加します。

API機能で取得可能な情報の種類と、その取得のために［取得情報の種類］の箇所に指定する文字列は次のようになります。

表01 情報の種類を指定する文字列

情報の種類	指定文字列
統計表情報取得	getStatsList
メタ情報取得	getMetaInfo
統計データ取得	getStatsData
データセット登録	postDataset
データセット参照	refDataset
データカタログ情報取得	getDataCatalog
統計データ一括取得	getStatsDatas

これらの文字列の後に、「?」に続けて、その情報の種類に応じたパラメータを指定します。その指定方法は、各パラメータ名を表す文字列の後に「=」を付け、さらにそのパラメータの値を指定するという形になります。複数のパラメータを指定する場合は、それぞれの指定を「&」でつなぎます。

パラメータの中でも、どの種類の情報を取得する場合にも必須なのが、アプリケーションIDを指定する「appId」です。発行されたアプリケーションIDが「abcdefghij0123456789」だとすると、このパラメータは、「?」の後に次のように指定します。

コード01 アプリケーションIDを指定するパラメータ

```
appId=abcdefghij0123456789
```

さらに、たとえば情報の種類として「統計表情報取得」を指定した場合、「surveyYears」(調査年月)や「openYears」(公開年月)、「statsField」(統計分野)、「statsCode」(政府統計コード)、「searchWord」(検索キーワード)といったパラメータを、それぞれ規定の書式で指定できます。いずれのパラメータも任意であり、求めたい統計表の種類に応じて取得条件を指定します。

政府統計コードは、e-StatのAPI機能のページから「提供データ」をクリックすると確認することができます。

図07 e-StatのAPI機能のページを表示

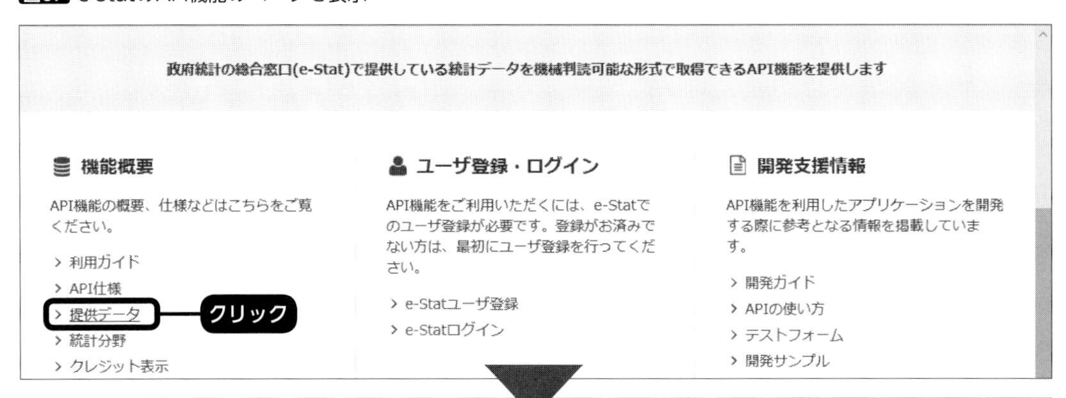

政府統計コード	統計調査名	作成機関名
00100409	国民経済計算	内閣府
00130001	犯罪統計	警察庁
00200211	地方公務員給与実態調査	総務省
00200251	地方財政状況調査	総務省
00200351	通信・放送産業動態調査	総務省
00200356	通信利用動向調査	総務省
00200357	情報通信業基本調査	総務省

この中の家計調査の政府統計コードを使って、WebブラウザーでAPI機能を試してみましょう。ここではEdgeを開き、アドレスバーに次のように入力して、[Enter] キーを押します。ただし、[アプリケーションID] の部分には、実際に取得したアプリケーションIDを指定します。

URL03 APIからデータを取得

```
https://api.e-stat.go.jp/rest/2.1/app/getStatsList?appId=[ アプリケーション ID]&stats
Code=00200561
```

図08 APIから返されたXMLデータ

3 家計調査のデータをAPI経由で取り込む

ここからは、実際にe-StatのAPI機能経由で、家計調査の結果をXMLデータとしてExcelのテーブルに取り込んでみましょう。データを取り込む処理自体には、VBAを使用する必要はありません。

● 家計調査表のメタ情報を表示する

まず、「統計表情報取得」で調べた家計調査に関する表のうち、最初に登場する統計表のメタ情報をワークシート上に表示させてみましょう。最初の表の統計表IDは「0002070001」なので、メタ情報を取得するリクエストURLは次のようになります。

URL04 メタ情報を取得するリクエストURL

```
https://api.e-stat.go.jp/rest/2.1/app/getMetaInfo?appId=[アプリケーションID]&stats
DataId=0002070001
```

以下、Chapter 2でも説明した手順で、XMLテーブルにWeb APIから取得したXMLデータを取り込みます。

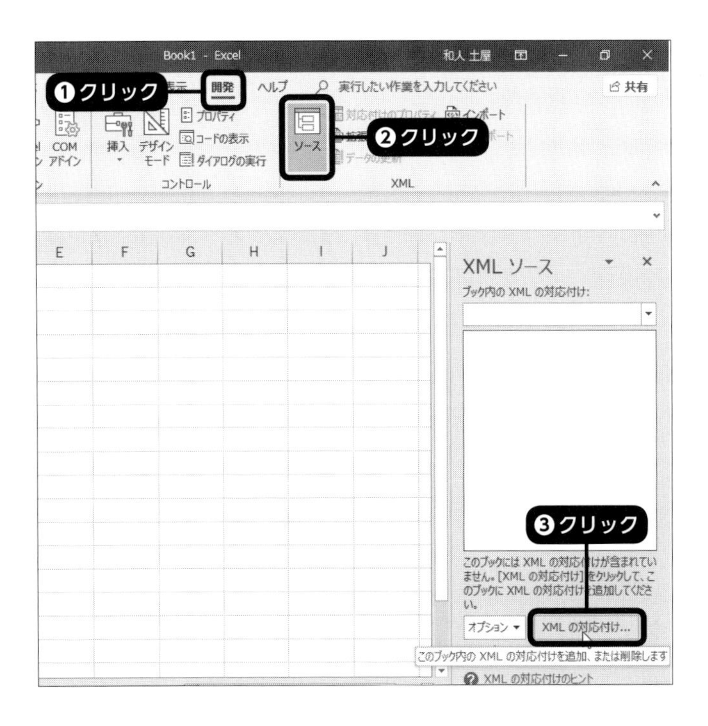

1 新規ブックを作成し、「開発」タブの「XML」グループの「ソース」をクリックして「XMLソース」ウィンドウを表示します❶❷。このウィンドウの「XMLの対応付け」をクリックします❸。

2 表示される「XMLの対応付け」ダイアログボックスで「追加」をクリックします。

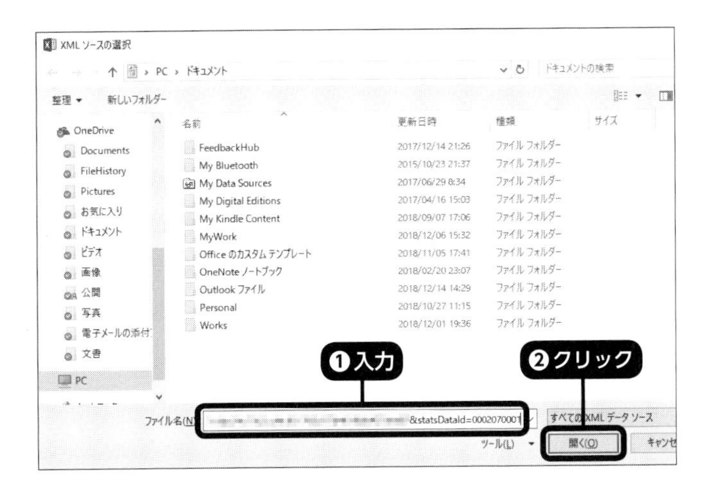

3 「XMLソースの選択」ダイアログボックスの「ファイル名」ボックスに、URL04のリクエストURLを入力し❶、「開く」をクリックします❷。

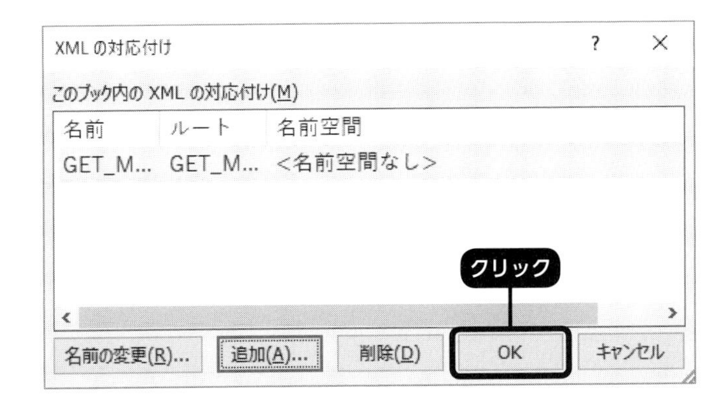

4 「XMLの対応付け」ダイアログボックスに新しい対応付けが追加されるので、「OK」をクリックします。

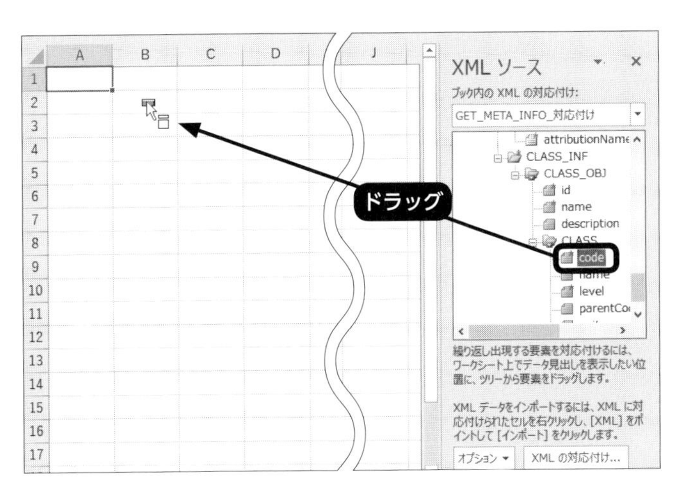

5 「XMLソース」ウィンドウの中の「METADATA_INF」－「CLASS_INF」－「CLASS」の中の「code」をB2セルまでドラッグします。すると、このB2:B3のセル範囲がテーブルになり、この列がXMLソースの「CLASS」要素の「code」属性に対応付けられます。

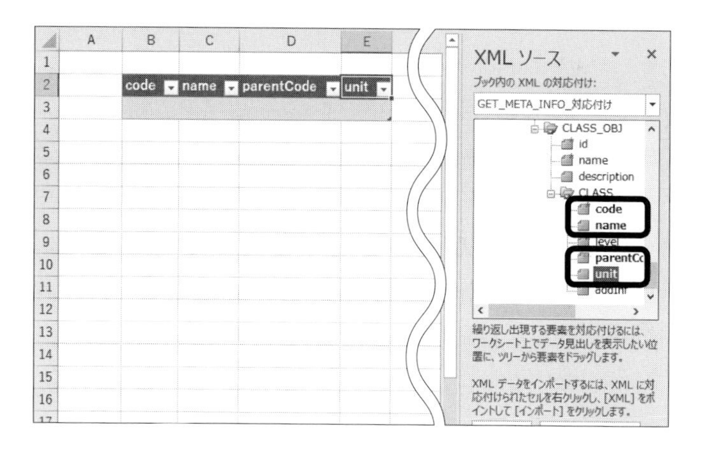

6 同様に、「name」属性をC2セルに、「parentCode」属性をD2セルに、「unit」属性をE2セルに対応付けます。

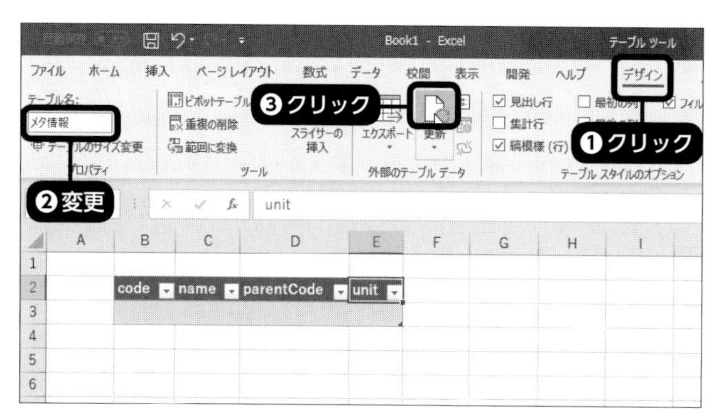

7 作成したテーブルの中のセルを選択している状態で、「テーブルツール」−「デザイン」タブの「プロパティ」グループの「テーブル名」を「メタ情報」に変更します❶❷。さらに、「外部のテーブルデータ」グループの「更新」をクリックします❸。

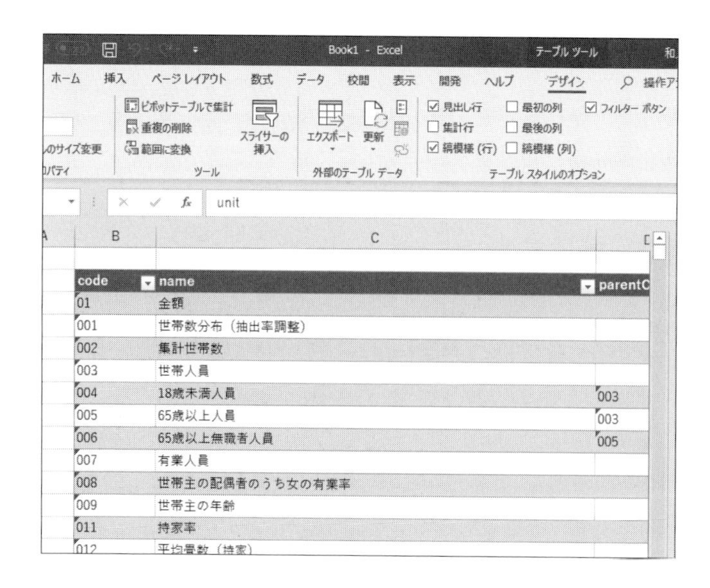

8 指定した統計表のメタ情報の表が、XMLテーブルの各列に取り込まれます。

条件を指定して統計表のデータを取り込む

先にメタ情報を取り出した家計調査の統計表について、実際の統計データを、同じブックに取り込みましょう。ただし、この統計表のすべてのデータをワークシートに取り込むのは、量が多くなりすぎます。また、異なるレベルのデータが混在しているため、そのままではExcelの機能による集計もやや面倒です。そこで、パラメータを指定して条件を設定し、該当するデータだけをワークシートに取り込むようにしましょう。

ここでは統計データを取得するため、「app/」の後には「getStatsData」を指定します。さらに、「appId」以外のパラメータとして、次のようなものを指定します。

表02 取得条件を指定するパラメータ

パラメータ	指定内容
statsDataId	統計表情報で取得した統計表IDを指定
cdTimeFrom	時間軸で絞り込む範囲の開始コードを指定
cdTimeTo	時間軸で絞り込む範囲の終了コードを指定
cdArea	絞り込む地域コードを指定（「,」で区切って複数指定可）
lvCat01	分類1のレベルを数値で指定
cdCat01From	分類1で絞り込む範囲の開始コードを指定
cdCat01To	分類1で絞り込む範囲の終了コードを指定

ここでは、更新年月を2017年10月〜2018年3月に限定します。また、対象地域をさいたま市、千葉市、東京都区部、横浜市の4地域だけとします。また、分類1のレベルを「6」だけに、分類1のコードを062〜096の範囲に限定します。この各パラメータをそれぞれ指定したリクエストURLは、次のようになります。

URL05 複数のパラメータを指定したリクエストURL

```
https://api.e-stat.go.jp/rest/2.1/app/getStatsData?appId=[アプリケーションID]&statsDataId=0002070001&cdTimeFrom=2017001010&cdTimeTo=2018000303&cdArea=11003,12003,13003,14003&lvCat01=6&cdCat01From=062&cdCat01To=096
```

作業中のブックの中に新規ワークシートを挿入し、そのワークシートを表示している状態で、以下の作業を実行します。

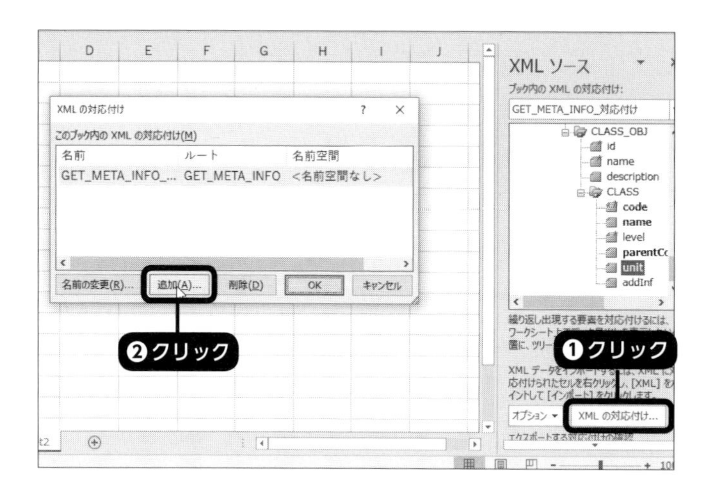

1 「XMLソース」ウィンドウから「XMLの対応付け」ダイアログボックスを表示し❶、「追加」をクリックします❷。

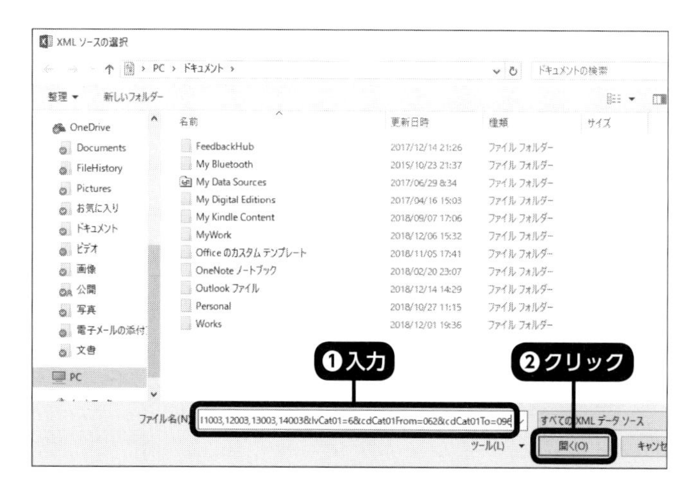

2 「XMLソースの選択」ダイアログボックスの「ファイル名」ボックスに、URL05のリクエストURLを入力し❶、「開く」をクリックします❷。

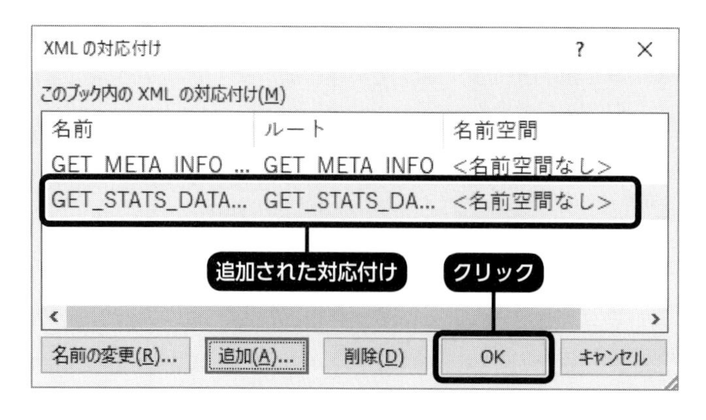

3 「XMLの対応付け」ダイアログボックスに対応付けが追加されています。「OK」をクリックします。

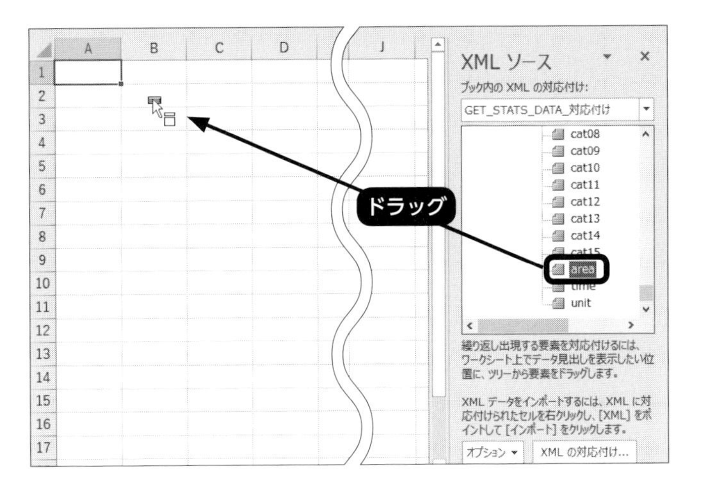

4 「XMLソース」ウィンドウの「ブック内のXMLの対応付け」で「GET_STATS_DATA_対応付け」が選ばれていることを確認し、その中の「STATISTICAL_DATA」－「DATA_INF」－「VALUE」の中の「area」をB2セルまでドラッグします。すると、このB2:B3のセル範囲がテーブルになり、この列がXMLソースの「VALUE」要素の「area」属性に対応付けられます。

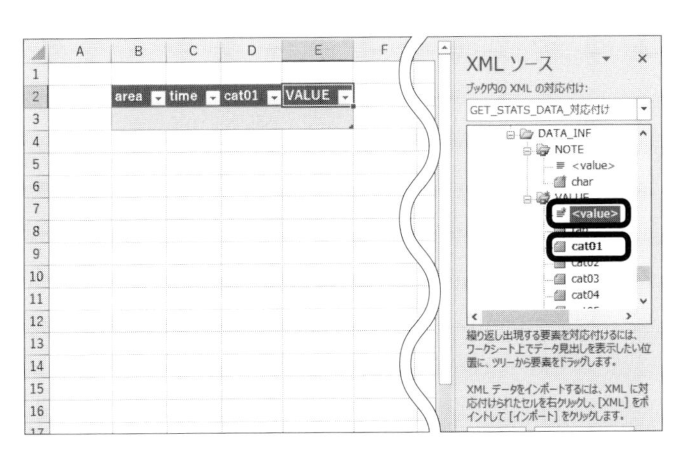

5 同様に、「time」属性をC2セルに、「cat01」属性をD2セルに、「value」要素をE2セルに対応付けます。

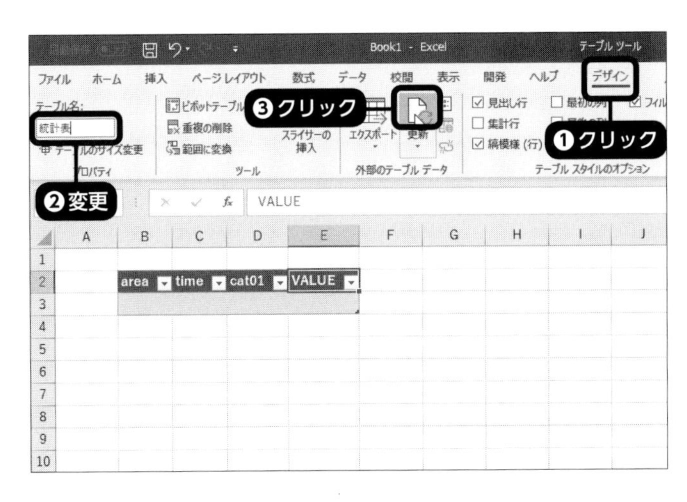

6 作成したテーブルの中のセルを選択している状態で、「テーブルツール」－「デザイン」タブの「プロパティ」グループの「テーブル名」を「統計表」に変更します❶❷。さらに、「外部のテーブルデータ」グループの「更新」をクリックします❸。

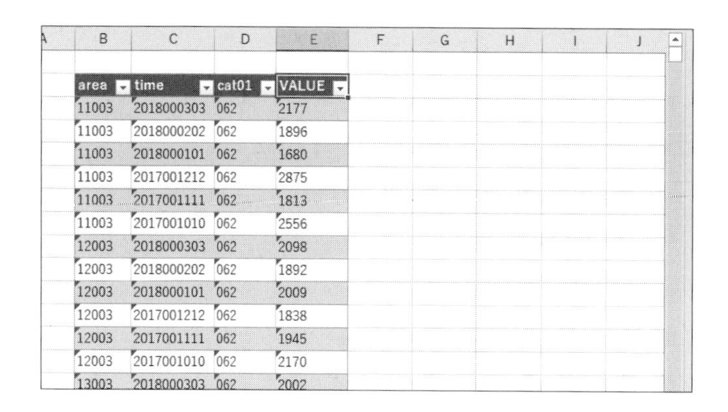

area	time	cat01	VALUE
11003	2018000303	062	2177
11003	2018000202	062	1896
11003	2018000101	062	1680
11003	2017001212	062	2875
11003	2017001111	062	1813
11003	2017001010	062	2556
12003	2018000303	062	2098
12003	2018000202	062	1892
12003	2018000101	062	2009
12003	2017001212	062	1838
12003	2017001111	062	1945
12003	2017001010	062	2170
13003	2018000303	062	2002

7 指定した統計表の各データが、XMLテーブルの各列に取り込まれます。

● 取り込んだデータに補足情報を追加する

XMLテーブルに取り込んだ統計表のデータは、分類などがすべてコードで表示されており、それぞれの意味がよくわかりません。先に取り込んだメタ情報の表と数式を利用して、各列のデータをわかりやすくする情報を追加しましょう。なお、以下の操作では、追加した列は適宜列幅を調整しています。

まず、「area」列の右側に空白列を挿入し、列見出しを「地域」にします。また、このテーブルのセルの表示形式はすべて「文字列」になっていますが、このままだと数式が計算されないので、挿入した列の表示形式を「標準」に戻しておきます。

その先頭のC3セルに、次のような数式を入力します。すると、自動的にこの列のすべてのセルに、この数式がコピー（フィル）され、「area」列のコードから地域の情報が表示されます。

数式01 地域名を取り出す数式

```
=REPLACE(VLOOKUP([@area], メタ情報 ,2,FALSE),1,6,"")
```

図09 メタ情報の表から地域の情報を取り出す

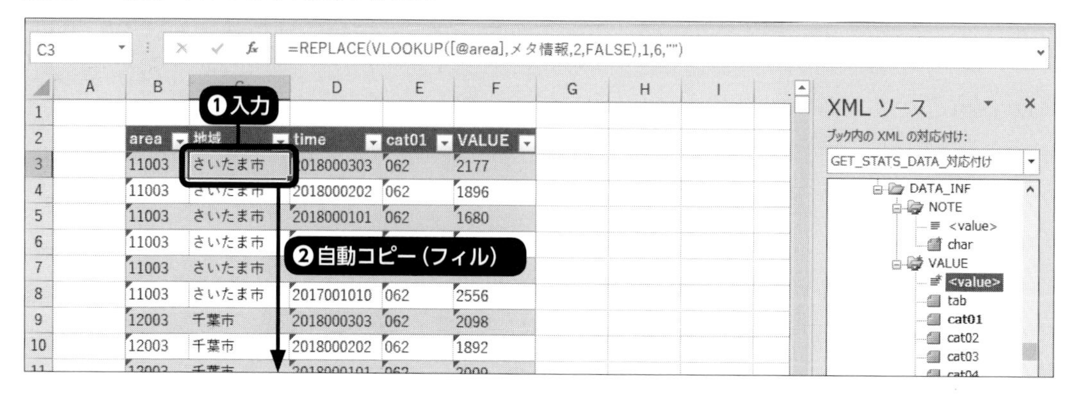

関数01 REPLACE関数の書式

```
REPLACE( 文字列 , 開始位置 , 文字数 , 置換文字列 )
```

REPLACE関数は、「文字列」の中で、「開始位置」から「文字数」分の文字列を、「置換文字列」に置き換えた文字列を返します。

関数02 VLOOKUP関数の書式

```
VLOOKUP( 検索値 , 範囲 , 列番号 , [ 検索方法 ])
```

VLOOKUP関数は、「範囲」の左端列で「検索値」を検索し、見つかったセルと同じ行で、左から「列番号」番目の列にあるセルの値を返します。「検索方法」に「FALSE」を指定すると、検索対象の列で「検索値」に完全に一致するセルだけを検索します。「TRUE」を指定するか「検索方法」を省略した場合は、昇順に並んだ検索対象の列で、「検索値」以下の最大値を検索します。

この数式では、まずVLOOKUP関数で、別ワークシートの「メタ情報」テーブルから、その左端の「area」列に入力されたコードに基づいて、該当する行の左から2番目の列、つまり「name」列のセルのデータを取り出しています。この関数の引数に指定している「[@area]」は数式のセルと同じ行にある「area」列のセルを表すテーブル参照（構造化参照）で、「メタ情報」は「メタ情報」テーブルのデータ範囲（見出し行や集計行などを除いたデータ部分の行）の参照を表します。

取り出された地域のデータは「11100 さいたま市」のように先頭にコードが付いていますが、この部分はすべて5桁＋半角スペースなので、REPLACE関数で、最初の6文字分を空白文字列（""）に置換するという方法で削除しています。なお、別の方法として、文字列の指定位置から指定文字数分の文字列を取り出すMID関数を使用して、同様に地域名だけを残すことも可能です。

数式02 地域名を取り出す数式（参考）

```
=MID(VLOOKUP([@area], メタ情報 ,2,FALSE),7,10)
```

取り出す文字列の開始位置には「7」を指定しますが、文字数には、想定される文字数よりも確実に多い数（ここでは「10」）を指定しておけば、それ以下の文字数の場合もすべて末尾までの文字列が取り出されます。

続けて、この「統計表」テーブルの「time」列の右側に空白列を挿入し、その列見出しを「時期」に変更します。この列のセルの表示形式はやはり「文字列」になっているので「標準」に戻し、次のような数式を入力します。自動的にこの列全体のセルに数式がコピーされ、各セルと同じ行の「time」列のコードに基づく時間軸のデータが表示されます。

数式03 時期を取り出す数式

```
=VLOOKUP([@time],メタ情報,2,FALSE)
```

図10 メタ情報の表から時期の情報を取り出す

	A	B	C	D	E	F	G	H	I
1									
2		area	地域	time	時期	cat01	VALUE		
3		11003	さいたま市	2018000303	2018年3月	062	2177		
4		11003	さいたま市	2018000202	2018年2月	062	1896		
5		11003	さいたま市	2018000101	2018年1月	062	1680		
6		11003	さいたま市	2017001212	2017年12月				
7		11003	さいたま市	2017001111	2017年11月				
8		11003	さいたま市	2017001010	2017年10月	062	2556		
9		12003	千葉市	2018000303	2018年3月	062	2098		
10		12003	千葉市	2018000202	2018年2月	062	1892		

今回の数式では、取り出したデータをそのまま表示するので、使用するのはVLOOKUP関数だけでOKです。ただし、取り出されたデータは日付データではなく文字列データなので、そのままでは日付に基づく集計には利用できません。

次に、「cat01」列の右側に1列挿入し、列見出しを「分類」にします。この列のセルの表示形式を「標準」に戻し、次のような数式を入力します。自動的にこの列のセル全体に、この数式がコピーされ、「cat01」列のコードから分類が表示されます。

数式04 分類を取り出す数式

```
=VLOOKUP([@cat01],メタ情報,2,FALSE)
```

図11 メタ情報の表から分類の情報を取り出す

この数式も、「時期」列と同様、VLOOKUP関数で、メタ情報の表から、「cat01」列のコードに対応する「name」列のデータを取り出すものです。

この「分類」列の右側にさらに1列挿入し、列見出しを「親分類」にします。ここには、各分類の上位の分類を表示させるため、次のような数式を入力します。

数式05 親分類を取り出す数式

```
=VLOOKUP(VLOOKUP([@cat01],メタ情報,3,FALSE),メタ情報,2,FALSE)
```

図12 メタ情報の表から親分類の情報を取り出す

H3 =VLOOKUP(VLOOKUP([@cat01],メタ情報,3,FALSE),メタ情報,2,FALSE)

❶入力

❷自動コピー（フィル）

	C	D	E	F	G	H	I
1							
2	地域	time	時期	cat01	分類	親分類	VALUE
3	さいたま市	2018000303	2018年3月	062	米	穀類	177
4	さいたま市	2018000202	2018年2月	062	米	穀類	1896
5	さいたま市	2018000101	2018年1月	062	米	穀類	1680
6	さいたま市	2017001212	2017年12月	062	米	穀類	
7	さいたま市	2017001111	2017年11月	062	米	穀類	
8	さいたま市	2017001010	2017年10月	062	米	穀類	2556
9	千葉市	2018000303	2018年3月	062	米	穀類	2098
10	千葉市	2018000202	2018年2月	062	米	穀類	1892
11	千葉市	2018000101	2018年1月	062	米	穀類	2009
12	千葉市	2017001212	2017年12月	062	米	穀類	1838
13	千葉市	2017001111	2017年11月	062	米	穀類	1945
14	千葉市	2017001010	2017年10月	062	米	穀類	2170
15	東京都区部	2018000303	2018年3月	062	米	穀類	2002
16	東京都区部	2018000202	2018年2月	062	米	穀類	1715
17	東京都区部	2018000101	2018年1月	062	米	穀類	1504

XML ソース
ブック内の XML の対応付け:
GET_STATS_DATA_対応付け
DATA_INF
NOTE
<value>
char
VALUE
<value>
tab
cat01
cat02
cat03
cat04
繰り返し出現する要素を対応付けるには、ワークシート上でデータ見出しを表示したい位置に、ツリーから要素をドラッグします。
XML データをインポートするには、XML に対応付けられたセルを右クリックし、[XML] をポイントして [インポート] をクリックします。

この数式では、まずVLOOKUP関数で、メタ情報の表から、数式セルと同じ行の「cat01」列のセルのデータに対応する「parentCode」列のデータを取り出します。これで取り出されるのは、各分類の親分類を表すコードです。その結果に、さらにVLOOKUP関数を重ねて、メタ情報の表から、このコードに対応する「name」列のデータを取り出しています。

最後に、「VALUE」列のデータは、家計消費の金額を表しています。しかし、文字列データとして扱われているため、このままでは集計処理に適していません。

文字列形式で入力されているデータを数値データに変換する方法はいくつかありますが、ここでは「区切り位置」の機能を利用してみましょう。

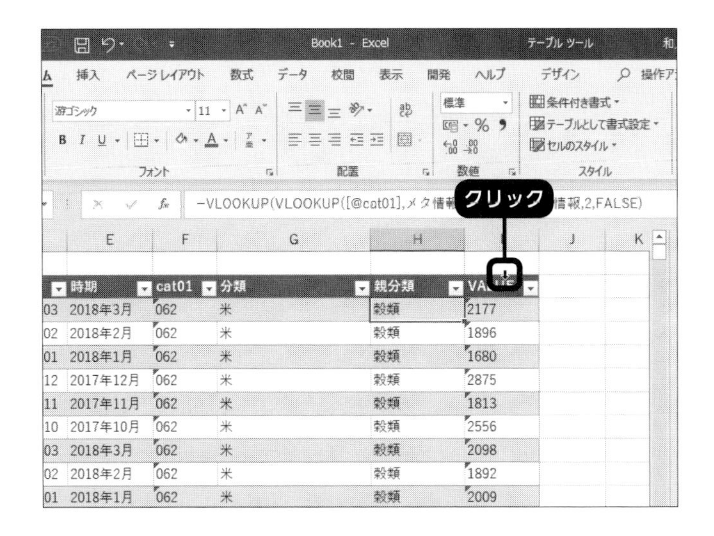

1 「VALUE」列のデータ範囲全体を選択します。列見出しの上側にマウスポインターを合わせ、下向きの矢印が表示されたところでクリックするのが簡単な方法です。

2 「ホーム」タブの「数値」グループの「数値の書式」(表示形式)ボックスには「文字列」と表示されています。その右側の「▼」をクリックし❶、「標準」を選びます❷。

3 「データ」タブの「データツール」グループの「区切り位置」をクリックします❶❷。

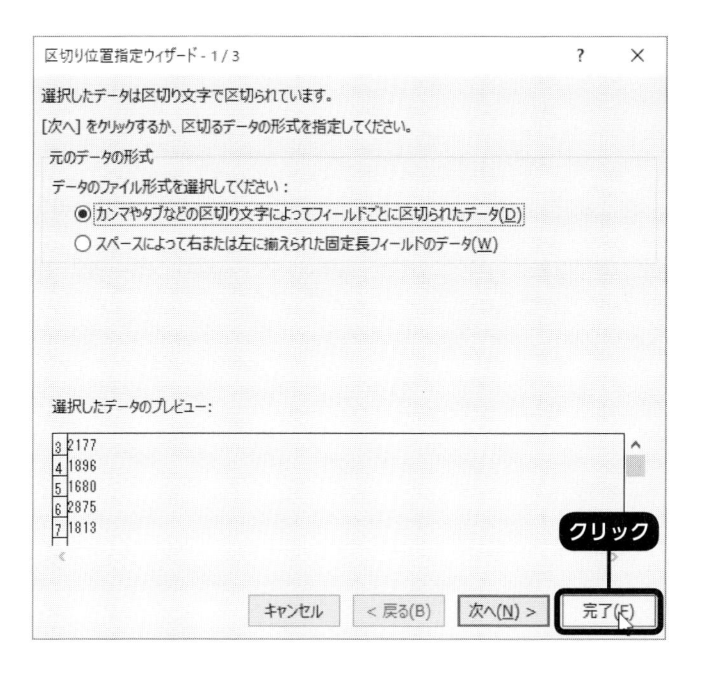

4 「区切り位置ウィザード」の最初の画面が表示されます。細かい設定は一切必要ないので、そのまま「完了」をクリックします。

	D	E	F	G	H	I	J
1							
2	time	時期	cat01	分類	親分類	VALUE	
3	2018000303	2018年3月	062	米	穀類	2177	
4	2018000202	2018年2月	062	米	穀類	1896	
5	2018000101	2018年1月	062	米	穀類	1680	
6	2017001212	2017年12月	062	米	穀類	2875	
7	2017001111	2017年11月	062	米	穀類	1813	
8	2017001010	2017年10月	062	米	穀類	2556	
9	2018000303	2018年3月	062	米	穀類	2098	
10	2018000202	2018年2月	062	米	穀類	1892	
11	2018000101	2018年1月	062	米	穀類	2009	
12	2017001212	2017年12月	062	米	穀類	1838	
13	2017001111	2017年11月	062	米	穀類	1945	
14	2017001010	2017年10月	062	米	穀類	2170	
15	2018000303	2018年3月	062	米	穀類	2002	
16	2018000202	2018年2月	062	米	穀類	1715	
17	2018000101	2018年1月	062	米	穀類	1504	

5 選択範囲で、文字列として入力されていた数値データが、すべて数値データに変換されています。

4 取り込んだ家計データを集計する

ここでは、前項でワークシートに取り込み、形を整えた家計調査のデータを、Excelの機能を使って集計・分析してみましょう。具体的には、ピボットテーブルとピボットグラフを利用します。

● ピボットテーブルで集計する

「ピボットテーブル」とは、元データの複数の列（フィールド）を行と列の見出しに置いて、簡単にクロス集計表を作成できる機能です。家計消費の表で各列の見出しをコードのままではなく名前で表示させたのは、この集計表をわかりやすくするためです。

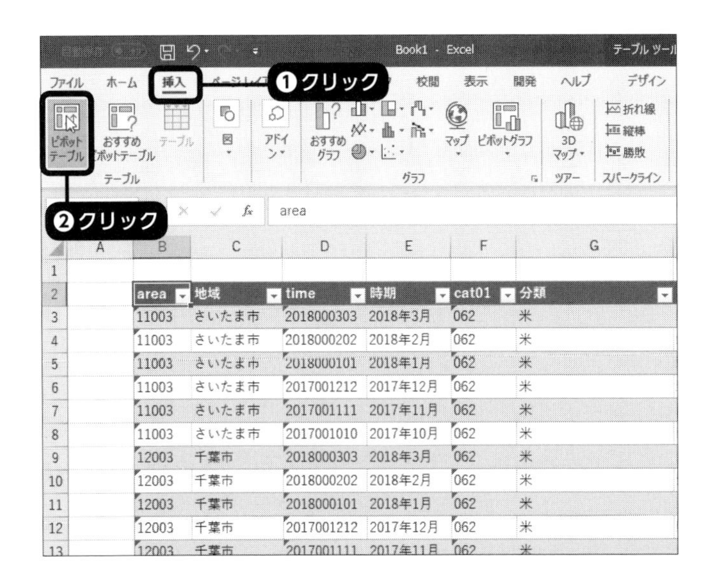

	A	B	C	D	E	F	G
1							
2		area	地域	time	時期	cat01	分類
3		11003	さいたま市	2018000303	2018年3月	062	米
4		11003	さいたま市	2018000202	2018年2月	062	米
5		11003	さいたま市	2018000101	2018年1月	062	米
6		11003	さいたま市	2017001212	2017年12月	062	米
7		11003	さいたま市	2017001111	2017年11月	062	米
8		11003	さいたま市	2017001010	2017年10月	062	米
9		12003	千葉市	2018000303	2018年3月	062	米
10		12003	千葉市	2018000202	2018年2月	062	米
11		12003	千葉市	2018000101	2018年1月	062	米
12		12003	千葉市	2017001212	2017年12月	062	米
13		12003	千葉市	2017001111	2017年11月	062	米

1 「統計表」テーブルの中の1つのセルを選択した状態で、「挿入」タブの「テーブル」グループの「ピボットテーブル」をクリックします❶❷。

ピボットテーブルの作成
分析するデータを選択してください。
◉ テーブルまたは範囲を選択(S)
テーブル/範囲(T): 統計表
○ 外部データ ソースを使用(U)
接続の選択(C)...
接続名:
○ このブックのデータ モデルを使用する(D)
ピボットテーブル レポートを配置する場所を選択してください。
◉ 新規ワークシート(N)
○ 既存のワークシート(E)
場所(L):
複数のテーブルを分析するかどうかを選択
☐ このデータをデータ モデルに追加する(M)
クリック
OK　キャンセル

2 「ピボットテーブルの作成」ダイアログボックスが表示されます。ここではすべての設定が初期状態のままで、「OK」をクリックします。

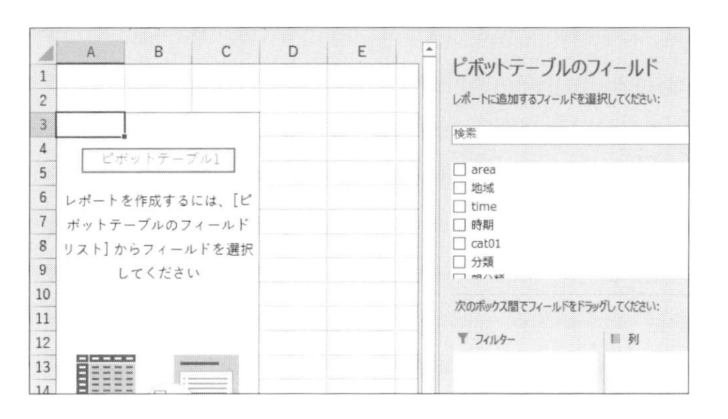

3 新しいワークシートが作成され、空のピボットテーブルが作成されています。また、画面の右側に「ピボットテーブルのフィールド」ウィンドウが表示されます。

4 「ピボットテーブルのフィールド」ウィンドウに表示されているフィールド名の中の「地域」を、その下にある「列」ボックスの中へドラッグします。すると、「地域」フィールドに含まれている各項目が、ピボットテーブルの列見出しになります。

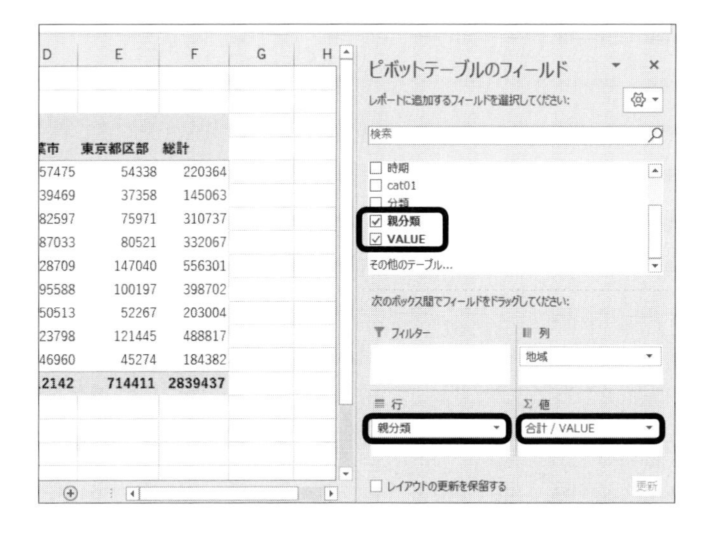

5 同様に、「行」ボックスに「親分類」、「値」ボックスに「VALUE」をドラッグします。各ボックスに配置したフィールド名には、そのチェックボックスにチェックが付きます。

	A	B	C	D	E	F
3	合計 / VALUE	列ラベル				
4	行ラベル	さいたま市	横浜市	千葉市	東京都区部	総計
5	飲料	58983	49568	57475	54338	220364
6	果物	32249	35987	39469	37358	145063
7	魚介類	74639	77530	82597	75971	310737
8	穀類	87194	77319	87033	80521	332067
9	調理食品	145197	135355	128709	147040	556301
10	肉類	98308	104609	95588	100197	398702
11	乳卵類	47568	52656	50513	52267	203004
12	野菜・海藻	122060	121514	123798	121445	488817
13	油脂・調味料	47472	44676	46960	45274	184382
14	総計	713670	699214	712142	714411	2839437

6 この時点で、各地域と大きな分類に基づく家計消費額のクロス集計表が作成されています。

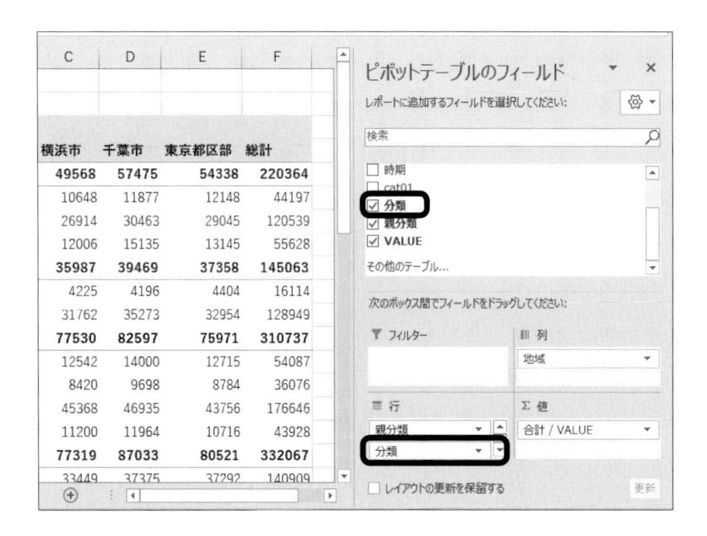

横浜市	千葉市	東京都区部	総計
49568	57475	54338	220364
10648	11877	12148	44197
26914	30463	29045	120539
12006	15135	13145	55628
35987	39469	37358	145063
4225	4196	4404	16114
31762	35273	32954	128949
77530	82597	75971	310737
12542	14000	12715	54087
8420	9698	8784	36076
45368	46935	43756	176646
11200	11964	10716	43928
77319	87033	80521	332067
33449	37375	37292	140909

7 さらに、「行」や「列」には、重ねてフィールドを配置することもできます。ここでは「行」ボックスの「親分類」の下に「分類」を配置します。

	A	B	C	D	E	F
3	合計 / VALUE	列ラベル				
4	行ラベル	さいたま市	横浜市	千葉市	東京都区部	総計
5	⊟飲料	58983	49568	57475	54338	220364
6	コーヒー・ココア	9524	10648	11877	12148	44197
7	他の飲料	34117	26914	30463	29045	120539
8	茶類	15342	12006	15135	13145	55628
9	⊟果物	32249	35987	39469	37358	145063
10	果物加工品	3289	4225	4196	4404	16114
11	生鮮果物	28960	31762	35273	32954	128949
12	⊟魚介類	74639	77530	82597	75971	310737
13	塩干魚介	14830	12542	14000	12715	54087
14	魚肉練製品	9174	8420	9698	8784	36076
15	生鮮魚介	40587	45368	46935	43756	176646

8 大きな分類と、その内訳である小分類の集計結果が並んで表示されます。

同様に、各ボックスに配置したフィールドを移動することで、そのほかの切り口に基づく集計も、簡単に求められます。

● 集計結果をグラフ表示する

ピボットテーブルで集計した結果をグラフとして表示したい場合は、「ピボットグラフ」が利用できます。元データから直接ピボットテーブルと合わせてピボットグラフを作成することも可能ですが、ここでは作成したピボットテーブルからピボットグラフを作成してみましょう。

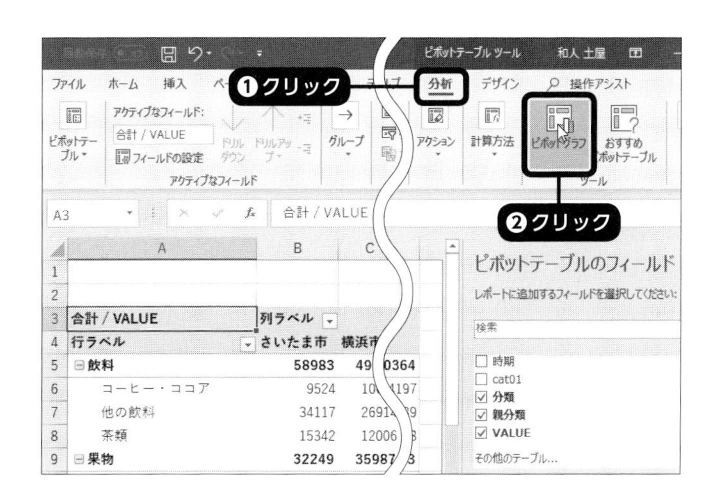

1 ピボットテーブルの中のセルを選択している状態で、「ピボットテーブルツール」の「分析」タブの「ピボットグラフ」をクリックします❶❷。

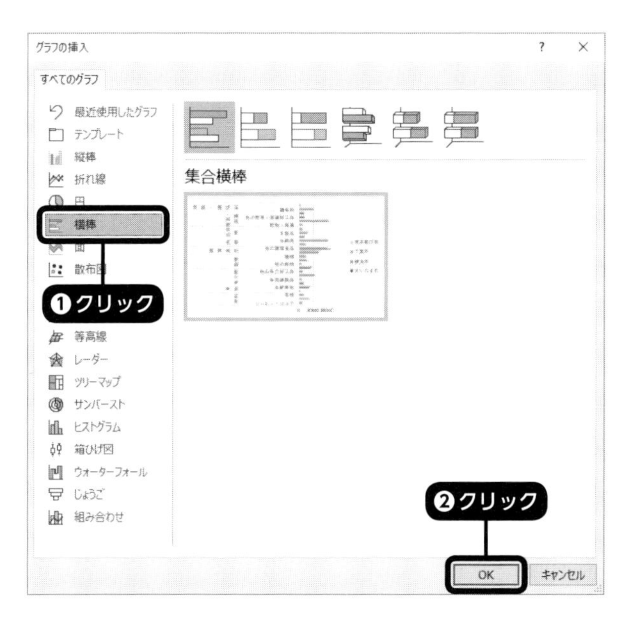

2 「グラフの挿入」ダイアログボックスが表示されます。ここではグラフの種類として「横棒」を選び❶、「OK」をクリックします❷。

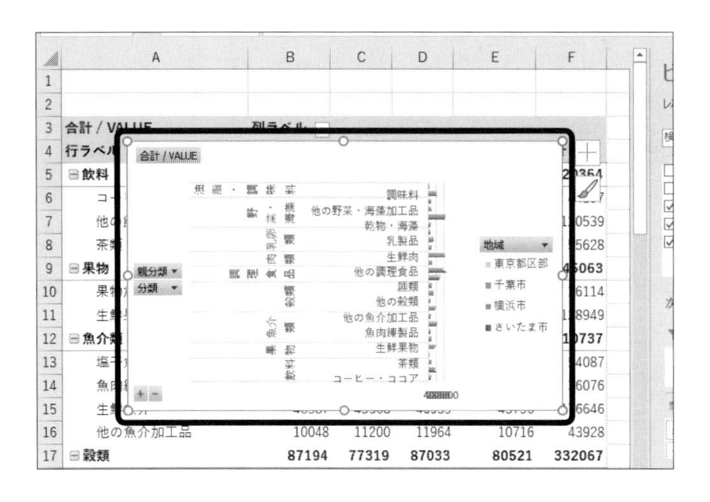

3 ピボットテーブルと同じワークシート上に、ピボットグラフが作成されます。図形と同様に、ドラッグ操作で位置やサイズを変更することができます。

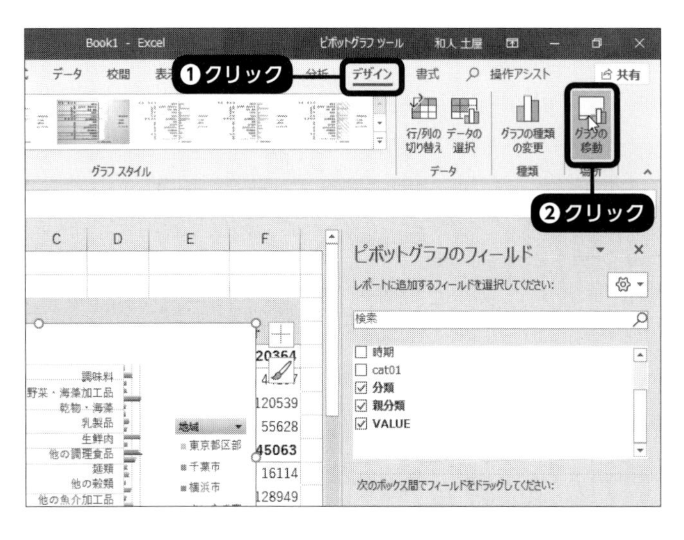

4 ワークシート上のオブジェクトとしてのグラフではなく、グラフシートとしてより大きく表示することもできます。ピボットグラフを選択している状態で、「ピボットグラフツール」の「デザイン」タブの「場所」グループの「グラフの移動」をクリックします❶❷。

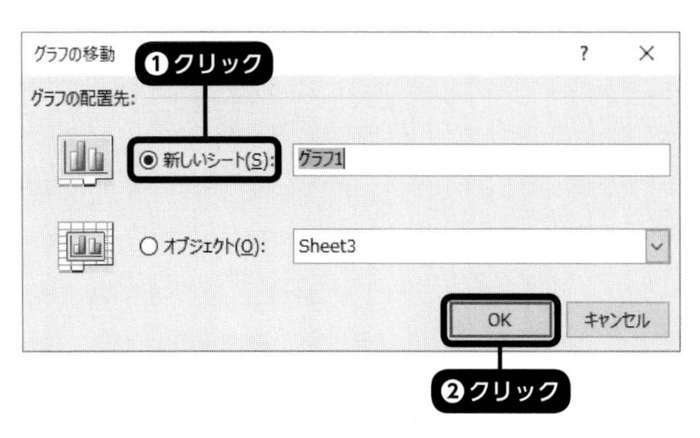

5 「グラフの移動」ダイアログボックスが表示されます。「グラフの配置先」として「新しいシート」を選び❶、「OK」をクリックします❷。

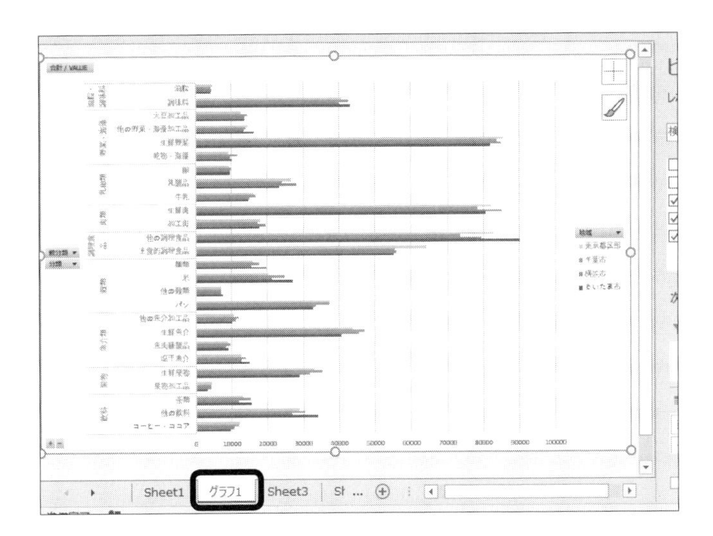

6 ピボットグラフが、グラフシートとして表示されます。

5 都道府県別のデータから地図グラフを作成する

もう1つ、e-StatからAPIのデータを取り込んでExcel上で処理する例を紹介しましょう。

Web APIで特定の統計表のデータを取得するためのリクエストURLは、その統計表の情報を表示したページから直接取得することも可能です。データを取得可能な調統計表では、右側に「EXCEL」や「CSV」、「DB」などが表示されていますが、同様に「API」と表示されている場合があります。

図13 統計表の一覧からAPIの情報を表示

提供統計名	四半期別ＧＤＰ速報
提供周期	四半期
調査年月	2018年7～9月期

表番号	統計表	調査年月	公開（更新）日	形式
国内総生産（支出側）及び各需要項目				
	名目原系列（1994年1Q～）			
	2011暦年基準	2018年7～9月期	2018-12-10	DB API
	名目原系列（1995年1Q～）			
	2011暦年基準	2018年7～9月期	2018-12-10	DB API
	名目季節調整系列（1994年1Q～）			

クリック

ここをクリックすると、APIでそのデータを取得するためのリクエストURLが表示されます。ただし、このURLにアプリケーションIDは含まれていないので、使用する際は「appId=」の後に追加します。

図14 統計表のリクエストURLを表示

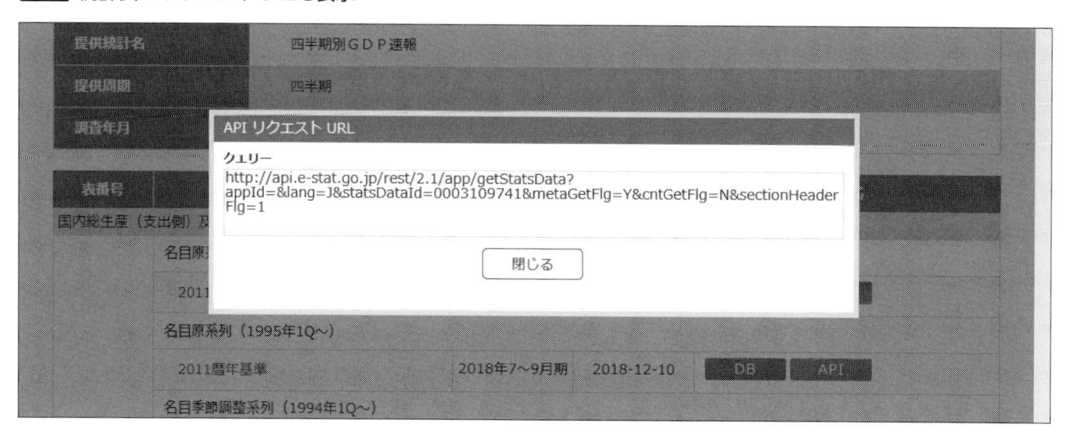

● 各都道府県の降水日数を取得

ここでは、また別の検索方法で都道府県別の年間降水日数のデータを取得してみましょう。そのデータから、最終的にExcel上で地図グラフを作成します。

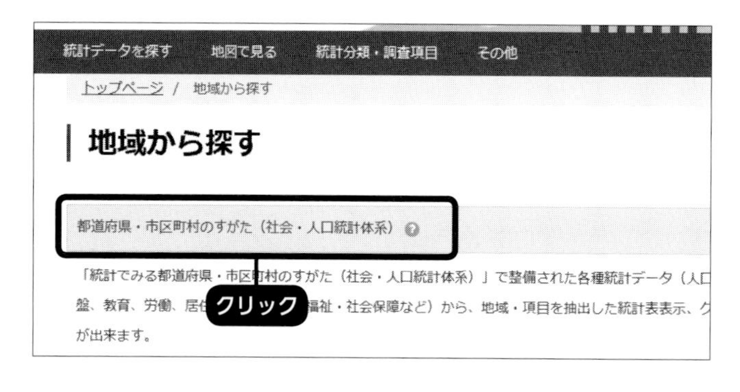

1 e-Statのトップページで、まず「地域から探す」をクリックし、次のページで「都道府県・市区町村のすがた（社会・人口統計体系）」をクリックします。

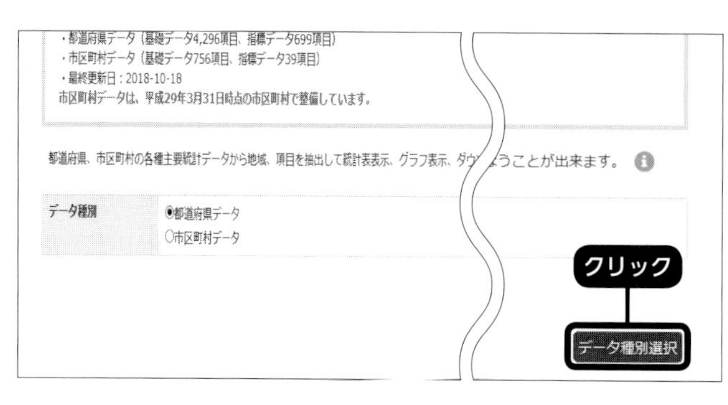

2 さらに次のページで、「データ種別」として「都道府県データ」が選択されている状態で「データ種別選択」をクリックします。

3 「地域選択」の画面が表示されます。個々の都道府県を選択することも可能ですが、リクエストURLが複雑になりすぎるので、すべての項目を選択します。「全て選択」をクリックし❶、「地域選択」をクリックします❷。

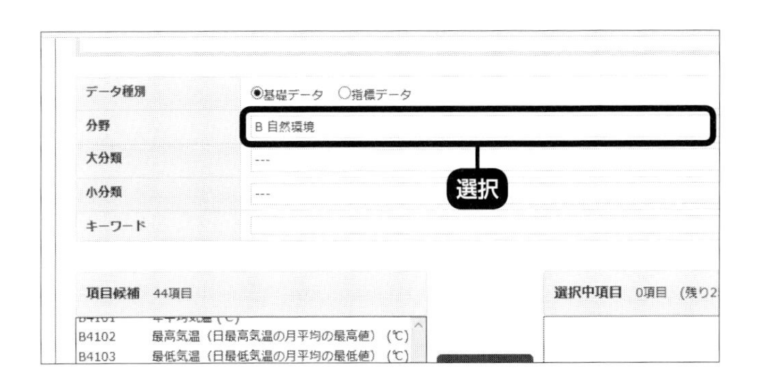

4 「表示項目選択」の画面になるので、まず「分野」で「B 自然環境」を選択します。

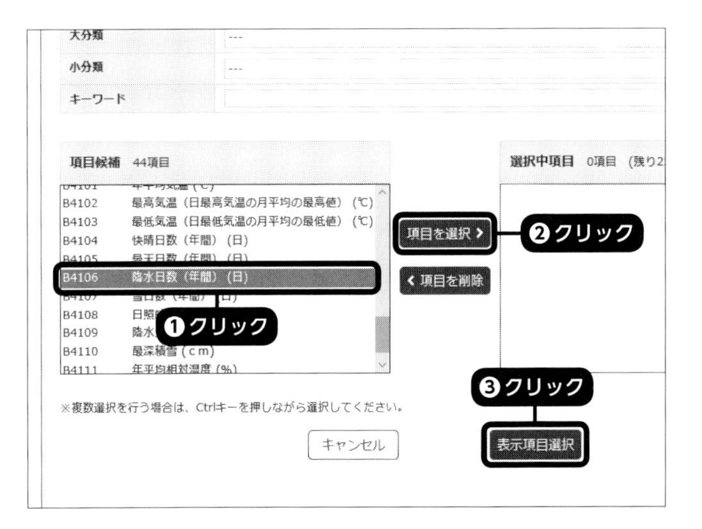

5 「項目候補」で「B4106　降水日数（年間）（日）」を選択し❶、「項目を選択」をクリックし❷、さらに「表示項目選択」をクリックします❸。

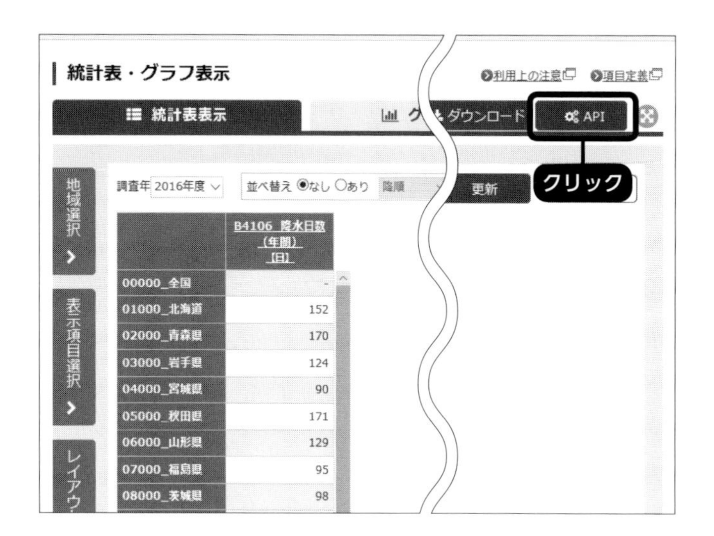

6 都道府県別の降水日数のデータが表形式で表示されます。「API」をクリックします。

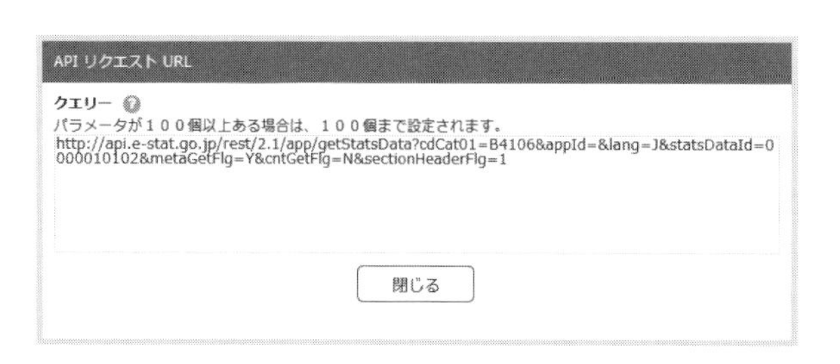

7 このデータを取得するためのリクエストURLが表示されます。このURLをコピーします。

コピーしたURLに、取得したアプリケーションIDを追加します。このURLをExcelでXMLデータの取り込みに使用します。

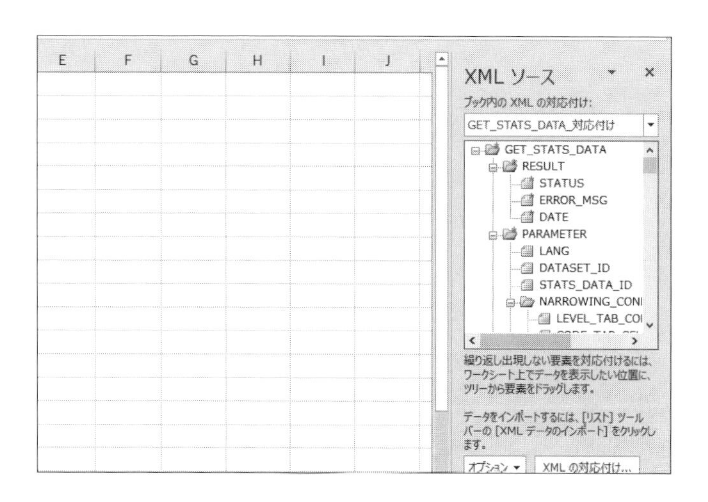

1 新しいブックを開いて「XMLソース」ウィンドウを表示し、その「XMLの対応付け」で、取得したAPIのリクエストURLで、新しい対応付けを設定します。

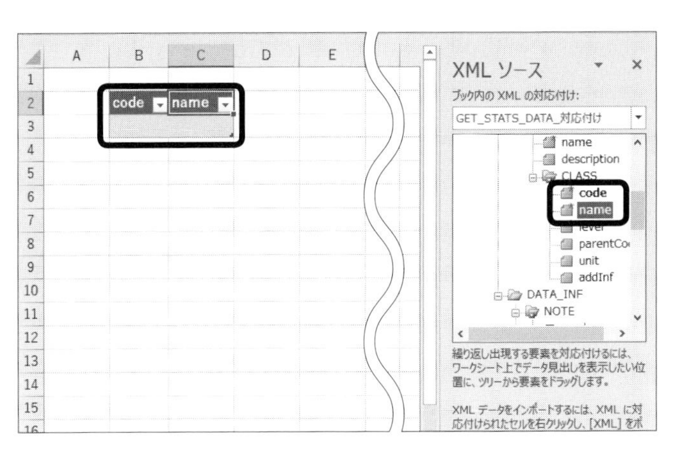

2 「XMLソース」ウィンドウの中の「GET_STATS_DATA」－「STATISTICAL_DATA」－「CLASS_INF」－「CLASS_OBJ」－「CLASS」の「code」をB2セルへ、「name」をC2セルへドラッグします。B2:C3のセル範囲がテーブルになり、各列がXMLソースの「CLASS」要素の「code」属性と「name」属性に対応付けられます。

3 「テーブルツール」－「デザイン」タブの「外部のテーブルデータ」グループの「更新」をクリックします❶❷。XMLテーブルに、都道府県のコードと都道府県名などのデータが読み込まれます。このテーブル名は「都道府県名」としておきます。

以上の操作で、都道府県のコードと都道府県名の対応表が作成されます。各都道府県の年間降水日数のデータは、改めて作成したワークシート上に取り込みます。

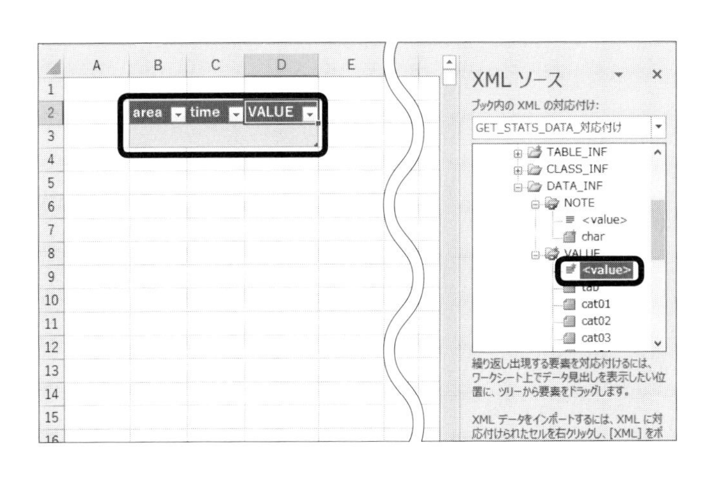

1 新しいワークシートを追加し、「GET_STATS_DATA」－「STATISTICAL_DATA」－「DATA_INF」－「VALUE」の「area」をB2セルへ、「time」をC2セルへ、「<value>」をD2セルへドラッグします。

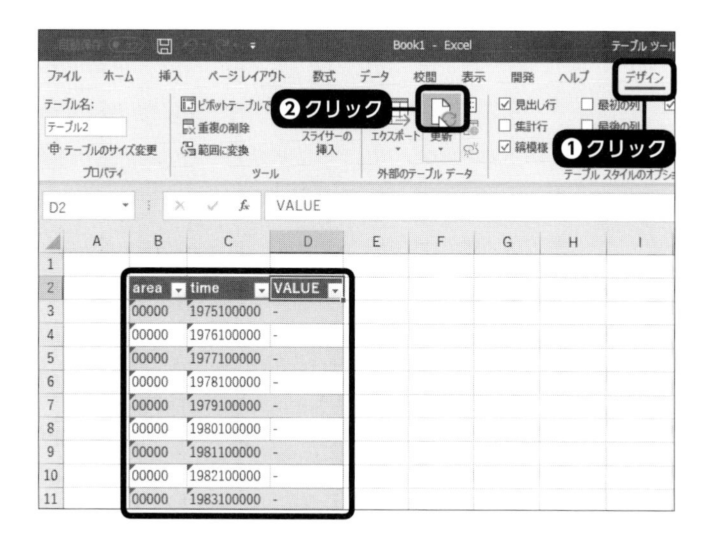

2 「テーブルツール」−「デザイン」タブの「外部のテーブルデータ」グループの「更新」をクリックします❶❷。都道府県のコードと時期のコード、降水日数のデータが読み込まれます。このテーブル名は「降水日数」としておきます。

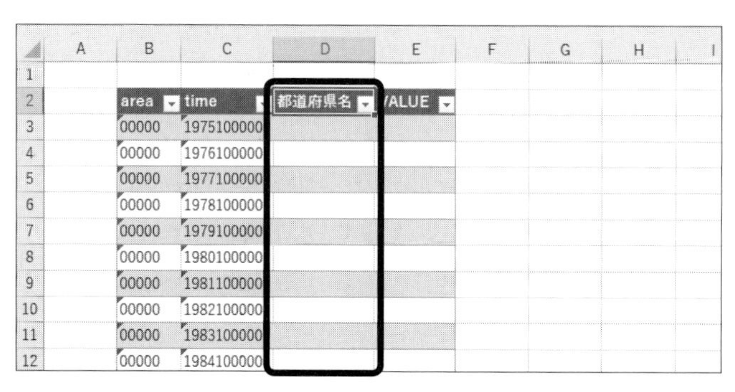

3 列に1列挿入し、列幅を調整して、その列見出しを「都道府県名」に変更します。この列のデータ範囲の表示形式は「文字列」になっているので、「標準」にもどしておきます。

数式06 都道府県名を取り出す数式

```
=VLOOKUP([@area],都道府県名,2,FALSE)
```

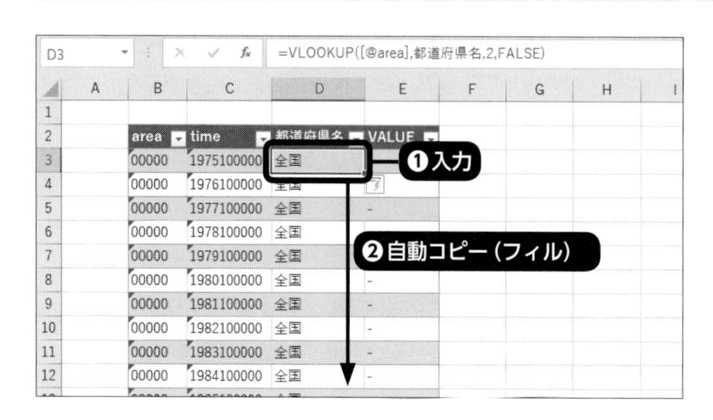

4 D3セルに、左隣のコードに基づいて、「都道府県名」テーブルから都道府県名を取り出す数式を入力します。この数式は、この列のテーブル最終行まで自動的にコピー（フィル）されます。

5 この表から、まず全国のデータを除外します。「area」列のフィルターボタン(▼)をクリックし❶、「00000」のチェックを外して❷、「OK」をクリックします❸。なお、「都道府県名」列で「全国」のチェックを外しても同じ結果になります。

6 「time」列の先頭の4桁の数字は西暦年を表しています。この列のフィルターボタン(▼)をクリックし❶、「201600000」だけにチェックを付けた状態にして❷、「OK」をクリックします❸。この操作は、最初に「(すべて選択)」のチェックを外して、改めて「201600000」にチェックを付けると効率的です。

	area	time	都道府県名	VALUE
86	01000	2016100000	北海道	152
128	02000	2016100000	青森県	170
170	03000	2016100000	岩手県	124
212	04000	2016100000	宮城県	90
254	05000	2016100000	秋田県	171
296	06000	2016100000	山形県	129
338	07000	2016100000	福島県	95
380	08000	2016100000	茨城県	98
422	09000	2016100000	栃木県	108
464	10000	2016100000	群馬県	99

7 各都道府県の2016年の降水日数が表示されます。「VALUE」列のデータが降水日数ですが、現在は文字列データとして表示されているので、P.162と同様に「区切り位置」で数値データに変換しておきましょう。また、列見出しも「日数」に変更します。

次に、この降水日数のデータを、日本地図上に表示させます。これには、グラフ機能の「マップ」(Office 365またはExcel 2019以降)を使用します。ただし、このテーブルから直接マップグラフを作成しようとすると、元データの範囲がうまく認識されず、指定が面倒になります。そこで、このテーブルで表示されている必要なデータの部分を別のセル範囲に取り出し、そちらを元データとしてグラフを作成します。

1 「降水日数」テーブルの「都道府県名」列と「日数」列全体を、列見出しも含めて選択し❶、「ホーム」タブの「クリップボード」グループの「コピー」をクリックします❷。

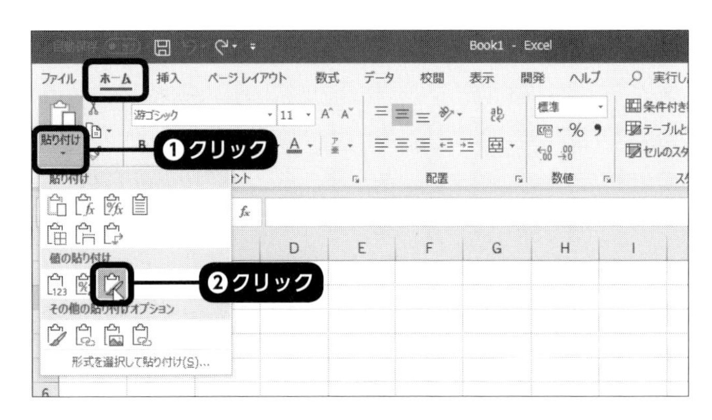

2 新しいワークシートを挿入してB2セルを選択し、「ホーム」タブの「クリップボード」グループの「貼り付け」の「▼」から「値と元の書式」をクリックします❶❷。

3 テーブルの選択範囲内で表示されているセルのみ、数式が値に変換されて、テーブルの書式ごと貼り付けられます。

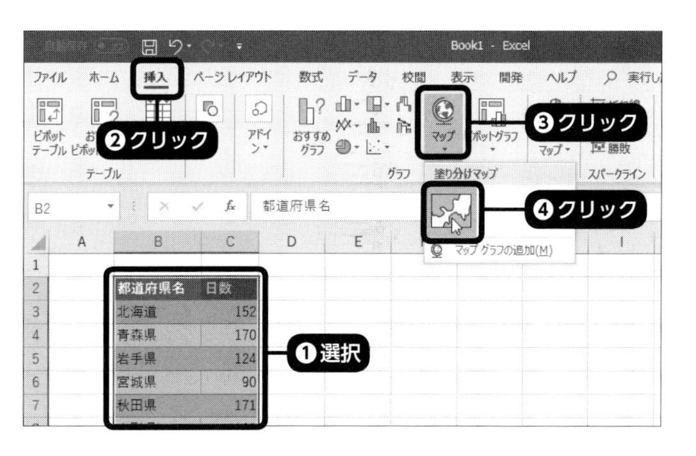

4 列幅を調整したB2:C49のセル範囲を改めて選択し❶、「挿入」タブの「グラフ」グループの「マップ」をクリックし❷❸、「塗り分けマップ」をクリックします❹。

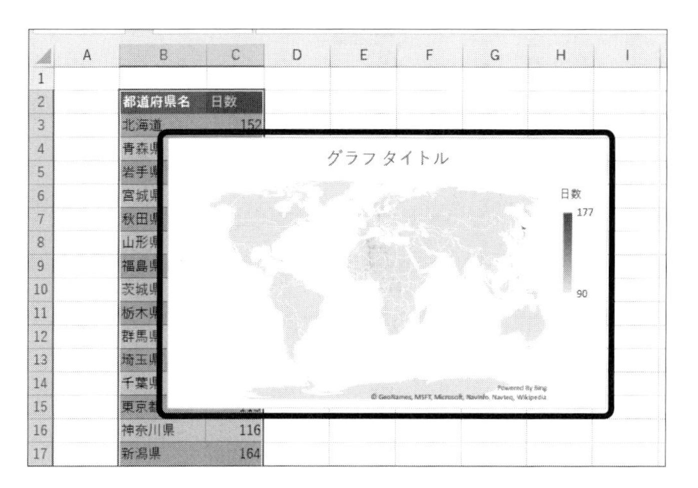

5 ワークシート上に塗り分けマップのグラフが作成されます。

6 グラフのマップ部分の上で右クリックして❶、メニューから「データ系列の書式設定」を選びます❷。

7 「データ系列の書式設定」ウィンドウの「マップ領域」で「データが含まれる地域のみ」を選びます❶❷。

8 日本だけが表示される地図に変わります。「データ系列の書式設定」ウィンドウの「マップ投影」で「メルカトル」を選びます❶❷。

9 色分けされた日本のマップグラフが、一般的な角度で表示されます。

10 グラフを選択している状態で、「グラフツール」の「デザイン」タブの「場所」グループの「グラフの移動」から、このグラフをグラフシートに変更します。また、グラフタイトルも「降水日数」に変更しておきます。

COLUMN DB画面の活用

e-Statの「地域から探す」で地域や表示項目を選ぶ画面は、統計データの一覧から「DB」を選んだ場合の画面と同じです。この画面で「ダウンロード」をクリックすると、ファイル形式として「CSV」や「XLSX」を選んで、Excelで開ける形式のファイルとしてダウンロードすることが可能です。

また、この画面で「グラフ表示」を選ぶと、統計データをグラフ化して表示することができます。都道府県別のデータで、「全国」のデータを除外した場合は、「グラフ表示設定」から「グラフの種類選択」で「地図」を選ぶことができ、この画面上で地図グラフを表示することもできます。表示させたグラフは、「ダウンロード」から画像ファイル（PNG形式）でダウンロードできます。

6 VBAで各調査の最新更新日を求める

ここからは、政府統計データのWeb APIから取得したデータを、VBAを利用して処理していきましょう。まずは、チェックしたい各統計調査の最終更新日を、すべて自動的に取得するプログラムを作成します。

最終更新日を表示する表も、やはりテーブルとして作成しておきます。テーブル名は「調査更新日」としました。また、統計調査名と、その政府統計コードは、e-StatのAPI機能の「提供データ」のページで確認し、あらかじめ入力しておきます。

図15 最終更新日を取得するテーブル

	A	B	C	D	E	F	G	H	I	J
1	最終更新日一覧									
2										
3	統計調査名	政府統計コード	前回チェック	今回チェック						
4	通信利用動向調査	00200356								
5	サービス産業動向調査	00200544								
6	家計調査	00200561								
7	全国物価動向調査	00200572								
8	景気予測調査	00350600								
9										

また、「前回チェック」と「今回チェック」の2つの列を設けておき、チェックを実行したとき、「今回チェック」に入力されていた日付は、自動的に「前回チェック」に移るようにしています。「前回チェック」と「今回チェック」の日付が違っていた場合は、条件付き書式によって、日付が強調表示されるようになっています。

● 最終更新日をチェックするプログラム

最終更新日のチェックプログラムは、自動実行ではなく、標準モジュールに通常のマクロプログラムとして作成します。なお、[アプリケーションID]の部分には、実際に取得したアプリケーションIDを入力してください。

コード01 最終更新日を取得するプログラム

```
  Sub 最終更新日取得()
1     Dim xDoc As Object
2     Dim tDates As Object
3     Dim tItem As Object
4     Dim tmpDate As Date
```

コード01 最終更新日を取得するプログラム（続き）

```
5       Dim tRow As Range, url As String
6       Const apiUrl As String = "https://api.e-stat.go.jp/rest/2.1/app/" _
            & "getStatsList?appId= [アプリケーション ID] &statsCode="
7       Set xDoc = CreateObject("MSXML2.DOMDocument")
8       xDoc.async = False
9       For Each tRow In Range(" 調査更新日 ").Rows
10          If tRow.Cells(2).Value <> "" Then
11              url = apiUrl & tRow.Cells(2).Value
12              If tRow.Cells(4).Value <> "" _
                    Then tRow.Cells(3).Value = tRow.Cells(4).Value
13              If tRow.Cells(3).Value <> "" Then
14                  tmpDate = tRow.Cells(3).Value
15                  url = url & "&updatedDate=" & Format(tmpDate, _
                        "yyyymmdd") & "-" & Format(Date, "yyyymmdd")
16              End If
17              xDoc.Load url
18              Set tDates = xDoc.GetElementsByTagName("UPDATED_DATE")
19              For Each tItem In tDates
20                  If IsDate(tItem.Text) Then
21                      If tmpDate < CDate(tItem.Text) _
                            Then tmpDate = CDate(tItem.Text)
22                  End If
23              Next tItem
24              If tmpDate > 0 Then
25                  tRow.Cells(4).Value = tmpDate
26                  tmpDate = 0
27              End If
28          End If
29      Next tRow
        Set tDates = Nothing
30      Set xDoc = Nothing
    End Sub
```

このプログラムの6行目では、定数「apiUrl」として、指定した政府統計コードの情報を取得するリクエストURLの文字列を設定します。ただし、実際の政府統計コード自体は指定しておらず、末尾に結合する形にしています。なお、このプログラム中の「[アプリケーションID]」の部分は、実際に取得したアプリケーションIDに差し替えてください。

7行目でMSXMLのDOMDocumentのオブジェクトを取得し、変数xDocにセットします。以下、9行目から29行目まで、テーブル「調査更新日」の各データ行について、For Each ～ Nextで処理を繰り返します。

10行目で各行の2番目のセル、つまり政府統計コードが未入力でないかどうかを判定し、入力されていれば定数apiUrlの文字列にそのセルの値を結合し、リクエストURLを完全にします。12行目では、各行の4列目のセルの値を3列目にコピーします。また、13行目で3番目のセルにすでに日付が入力されているかどうかを判定し、入力済みの場合は、14・15行目の処理でその日付以降で調査を探すようにリクエストURLに追加します。

17行目で、MSXMLで指定したURLにアクセスし、APIから返されたXMLデータを取得します。18行目でそのXMLデータの中の「UPDATED_DATE」というタグの項目を求め、19〜23行でその中の最も新しい日付を調べ、24〜27行の処理で各行の4番目のセルに入力しています。

このマクロは自動実行プログラムではないので、実行するときは、「開発」タブの「コード」グループの「マクロ」をクリックして「マクロ」ダイアログボックスを表示し、「最終更新日取得」を選んで「実行」をクリックします。

図16 最終更新日を取得（初回）

	A	B	C	D	E	F	G	H	I	J
1	最終更新日一覧									
2										
3	統計調査名	政府統計コード	前回チェック	今回チェック						
4	通信利用動向調査	00200356		**2017/7/13**						
5	サービス産業動向調査	00200544		**2018/6/27**						
6	家計調査	00200561		**2018/6/4**						
7	全国物価動向調査	00200572		**2009/3/31**						
8	景気予測調査	00350600		**2018/5/31**						
9										
10										
11										

最初に取得した更新日は、「前回チェック」列が未入力のため、「今回チェック」列のすべてのセルの日付が強調表示されています。次回からは、新たに調査結果が公開された日付だけが強調表示されます。

図17 最終更新日を取得（2回目）

	A	B	C	D	E	F	G	H	I	J
1	最終更新日一覧									
2										
3	統計調査名	政府統計コード	前回チェック	今回チェック						
4	通信利用動向調査	00200356	2017/7/13	2017/7/13						
5	サービス産業動向調査	00200544	2018/6/27	**2018/11/30**						
6	家計調査	00200561	2018/6/4	**2018/12/5**						
7	全国物価動向調査	00200572	2009/3/31	2009/3/31						
8	景気予測調査	00350600	2018/5/31	**2018/11/30**						
9										
10										
11										

7 指定した県・年の所得一覧表を自動作成する

各行の見出しに都道府県名、各列の見出しに年を表す数値を、あらかじめ入力しています。それぞれの交点のセルに、該当する「1人当たり県民所得」の金額（千円単位）を、e-StatのWeb APIからVBAで自動的に取り込んでみましょう。APIのリクエストURLは、P.170と同様の手順で、データベースの画面から取得します。ここでは、「地域から探す」を選び、「地域選択」の画面を表示させたところから操作手順を解説していきます。

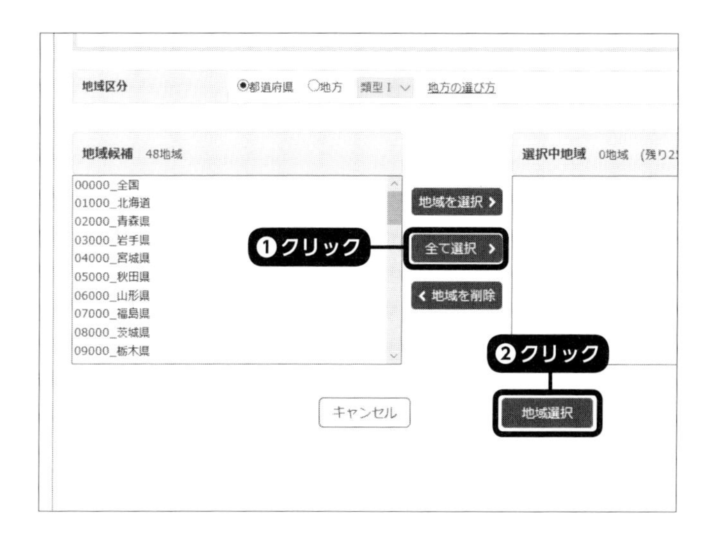

1 「地域選択」の画面で、「全て選択」をクリックして「全国」および全都道府県名を「選択中地域」に移し❶、「地域選択」をクリックします❷。

2 「表示項目選択」の画面では、まず「分野」で「C 経済基盤」を選択し❶、「項目候補」で「C120101 1人当たり県民所得（千円）」を選択して❷、「項目を選択」をクリックします❸。

3 選択した「C120101 1人当たり県民所得（千円）」が右側の「選択中項目」に移ったら、「表示項目選択」をクリックします。

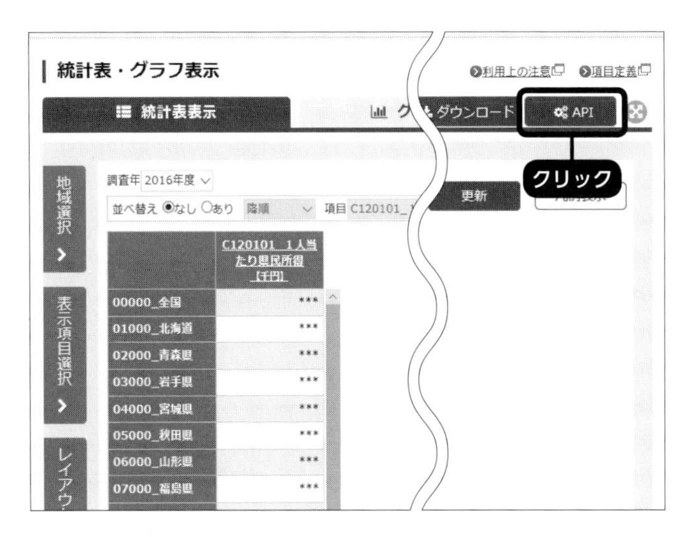

4 都道府県別の1人当たり県民所得のデータが表形式で表示されます。ただし、「調査年」として選択されている2016年は調査データがないため、数値部分はすべて「***」になっています。「API」をクリックします。

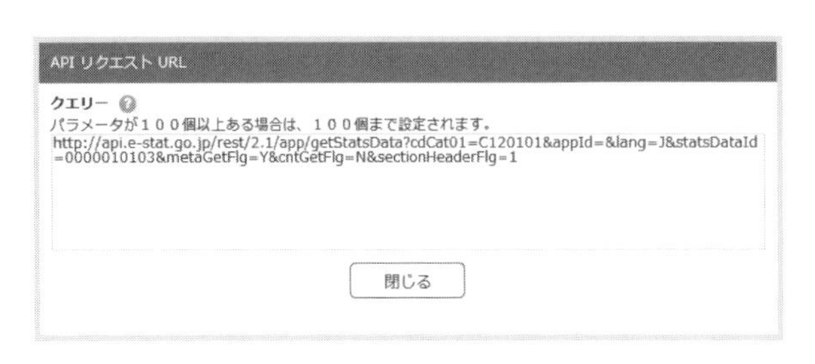

5 このデータを取得するためのリクエストURLが表示されます。このURLをコピーします。

コピーしたURLに、取得したアプリケーションIDを追加します。このリクエストURLを、VBAでe-StatのWeb APIからデータを取得するために使用します。

プログラムを作成する前に、WebブラウザーでWeb APIから返されるXMLデータを表示し、今回取り出したい部分を確認してみましょう。実際に使用したいデータは「DATA_INF」タグの下の「VALUE」タグの値であることがわかります。都道府県や年の情報も、この「VALUE」タグに属性として埋め込まれています。ただし、年については「2001100000」のような4桁の西暦年+「100000」の形式になっていますが、都道府県はコードとして埋め込まれているため、都道府県名自体から目的のデータを直接検索することはできません。

図18 Web APIから返されるXMLデータ①

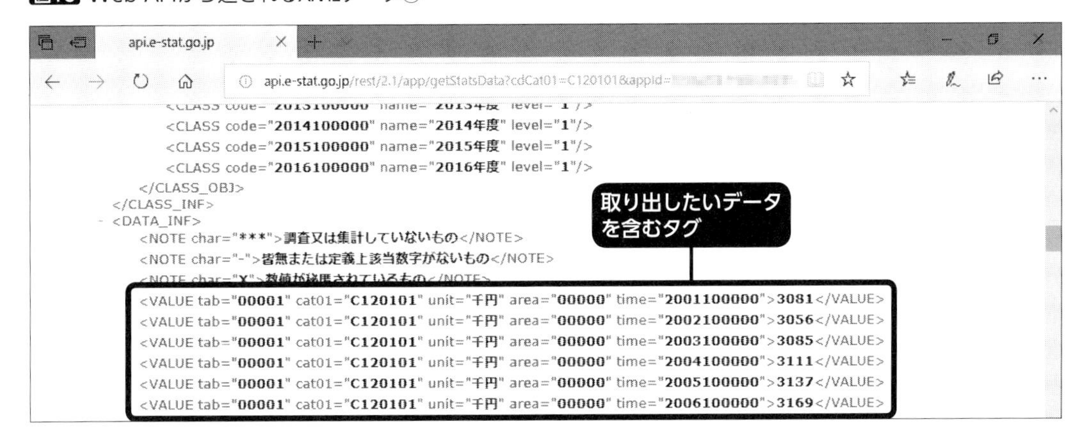

そこで、このXMLデータの中にあるコードと都道府県名の対応を定義している部分を参照し、都道府県名の文字列からそのコードを取り出します。具体的には、id属性が「area」である「CLASS_OBJ」タグの下にある「CLASS」タグのname属性とcode属性の値です。

図19 Web APIから返されるXMLデータ②

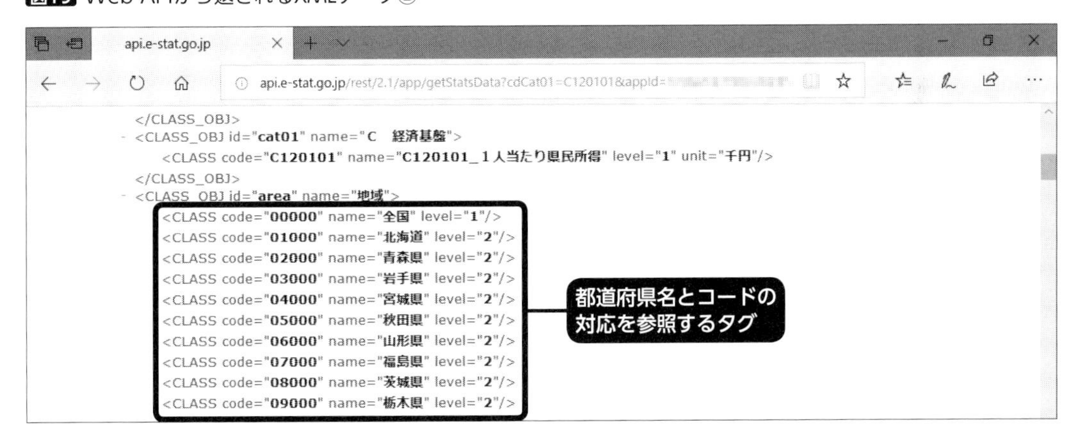

● 所得一覧表を自動作成

作業対象のブックを開き、VBEで標準モジュールに次のプログラムを記述します。

コード02 指定の県・年の所得一覧表を自動作成するプログラム

```
    Sub 県民所得取得()
1       Dim xDoc As Object
2       Dim aNode As Object
3       Dim tNode As Object
4       Dim tArea As String
5       Dim aCode As String
6       Dim rNum As Integer
7       Dim cNum As Integer
8       Const apiUrl As String = "http://api.e-stat.go.jp/rest/" & _
                "2.1/app/getStatsData?cdCat01=C120101&appId=" & _
                "[アプリケーションID]&lang=J&statsDataId=0000010103" & _
                "&metaGetFlg=Y&cntGetFlg=N&sectionHeaderFlg=1"
9       Set xDoc = CreateObject("MSXML2.DOMDocument")
10      xDoc.async = False
11      xDoc.Load apiUrl
12      For rNum = 2 To Selection.Rows.Count
13              tArea = Selection(rNum, 1).Value
14              Set aNode = xDoc.SelectSingleNode("//CLASS_OBJ" & _
                        "[@id='area']/CLASS[@name='" & tArea & "']/@code")
15              If aNode Is Nothing Then
16                      Intersect(Selection.Rows(rNum), Selection.Rows(rNum) _
                                .Offset(ColumnOffset:=1)).Value = "***"
17              Else
18                      aCode = aNode.Text
19                      For cNum = 2 To Selection.Columns.Count
20                              Set tNode = xDoc.SelectSingleNode( _
                                        "//VALUE[@area='" & aCode & "' and @time='" _
                                        & Selection(1, cNum).Value & "100000']")
21                              If tNode Is Nothing Then
22                                      Selection(rNum, cNum).Value = "***"
23                              Else
24                                      Selection(rNum, cNum).Value = Val(tNode.Text)
25                              End If
26                      Next cNum
27              End If
28      Next rNum
29      Set aNode = Nothing
```

コード02 指定の県・年の所得一覧表を自動作成するプログラム（続き）

```
30      Set tNode = Nothing
31      Set xDoc = Nothing
    End Sub
```

MSXMLのDOMDocumentオブジェクトを取得して変数xDocにセットし、定数apiUrlに設定したリクエストURLにアクセスしてXMLデータを取得しするという9～11行の一連の流れは、これまでと同様です。

このプログラムは、表の左端の列にデータを取得したい都道府県名、上端行に年を表す数値を入力し、このセル範囲を選択した状態で実行することを想定しています。選択範囲を表すRangeオブジェクトは、Selectionプロパティで取得できます。

12～28行では、For ～ Nextステートメントで、変数rNumの値を2から選択範囲の行数まで変化させながら、その間の処理を繰り返します。

13行目では選択範囲内でrNumの値の行で1列目のセルの値、つまり都道府県名を取得し、変数tAreaに代入します。そして、14行目では、まずDOMDocumentオブジェクトのSelectSingleNodeメソッドで、引数にXPathを指定して、指定した都道府県名に対応する都道府県コードを収めたCLASS要素の属性ノードを取得し、変数aNodeにセットします。このコードでは分割しているためわかりにくい書き方になっていますが、たとえば取得した都道府県名が「埼玉県」の場合、次のようなXPathが指定されていることになります。

コード03 都道府県名から都道府県コードを取得

```
//CLASS_OBJ[@id='area']/CLASS[@name=' 埼玉県 ']/@code
```

このXMLデータの中には同列の「CLASS_OBJ」要素が複数存在し、いずれもその下位に「CLASS」要素を含みますが、まず各都道府県のコードを取り出すために、「id」属性が「area」であるCLASS_OBJ要素を求めます。属性を条件として要素を取得したい場合は、この例の「[@id='area']」のように指定します。さらに、その子ノードのCLASS要素についても、name属性が「埼玉県」という条件で要素を絞り込み、該当する1つの要素を取得します。

15行目では、条件に該当するデータが見つからなかった場合、変数aNodeのオブジェクトはNothigで表される状態になるため、If ～ Thenを使って判定します。データがなかったときは、該当する行の2列目から最終列までのセルに「***」と入力します。この16行目では、まず「Selection.Rows(rNum)」で、選択範囲のrNum行目のセル範囲全体を取得します。複数のセル範囲の共通部分を求めるIntersectメソッドで、この範囲と、この範囲をOffsetプロパティで1列右にずらしたセル範囲の共通の範囲を表すRangeオブジェクトを取得します。これが、すなわちその行の2列目から最終列までのセル範囲というわけです。そのValueプロパティに文字列「***」を代入することで、対象のセル範囲に一括でこの文字列を入力できます。

変数aNodeのオブジェクトがNothingでない場合、つまり該当する属性ノードを取得できた場合は、18行目でその値の都道府県コードを変数aCodeに代入します。そして、19～26行でFor ～ Nextステートメントをネストし、変数cNumの値を2から選択範囲の列数まで変化させながら、その間の処理を繰り返します。

20行目では、取得した都道府県コードと「年」を表す文字列を条件として、該当するVALUE要素を取得します。やはりDOMDocumentオブジェクトのSelectSingleNodeメソッドで、取得方法はXPathで指定します。たとえば、埼玉県の都道府県コード「11000」と、2010年を条件とする場合、この部分のXPathは次のような指定になります。

コード04 都道府県と年の条件に該当する要素の値を取得

```
//VALUE[@area='11000' and @time='2010100000']
```

複数の条件で要素を特定するには、「@time='2010100000」のような条件を、「and」で追加指定します。つまり、このXPathでは、area属性の値が11000で、かつtime属性の値が2010100000であるVALUE要素を求めています。プログラムの18行目の処理の説明に戻ると、選択範囲の1行目で変数cNumの値の列に当たるセルの「2010」などの数値と「100000」を文字列として結合し、コード04のようなXPathの形にして、SelectSingleNodeメソッドの引数にしているわけです。

この処理でも、条件に合う要素が見つからなかった場合、変数tNodeのオブジェクトはNothigで表される状態になります。該当する要素がなかった場合は、22行目で、変数rNumで表される行と変数cNumで表される列のセルに「***」と入力します。一方、データが見つかった場合は、24行目でその値を対象のセルに入力します。

このマクロは、対象の表のセル範囲を選択してします。「マクロ」ダイアログボックスを表示して「県民所得取得」を選び、「実行」をクリックすると、選択範囲の表に県民所得が自動入力されます。

図20 指定の都道府県・年の県民所得を自動入力

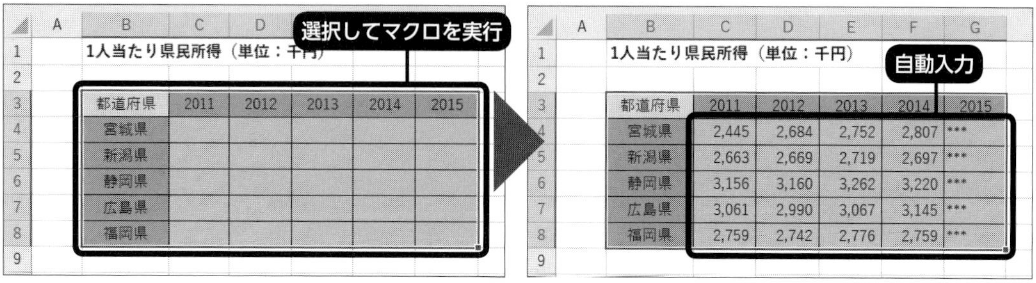

選択してマクロを実行

1人当たり県民所得（単位：千円）

都道府県	2011	2012	2013	2014	2015
宮城県					
新潟県					
静岡県					
広島県					
福岡県					

自動入力

1人当たり県民所得（単位：千円）

都道府県	2011	2012	2013	2014	2015
宮城県	2,445	2,684	2,752	2,807	***
新潟県	2,663	2,669	2,719	2,697	***
静岡県	3,156	3,160	3,262	3,220	***
広島県	3,061	2,990	3,067	3,145	***
福岡県	2,759	2,742	2,776	2,759	***

8 県民所得を数式で自動的に表示する

前項と同じく、やはり都道府県名と年を指定して1人当たりの県民所得を取得する事例ですが、今度は数式で使用できるユーザー定義関数として作成してみましょう。関数にするメリットは、別セルに入力された都道府県名と年を変更すると、自動的にその県民所得の表示も更新される点です。前項と同様の表で、県民所得を表示する各セルにこの関数を入力するような利用法も可能ですが、その1つ1つのセルの数式が計算されるたびにWeb APIにアクセスしてデータを取得することになるため、そのような使い方はお勧めできません。

e-StatのWeb APIからXMLデータを取得するリクエストURLも前回と同じです。このユーザー定義関数のプログラムは、次のようなコードになります。

コード05 指定の件・年の県民所得を表示するユーザー定義関数

```
    Function Get_IncomData(都道府県 As String, 年 As Integer)
1       Dim xDoc As Object
2       Dim aNode As Object
3       Dim tNode As Object
4       Dim aCode As String
5       Const apiUrl As String = "http://api.e-stat.go.jp/rest/" & _
               "2.1/app/getStatsData?cdCat01=C120101&appId=" & _
               "[アプリケーションID]&lang=J&statsDataId=0000010103" & _
               "&metaGetFlg=Y&cntGetFlg=N&sectionHeaderFlg=1"
6       Set xDoc = CreateObject("MSXML2.DOMDocument")
7       xDoc.async = False
8       xDoc.Load apiUrl
9       Set aNode = xDoc.SelectSingleNode("//CLASS_OBJ" & _
               "[@id='area']/CLASS[@name='" & 都道府県 & "']/@code")
10      If aNode Is Nothing Then
11             Get_IncomData = CVErr(xlErrNA)
12      Else
13             aCode = aNode.Text
14             Set tNode = xDoc.SelectSingleNode("//VALUE[@area='" & _
                       aCode & "' and @time='" & 年 & "100000']")
15             If tNode Is Nothing Then
16                     Get_IncomData = CVErr(xlErrNA)
17             Else
18                     Get_IncomData = Val(tNode.Text)
19             End If
20      End If
21      Set aNode = Nothing
22      Set tNode = Nothing
```

コード05 指定の県・年の県民所得を表示するユーザー定義関数（続き）

```
23      Set xDoc = Nothing
    End Function
```

Excelの「マクロ」の実体は標準モジュールに記述したSubプロシージャですが、標準モジュールに記述したFunctionプロシージャは「ユーザー定義関数」として利用できます。Functionプロシージャとは、「Sub」ではなく「Function ○○()」で始まり「End Function」で終わるプロシージャのことです。プログラムの中で、プロシージャ名自体に値を代入することで、その値が関数の戻り値となります。また、引数は「()」の中に指定し、受け取った引数の値はコードの中で使用できます。

このFunctionプロシージャでは、第1引数に都道府県を表す文字列を、第2引数に年を表す数値を指定します。この2つの引数に基づいて、Web APIのリクエストURLから必要なデータを取り出す処理は前項と同じです。該当するデータが見つからなかった場合、「CVErr」関数を使ってエラー値を返すようにしています。ここでは引数に定数「xlErrNA」を指定することで「#N/A」エラーを返していますが、「#VALUE!」エラーを返したいときは「xlErrValue」、「#NUM!」エラーを返したいときは「xlErrNum」という定数を指定すればOKです。

この関数は、Excelの組み込み関数と同様、セルの数式の中で使用できます。たとえば、都道府県名がB4セル、年がC4セルに入力されています。ユーザー定義関数Get_IncomDataの第1引数「都道府県」にこのB4セル、第2引数「年」にC4セルの参照を指定します。B4セルとC4セルの血を変更すると、B7セルに表示される県民所得の数値も自動的に変化します。

図21 指定の県・年の県民所得を関数で表示

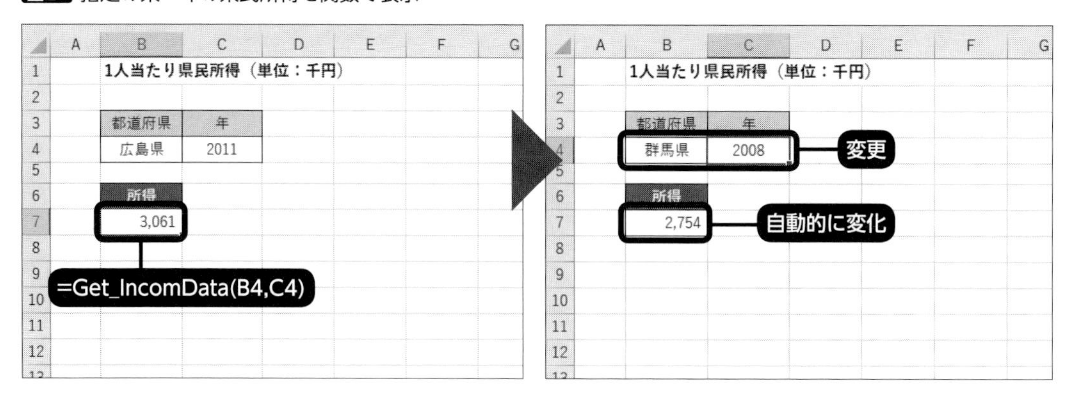

Section
4-02 Yahoo!のサービスの各種データを記録する

ここでは、Yahoo! JAPANで提供されている商品やサービスのランキング、企業の株価の時系列データといった情報を取得し、ワークシートに自動的に記録するプログラムの例を紹介します。具体的には、VBAでInternet Explorerを操作する方法などを利用します。

1 ショッピングのランキングを記録する

Yahoo!ショッピングでは、指定した分類ごとに、商品を売れている順番などで表示することができます。ここでは、Yahoo!ショッピングの「車、バイク、自転車」→「自転車」カテゴリの中の「クロスバイク」のカテゴリから、売れている順に上位5位までの商品情報を、VBAを使用して、テーブルに記録していきます。これまでの推移も確認できるように、最新の情報をテーブルに上書きするのではなく、5商品ずつ下方向に追加していきます。

今回、対象とするのは下記のURLのページです（本書の執筆時点）。実際には、必要に応じてランキングが表示されたWebページをWebブラウザーで開き、そのHTMLソースを表示させて、データを取り込むための要素の構造を確認してください。

URL06 クロスバイクのランキングを表示するページのURL

```
https://shopping.yahoo.co.jp/category/2514/3174/24334/14909/ranking/?sc_i=shp_pc_
ranking-cate_mdSideListCategory_03
```

このページでは、各順位の商品見出しはh4要素のclass属性の「elTitleColor」、価格はspan要素のclass属性の「elPriceBody」、レビューはp要素のclass属性の「elReview」という値をキーとして、それぞれ該当するデータを取り出します。

なお、こうしたショッピングサイトの目的は商品の購入を促すことであり、それ以外の目的での利用は規約に反する可能性があります。この作例でも、最終的に購入するための参考として情報を取得することを目的として、価格を表示し、商品情報やレビューのページをすぐに開けるリンクも設定します。

● 商品情報をテーブルに取り込む

データを取り込むブックでは、ワークシートに新しいテーブルを作成します。テーブル名を「ランク記録」に変更し、次のような列見出しを入力します。

図22 ショッピングのランキング情報を取り込むテーブルを作成

ここでは、ExcelへのデータのSり込みにはInternet Explorerを利用します。実際に取り込みを行うプログラムは、通常のマクロとしても実行できるように、標準モジュールに次のようなSubプロシージャとして記述します。

コード06 指定ページのショッピング情報を取り込むプログラム

```
    Sub ランキング記録()
1       Dim ie As Object
2       Dim gName As Object, gPrc As Object, gRev As Object
3       Dim iNum As Integer, tRng As Range
4       Const rUrl As String = "https://shopping.yahoo.co.jp/category/2514/" & _
            "3174/24334/14909/ranking/?sc_i=shp_pc_ranking-cate_" & _
            "mdSideListCategory_03"
5       Set ie = CreateObject("InternetExplorer.Application")
6       ie.Navigate rUrl
7       Do While ie.Busy Or ie.ReadyState <> 4
8           DoEvents
9       Loop
10      Set gName = ie.Document.getElementsByClassName("elTitleColor")
11      Set gPrc = ie.Document.getElementsByClassName("elPriceBody")
12      Set gRev = ie.Document.getElementsByClassName("elReview")
13      For iNum = 0 To 4
14          With Sheets(1).ListObjects(1)
15                  Set tRng = .ListRows(.ListRows.Count).Range
16                  If tRng(1).Value <> "" Then Set tRng = .ListRows.Add.Range
17          End With
18          tRng(1).Value = Date
19          tRng(2).Value = Time
20          tRng(3).Value = iNum + 1
21          tRng(4).Value = gName(iNum).innerText
22          Sheets(1).Hyperlinks.Add Anchor:=tRng(4), _
```

コード06 指定ページのショッピング情報を取り込むプログラム（続き）

```
                  Address:=gName(iNum).firstElementChild.href
23          tRng(5).Value = gPrc(iNum).innerText
24          tRng(6).Value = Replace(Trim(WorksheetFunction.Clean _
                  (gRev(iNum).innerText)), "件", "")
25          Sheets(1).Hyperlinks.Add Anchor:=tRng(6), _
                  Address:=gRev(iNum).lastElementChild.href
26      Next iNum
27      ie.Quit
28      Set gName = Nothing
29      Set gPrc = Nothing
30      Set gRev = Nothing
31      Set ie = Nothing
    End Sub
```

9行目までは、Internet Explorerで指定したURLを読み込み、そのWebページのHTMLデータから情報を取得し、正常に読み込まれたかどうかをチェックする処理です。

読み込まれたWebページを表すHTMLDocumentオブジェクトのgetElementsByClassNameメソッドで、引数に「elTitleColor」などを指定して、そのclass属性に該当する商品見出しと価格、レビューが含まれる部分を、それぞれオブジェクトとして取得します。

13～26行では、For ～ Nextで変数iNumの値を0から4まで変化させながら、以降の処理を繰り返します。最初のワークシートにあるテーブル（ListObjectオブジェクト）で、最終行のセル範囲を取得して、オブジェクト変数tRngにセットします。その先頭セルが入力済みだった場合、つまりテーブル自体が未入力でない場合は、テーブルに新しい行を追加して、そのセル範囲を表すRangeオブジェクトを変数tRngにセットし直します。そして、その行の1番目のセルにDate関数で今日の日付を、2番目のセルにTime関数で現在の時刻を、3番目のセルに変数iNumの値に1を加えた順位を、それぞれ入力します。

次に、最初にオブジェクトとして取得した商品見出しの部分から文字列を取り出し、4番目のセルに入力します。さらに、そのfirstElementChildプロパティで子要素であるa要素を求め、そのhrefプロパティでURLの文字列を求めます。これを、Hyperlinksプロパティで取得したHyperlinksコレクションのAddメソッドで、同じセルにハイパーリンクとして設定しています。

同様に、価格とレビューについてもそれぞれ文字列を取り出し、同じ行の5番目と6番目のセルに入力します。レビューの件数については、数値以外に改行などの余分な文字も含まれてしまうため、Trim関数やワークシート関数のCLEAN関数なども利用して取り除き、さらに商品見出しと同様にハイパーリンクも設定します。

このマクロ「ランキング記録」を実行すると、「クロスバイク」カテゴリのランキング5位までの商品情報が、次のようにテーブルに取り込まれます。

図23 ショッピングのランキング情報を取得したテーブル

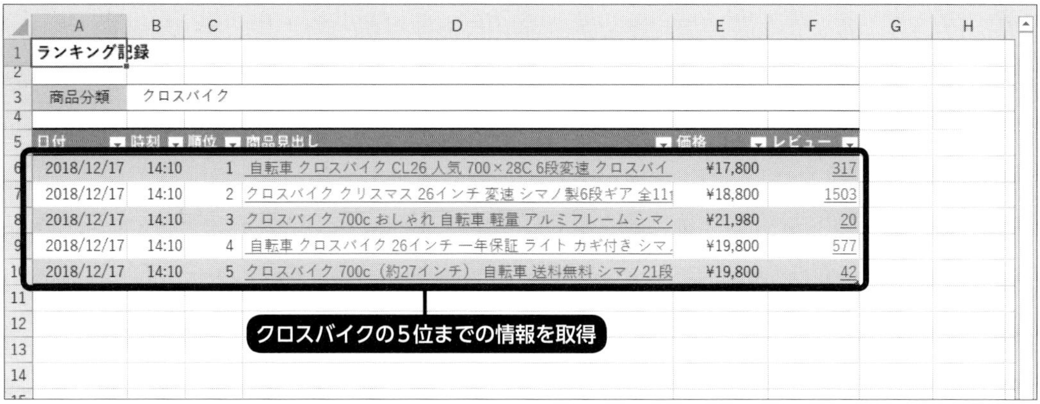

	A	B	C	D	E	F
1	ランキング記録					
2						
3	商品分類	クロスバイク				
4						
5	日付	時刻	順位	商品見出し	価格	レビュー
6	2018/12/17	14:10	1	自転車 クロスバイク CL26 人気 700×28C 6段変速 クロスバイ	¥17,800	317
7	2018/12/17	14:10	2	クロスバイク クリスマス 26インチ 変速 シマノ製6段ギア 全11	¥18,800	1503
8	2018/12/17	14:10	3	クロスバイク 700c おしゃれ 自転車 軽量 アルミフレーム シマ	¥21,980	20
9	2018/12/17	14:10	4	自転車 クロスバイク 26インチ 一年保証 ライト カギ付き シマ	¥19,800	577
10	2018/12/17	14:10	5	クロスバイク 700c（約27インチ） 自転車 送料無料 シマノ21段	¥19,800	42

クロスバイクの5位までの情報を取得

商品見出しにはハイパーリンクが設定されているため、気になる商品があった場合は、そのリンクをクリックすれば、すぐにその商品のページを開き、購入することが可能です。また、レビューの数字にもハイパーリンクが設定されており、その商品のレビューのページを開くことができます。

なお、ここではInternet Explorerを使用しましたが、このページの場合はWebBrowserコントロールを使用しても問題はないようです。ただし、WebBrowserコントロールでは、ページによっては開こうとするとスクリプトのエラーが発生する場合もあります。将来、Webページの仕様変更に伴って、WebBrowserコントロールでは対応しなくなる可能性があるため、Internet Explorerを使用しました（もっとも、その場合はHTMLの構成も変更され、この取り込みプログラム自体が使用できなくなる可能性も高いでしょう。また、Internet Explorer自体、新しい仕様には対応しきれない場合があります）。

● ブックのオープン時に自動的に取り込む

このブックを開いたときに自動的に取り込みを実行したい場合は、このプロジェクトのThisWorkbookモジュールに、次のようなイベントプロシージャを記述すればよいでしょう。

コード07 ブックのオープン時に自動実行するイベントマクロ

```
  Private Sub Workbook_Open()
1     Call ランキング記録
  End Sub
```

これで、以後、このブックを開くたびに自動的に商品情報の取り込みが実行され、テーブルに追加されていきます。

図24 テーブルにランキングを自動で追加

	A	B	C	D	E	F
1	ランキング記録					
2						
3	商品分類	クロスバイク				
4						
5	日付	時刻	順位	商品見出し	価格	レビュー
6	2018/12/17	14:10	1	自転車 クロスバイク CL26 人気 700×28C 6段変速 クロスバイ	¥17,800	317
7	2018/12/17	14:10	2	クロスバイク クリスマス 26インチ 変速 シマノ製6段ギア 全11	¥18,800	1503
8	2018/12/17	14:10	3	クロスバイク … アルミフレーム シマ	¥21,980	20
9	2018/12/17	14:10	4	自転車 クロ… ライト カギ付き シマ	¥19,800	577
10	2018/12/17	14:10	5	クロスバイク 700c（約27インチ） 自転車 送料無料 シマノ21段	¥19,800	42
11	2018/12/23	15:04	1	自転車 クロスバイク CL26 人気 700×28C 6段変速 クロスバイ	¥17,800	321
12	2018/12/23	15:04	2	クロスバイク 700c 自転車 シマノ21段変速ギア LEDライト ワイ	¥17,800	11
13	2018/12/23	15:04	3	【ANIMATOアニマート】 クロスバイク VIENTO(ヴィエント)	¥21,800	99
14	2018/12/23	15:04	4	クロスバイク クリスマスプレゼント 1000円クーポン 26インチ	¥18,800	1506
15	2018/12/23	15:04	5	クロスバイク カゴ付き 自転車 26インチ カギ ライト 泥除け付	¥15,980	2

追加取得された情報

ちなみに、この表では1位から5位までが記録されるため、各回の順位の推移がわかりにくいかもしれません。たとえば1位と2位の商品だけを表示したい場合は、「順位」の列見出しのセルで「▼」をクリックし、「1」と「2」にチェックを付けて「OK」をクリックすると、各回の1・2位の商品の情報だけが表示されます。

図25 順位の表示を絞り込む

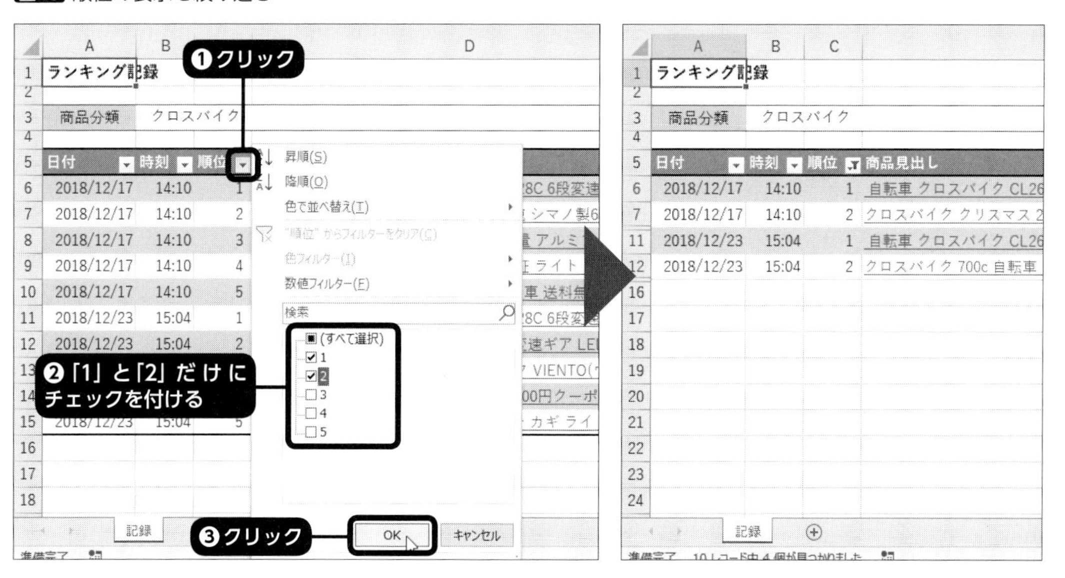

2 食べログのランキングを記録する

「食べログ」では、さまざまなジャンルの飲食店について、ユーザーの評価に基づくランキングを表示しています。ここでは、地域を「東京」の「池袋～高田馬場・早稲田」、ジャンルを「洋食」として表示したランキングから、1～5位の各店舗の情報をテーブルに取り込んでみましょう。

「ショッピング」と同様に、VBAでInternet Explorerを操作し、HTMLから順位ごとに店名や評価などの情報を取り出します。まず、対象のページのHTMLソースを確認してください。ここでは、各順位の店名はa要素のclass属性の「list-rst__rst-name-target」、評価はspanタグのclass属性の「list-rst__rating-val」、レビュー件数はa要素のclass属性の「list-rst__rvw-count-target」という値をキーとして、それぞれ該当するデータを取り出します。

● 飲食店ランキングをテーブルに取り込む

データを取り込むブックでは、ワークシートに新しいテーブルを作成し、「飲食店記録」というテーブル名を付けます。このテーブルに、次のような列見出しを入力します。

図26 食べログのランキング情報を取り込むテーブルを作成

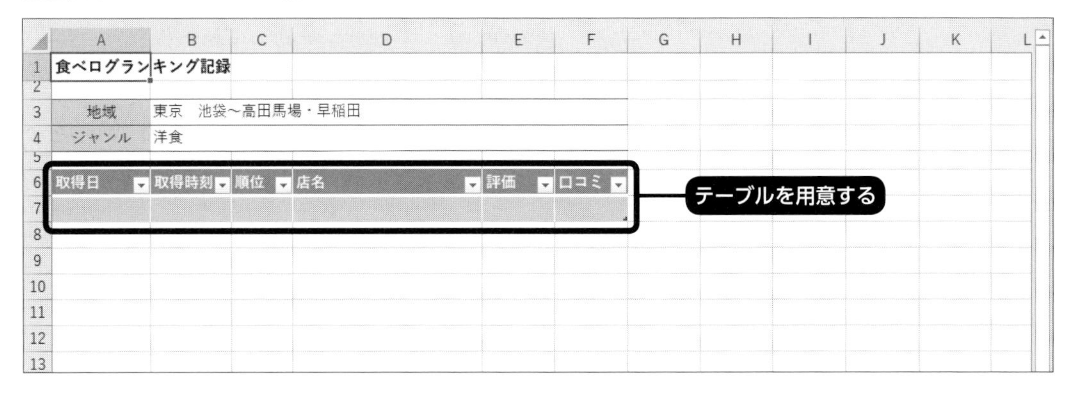

取り込むプログラムの処理手順は「商品ランキング取得」と同様です。ただし、「商品ランキング取得」ではInternet Explorerの代わりにWebBrowserコントロールを使用しても問題ありませんでしたが、このWebページの場合はスクリプトのエラーが発生してしまいます。そのため、今回もInternet Explorerを利用して取り込むことにします。

実際に取り込みを行うプログラムは、やはり通常のマクロとしても実行できるように、標準モジュールに次のようなSubプロシージャとして記述します。

コード08 指定ページの食べログ情報を取り込むプログラム

```
    Sub 食べログ取得()
1       Dim ie As Object, tItems As Object
2       Dim tRates As Object, tRevs As Object
3       Dim tRng As Range, iNum As Integer
4       Const rUrl As String = "https://tabelog.com/tokyo/A1305/rstLst" & _
                "/yoshoku/?SrtT=rt&Srt=D&sort_mode=1"
5       Set ie = CreateObject("InternetExplorer.Application")
6       ie.Navigate rUrl
7       Do While ie.Busy Or ie.ReadyState <> 4
8               DoEvents
9       Loop
10      Set tItems = ie.Document.getElementsByClassName("list-rst__rst-name-target")
11      Set tRates = ie.Document.getElementsByClassName("list-rst__rating-val")
12      Set tRevs = ie.Document.getElementsByClassName("list-rst__rvw-count-target")
13      For iNum = 0 To 4
14              With Sheets(1).ListObjects(1)
15                      Set tRng = .ListRows(.ListRows.Count).Range
16                      If tRng(1).Value <> "" Then Set tRng = .ListRows.Add.Range
17              End With
18              tRng(1).Value = Date
19              tRng(2).Value = Time
20              tRng(3).Value = iNum + 1
21              tRng(4).Value = tItems(iNum).innerText
22              Sheets(1).Hyperlinks.Add Anchor:=tRng(4), Address:=tItems(iNum).href
23              tRng(5).Value = tRates(iNum).innerText
24              tRng(6).Value = Replace(tRevs(iNum).innerText, "件", "")
25              Sheets(1).Hyperlinks.Add Anchor:=tRng(6), Address:=tRevs(iNum).href
26      Next iNum
27      ie.Quit
28      Set ie = Nothing
29      Set tItems = Nothing
30      Set tRates = Nothing
31      Set tRevs = Nothing
    End Sub
```

Internet Explorerで指定したURLを読み込み、そのWebページのHTMLデータから情報を取得します。ここでは店名、評価、レビュー件数のそれぞれについて、class属性を利用したgetElementsByClassNameメソッドを使って特定し、取り込んだ情報をテーブルに追加していくとともに、やはりa要素のhref属性を調べて、各セルにハイパーリンクを設定しています。

このマクロ「食べログ取得」を実行すると、「池袋～高田馬場・早稲田」地区の洋食のランキング5位までの店舗情報が、次のようにテーブルに取り込まれます。

図27 食べログのランキング情報を取得したテーブル

	A	B	C	D	E	F
1	食べログランキング記録					
2						
3	地域	東京　池袋～高田馬場・早稲田				
4	ジャンル	洋食				
5						
6	取得日	取得時刻	順位	店名	評価	口コミ
7	2018/7/10	12:47	1	ウチョウテン	3.59	356
8	2018/7/10	12:47	2	旬香亭	3.59	54
9	2018/7/10	12:47	3	ブリボン	3.59	30
10	2018/7/10	12:47	4	キッチンABC 池袋東口店	3.58	308
11	2018/7/10	12:47	5	キッチン チェック	3.58	305
12						
13						

食べログの5位までの情報を取得

詳しく見たい店舗があった場合は、その店名のリンクをクリックして、その店の詳細ページをWebブラウザーで開くことができます。

やはり、このブックを開いたときに自動的に取り込みを実行したい場合は、このプロジェクトのThisWorkbookモジュールに、次のようなイベントプロシージャを記述します。

コード09 ブックのオープン時に自動実行するイベントマクロ

```
  Private Sub Workbook_Open()
1     Call 食べログ取得
  End Sub
```

図28 テーブルにランキングを自動で追加

	A	B	C	D	E	F
1	食べログランキング記録					
2						
3	地域	東京　池袋～高田馬場・早稲田				
4	ジャンル	洋食				
5						
6	取得日	取得時刻	順位	店名	評価	口コミ
7	2018/7/10	12:47	1	ウチョウテン	3.59	356
8	2018/7/10	12:47	2	旬香亭	3.59	54
9	2018/7/10	12:47	3	ブリボン	3.59	30
10	2018/7/10	12:47	4	キッチンABC 池袋東口店	3.58	308
11	2018/7/10	12:47	5	キッチン チェック	3.58	305
12	2018/12/24	8:44	1	ブリボン	3.61	42
13	2018/12/24	8:44	2	旬香亭	3.6	65
14	2018/12/24	8:44	3	ウチョウテン	3.59	384
15	2018/12/24	8:44	4	キッチン チェック	3.58	343
16	2018/12/24	8:44	5	キッチンABC 池袋東口店	3.58	334
17						
18						

3 企業の株価情報を取り込む

Yahoo!ファイナンスでは、為替や投資信託などさまざまな情報が提供されていますが、「株式」のページからは、指定した企業の株価の詳細情報やチャートなどに加えて、株価の時系列の推移を表形式で確認することができます。最新のデータだけではなく、開始日と終了日を指定してその範囲の時系列データを表示したり、デイリー以外に週間や月間の表示に切り替えたりすることも可能です。こうしたデータは、Webページ中ではいずれもtable要素として作成されているため、ExcelのWebクエリで取り込むことができます。

とはいえ、現在表示されている表のデータを単純に取り込むだけなら、わざわざWebクエリを設定する必要は、あまりありません。目的のページのURLを調べるために、一度はそのページを開くので、そのとき、表をコピーしてExcelのワークシートに貼り付ければいいだけです。

ただし、時系列データの開始日と終了日を指定した場合も、1ページの表に表示できるのは20行分だけです。指定した範囲の日数がそれを超える場合は、複数のページを切り替えて表示する形式になります。この各ページを切り替えて、該当するデータをすべてコピーするのは、やはり結構手間がかかるでしょう。

そこで、VBAを使って、複数のページに渡る時系列のデータをすべて1つのテーブルに、自動的に取り込むプログラムを作成してみましょう。開始日と終了日を指定した場合の時系列データのページのURLの規則性を読み取り、Webクエリの対象のURLを切り替えながら、その各ページの表のデータを取り込み、すべてのページの表データを、別のテーブルにまとめて記録していきます。

● URLの構成を調べる

Yahoo! JAPANのトップページで、まず「ファイナンス」をクリックして「Yahoo!ファイナンス」のページを開きます。さらに、「株式」のページを開き、「株価検索」などから任意の企業(ここでは東日本旅客鉄道株式会社)のページを表示します。さらにその「時系列」のページを開きます。株価の時系列の表が表示されたら、その下部の日付設定欄で期間を「2018年10月1日」から「2018年11月30日」までに変更します。この状態で、アドレスバーのURLを確認すると、次のようなURLが表示されているはずです。

URL07 東日本旅客鉄道株式会社の株価の時系列ページのURL

```
https://info.finance.yahoo.co.jp/history/?code=9020.T&sy=2018&sm=10&sd=1&ey=2018&em=
11&ed=30&tm=d
```

このURLを見てみると、まず「code」というパラメータで、企業の証券コード(銘柄コード)が指定されています。次に、「sy」が開始年、「sm」が開始月、「sd」が開始日、「ey」が終了年、「em」が終了月、「ed」が終了日を表していることも推測できます。また、「tm」の「d」は「デイリー」を表しており、このパラメータが「週間」では「w」に、「月間」では「m」に変わります。

ただし、この状態ですべての日のデータが表示されているわけではなく、指定した範囲の株価の推移は、全部で3ページに分けて表示されます。画面下部の「2」の番号をクリックして、2ページ目を表示させてみると、URLが次のように変化します。

URL08 東日本旅客鉄道株式会社の株価の時系列ページ（2ページ目）のURL

```
https://info.finance.yahoo.co.jp/history/?code=9020.T&sy=2018&sm=10&sd=1&ey=2018&em=
11&ed=30&tm=d&p=2
```

最初のページとは、末尾の部分だけが変わっています。最初のページのURLでは最後は「tm=d」で終わっていますが、2ページ目では「p=2」が追加され、「p」というパラメータにページ番号を表す数値が指定されていることがわかります。

Webクエリでは、この3ページ分のデータをまとめて取り込むことはできません。そこで、このサンプルのVBAのプログラムでは、最初のページのURLを指定して表のデータを取り込んだら、そのデータを記録用の別テーブルにコピーします。次に、Webクエリの設定の中のURLを変更し、クエリを更新して2ページ目の表のデータを取り込み直します。そして、記録用テーブルの最終行の後に、そのデータを追加します。この操作を全ページについて繰り返すわけです。

さらに、株価を調べる企業の証券コードや、時系列の開始日と終了日の指定も、固定するのではなく、それぞれセルに入力した値をVBAで参照するようにします。このようにすることで、特定の企業だけでなく、必要に応じてさまざまな企業に切り替えて、指定した期間の株価データを、簡単に取り込むことができるようになります。

● 株価情報を取り込むワークシートを準備する

ここでは、実際にデータを取り込むワークシートとは別のシートに、取り込む内容を指定するための表を、あらかじめ次のように作成しておきます。設定値を入力する各セルには、VBAのプログラムで参照しやすいように、それぞれ「名前」を付けます。セルに名前を付けるには、対象のセル（範囲）を選択し、数式バーの左側にある「名前ボックス」をクリックして、付けたい名前を入力し、[Enter] キーを押すのが簡単な方法です。

図29 取り込む株価の条件の設定欄を作成

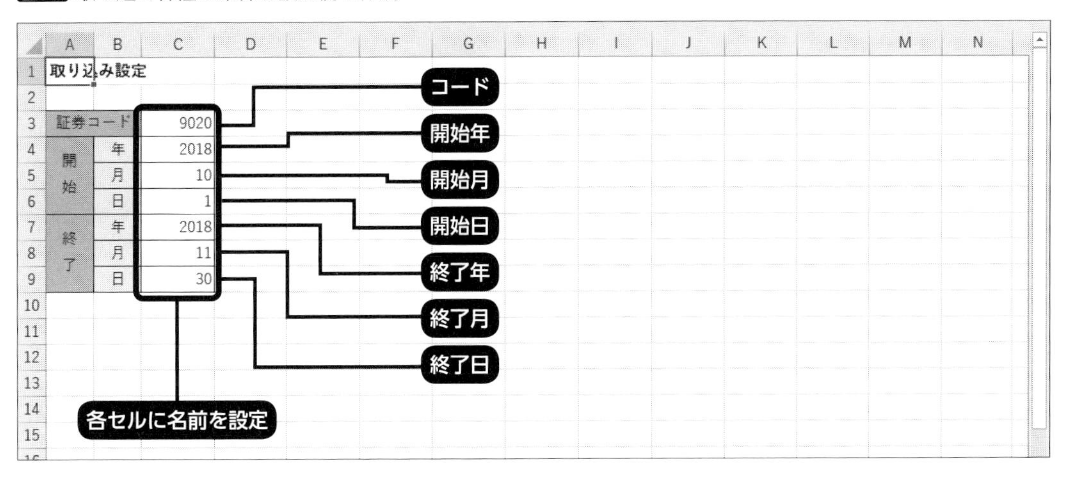

ただし、このように株価を調べる企業や期間を指定できるようにすると、その企業名や、表のデータを取得するページ数は状況によって変わるため、事前にはわかりません。また、これらの情報は、Webクエリで取得できる表のデータには含まれていません。

そこで、やはりVBAでInternet Explorerを使用し、HTMLDocumentオブジェクトからこれらの情報を取得するようにします。WebBrowserコントロールはスクリプトのエラーが発生してしまうので、この作例では使用しません。

また、Webクエリについては、VBAでそのつど新規作成するのではなく、作成済みのクエリの設定を変更する処理にします。そのため、あらかじめ適当な企業の株価の時系列の情報を取り込むWebクエリを作成しておきます。作成されたテーブルは、「株価クエリ」というテーブル名に変更しておきます。

図30 株価を取り込むWebクエリを作成

テーブル名を設定

日付	始値	高値	安値	終値	出来高	調整後終値*
2018/12/21	9675	9698	9439	9480	2653400	9480
2018/12/20	9836	10000	9601	9622	1339200	9622
2018/12/19	10100	10145	9931	9958	1248100	9958
2018/12/18	10185	10210	10060	10095	1025900	10095
2018/12/17	10150	10225	10110	10220	743000	10220

さらに、Webクエリで取り込んだ株価の時系列データをコピーして記録するためのテーブルを、あらかじめ用意しておきます。こちらのテーブル名は「株価記録」に変更しておきます。また、テーブルの右上のK1セルに該当する企業名を表示するため、「企業名」という名前を付けておきます。

図31 株価データの記録用テーブルを作成

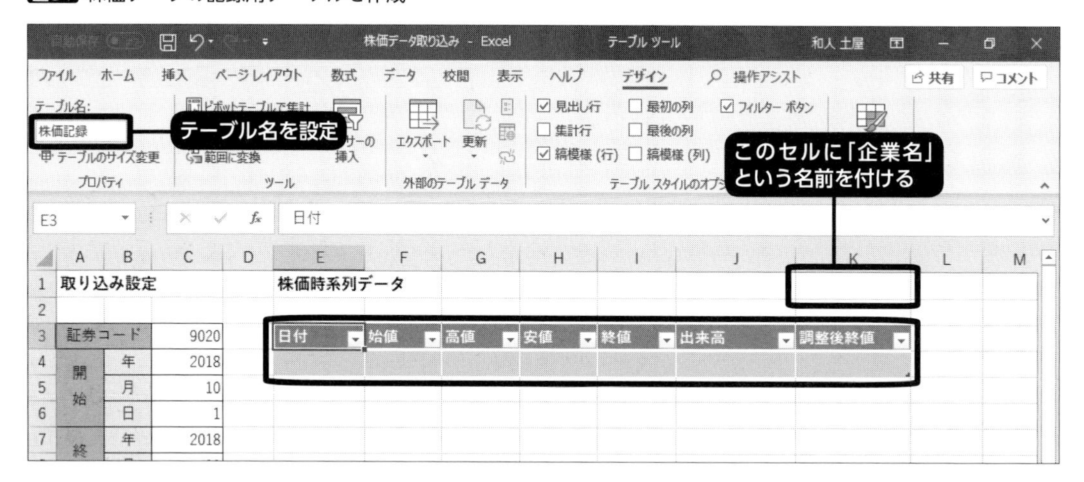

● 記録用テーブルを初期化する

実際にWebクエリを操作して株価の情報を取り込むマクロを作成する前に、設定を変更して株価情報を取り込み直すときのために、「株価記録」テーブルの内容を初期化するマクロ「ClearImportTable」を作成しておきましょう。

このマクロでは、まず現在の「株価記録」テーブルの内容をすべてクリアし、データ行が1行だけという状態に戻します。このプログラムは標準モジュールに記述します。

コード09 株価記録用テーブルをクリアするプログラム

```
  Sub 株価テーブル初期化()
1     With Range("株価記録")
2             .ClearContents
3             If .Rows.Count > 1 Then .Resize(RowSize:=.Rows.Count - 1).Delete _
                    Shift:=xlShiftUp
4     End With
5     Range("企業名").ClearContents
6     Range("企業名").Hyperlinks.Delete
  End Sub
```

「株価記録」テーブルのデータ範囲を対象に、まずClearContentsメソッドでデータを消去します。さらに、データ範囲が1行よりも多かった場合は、1行だけ残して削除します。

次に、「企業名」と名前を付けたセル(K1セル)のデータを消去し、ハイパーリンクの設定を解除します。

● Webクエリを変更して複数ページの表を取り込む

次のコードは、Webクエリを利用して、複数のWebページから表のデータを取り込むプログラムです。このプログラムも標準モジュールに入力します。

コード10 Webクエリを操作して複数の表のデータを取り込むプログラム

```
     Sub 株価推移取得()
1        Dim url As String, fmla1 As String, fmla2 As String
2        Dim ie As Object, tPoint As Object, cPoint As Object
3        Dim cnt As String, maxNum As Integer, num As Integer
4        If Range("企業名").Value <> "" Then Call 株価テーブル初期化
5        url = "https://info.finance.yahoo.co.jp/history/?code=" & _
                 Range("コード").Value & ".T&sy=" & Range("開始年").Value & _
                 "&sm=" & Range("開始月").Value & "&sd=" & Range("開始日").Value & _
                 "&ey=" & Range("終了年").Value & "&em=" & Range("終了月").Value & _
                 "&ed=" & Range("終了日").Value & "&tm=d"
6        Set ie = CreateObject("InternetExplorer.Application")
7        ie.Navigate url
8        Do While ie.Busy Or ie.ReadyState <> 4
9            DoEvents
10       Loop
11       Set tPoint = ie.Document.getElementsByTagName("h1")
12       Range("企業名").Value = tPoint(0).innerText
13       Sheets(2).Hyperlinks.Add Anchor:=Range("企業名"), Address:=url
14       Set cPoint = ie.Document.getElementsByClassName("stocksHistoryPageing")
15       cnt = cPoint(0).innerText
16       maxNum = WorksheetFunction.RoundUp(Replace(Mid(cnt, InStr(cnt, "/") _
                 + 1), "件中", "") / 20, 0)
17       ie.Quit
18       Set ie = Nothing
19       fmla1 = "let" & Chr(13) & "" & Chr(10) & _
                 "        ソース = Web.Page(Web.Contents(" & Chr(34)
20       fmla2 = Chr(34) & "))," & Chr(13) & "" & Chr(10) & _
                 "    Data0 = ソース{0}[Data]," & Chr(13) & "" & Chr(10) & _
                 "    変更された型 = Table.TransformColumnTypes(Data0," & _
                 " {{""日付"", type date}, {""始値"", type number}, " & _
                 "{""高値"", type number}, {""安値"", type number}, " & _
                 "{""終値"", type number}, {""出来高"", type number}," & _
```

コード10 Webクエリを操作して複数の表のデータを取り込むプログラム（続き）

```
            " {"" 調整後終値 *"", type number}})" & Chr(13) & "" & Chr(10) & _
            "in" & Chr(13) & "" & Chr(10) & "  変更された型"
21      ActiveWorkbook.Queries(1).Formula = fmla1 & url & "=" & fmla2
22      Sheets(1).ListObjects(1).QueryTable.Refresh BackgroundQuery:=False
23      Range("株価記録").Resize(RowSize:=Range("株価クエリ").Rows.Count). _
            Value = Range("株価クエリ").Value
24      For num = 2 To maxNum
25          ActiveWorkbook.Queries(1).Formula = fmla1 & url & "&p=" & num & fmla2
26          Sheets(1).ListObjects(1).QueryTable.Refresh BackgroundQuery:=False
27          Sheets(2).ListObjects(1).ListRows.Add.Range.Resize(RowSize:=Range _
                ("株価クエリ").Rows.Count).Value = Range("株価クエリ").Value
28      Next num
    End Sub
```

このプログラムでは、4行目でまず「株価記録」テーブルにすでにデータが記録されている状態かどうかを、「企業名」と名前を付けたセル（K3セル）のデータの有無で判断します。このセルにデータが入力されている場合は、マクロ「株価テーブル初期化」を実行して記録用テーブルをクリアします。

5行目の定数urlの宣言では、Yahoo!ファイナンスの基本的なURLと、各設定セルに入力した証券コード、および開始年月日と終了年月日の数値を組み合わせて、指定した企業の時系列のページを開くためのURLを作成しています。

6～10行で、Internet ExplorerでこのURLにアクセスします。取得したページ内容を表すオブジェクトから、11行～12行でそのページのh1要素の内容である企業名の情報を取り出し、「企業名」と名前を付けたセルに入力します。さらに13行目で、このセルに、アクセスしたURLへのハイパーリンクを設定します。

続けて14～16行で、指定した期間に含まれる件数の情報を「stocksHistoryPageing」というclass属性から取得し、その数値を20で割って余りを切り上げることで、表示されるページ数を算出します。この値は変数maxNumに収めます。Internet Explorerが必要な作業はこれだけなので、終了します。

次に、Webクエリの取り込み内容を設定する「式」を準備します。変える必要があるのはURLの部分だけなので、URLの前と後の文字列を、19～20行でそれぞれfmla1、fmla2という変数に収めておきます。この「式」については、事前にPower Queryエディターで「詳細エディター」を開き、内容を確認したうえで、このコードに反映させています。

21行目で、時系列の最初のページを表示するURLを使った式をこのブック中のWebクエリに設定します。そして、22行目でクエリを更新します。23行目では、取り込まれた表（「株価クエリ」という名前のテーブル）のデータを、「株価記録」という名前のテーブルに、そのまま入力します。

株価の時系列の表の2ページ目以降は、24～28行の繰り返し処理の中で取り込みます。「For ～

Next」では、ページ番号の「2」から、先に求めたページ数の番号まで、25～27行の処理を繰り返します。今度は末尾が「p=2」などとなるようなURLで式を設定し、Webクエリを更新します。「株価記録」テーブルの末尾に行を追加し、「株価クエリ」テーブルに取り込んだデータをそのまま「株価記録」テーブルの末尾に追加します。

実際に、このマクロの実行結果を確認してみましょう。証券コードや期間を次のように設定し、作成したマクロ「株価推移取得」を実行します。

図32 株価を取り込むWebクエリを作成

	A	B	C	D	E	F	G	H	I	J	K
1	取り込み設定				株価時系列データ						東日本旅客鉄道(株)
2											
3	証券コード		9020		日付	始値	高値	安値	終値	出来高	調整後終値
4	開始	年	2018		2018/11/30	10180	10340	10175	10320	1218700	10320
5		月	10		2018/11/29	10305	10305	10190	10190	649900	10190
6		日	1		2018/11/28	10295	10305	10165	10225	732700	10225
7	終了	年	2018		2018/11/27	10370	10410	10325	10360	591900	10360
8		月	11		2018/11/26	10350	10365	10250	10320	592200	10320
9		日	30		2018/11/22	10215	10315	10145	10310	558700	10310
10					2018/11/21	10215	10250	10125	10155	726100	10155
11					2018/11/20	10120	10345	10110	10340	548600	10340
12					2018/11/19	10200	[illegible]	10090	10235	568400	10235
43					[illegible]	10370	[illegible]	[illegible]	10200	[illegible]	10200
44					2018/10/3	10370	10435	10275	10275	727100	10275
45					2018/10/2	10365	10445	10345	10420	764300	10420
46					2018/10/1	10490	10500	10315	10335	822000	10335
47											

「東日本旅客鉄道株式会社」の10月1日から11月30日までの株価の推移が「株価記録」テーブルに取り込まれます。対象の企業の時系列のページを確認したくなった場合は、このテーブルの右上の企業名のリンクをクリックすると、Webブラウザーで表示されます。

また、別の企業について、別の期間を指定して株価データを取得したくなったら、C3:C9のセル範囲を変更し、改めてこのマクロ「株価推移取得」を実行すればOKです。

Section
4-03 ウィキペディアから情報を取り出す

ここでは、ウィキペディアから各種の情報をExcelに取り込んでみましょう。具体的には、Webクエリと VBA を使用して、指定したドラマの情報を該当する記事ページから取得する方法と、Web API を利用して、特定のキーワードを含む記事の一覧をワークシートに作成する方法を紹介します。

1 記事ページからドラマの情報を取り出す

ウィキペディアのURLの表示ルールはごくシンプルです。

URL09 ウィキペディアの特定の項目のURL

```
https://ja.wikipedia.org/wiki/[項目名]
```

[項目名]の部分は、通常、URLエンコードした形で表示されますが、日本語の項目名は、そのまま日本語で指定しても、ほぼ問題なく該当するページが表示されます。

ウィキペディアのテレビドラマの項目には、その番組情報を簡潔にまとめた表の部分があります。今回は、この表からWebクエリを介して、ドラマの情報を取り込んでみましょう。この部分は、tableタグで定義された表ですが、そのclass属性は「infobox」になっています。

図33 ウィキペディアのドラマのページ

ドラマ情報取得用のテーブルを作成し、「ドラマデータ」というテーブル名を設定します。このテーブルは4列にして、左から「タイトル」「放送期間」「放送時間」「主な出演者」という列見出しを付けます。その左端の「タイトル」列に、あらかじめ情報を取得したいテレビドラマ名を入力しておきます。

図34 ドラマデータ取得用のテーブルを作成

ただし、情報の取得先はウィキペディアで、そのドラマ名の文字列だけをキーとして検索するため、指定する文字列にはやや制約もあります。たとえば、「カルテット」や「平清盛」のように、一般的な単語や固有名詞がタイトルになっているドラマの場合、そのドラマではなく、それらの用語そのものについての解説ページが検索されます。また、小説や漫画が原作でタイトルも同じドラマの場合、そのドラマ名で検索しても、通常、ドラマよりも原作の情報が先に表示されてしまいます。さらに、同じタイトルのドラマが複数存在していた場合にも、目的のドラマの解説ページを正確に開けるとは限りません。そのため、ここで紹介するブックでは、基本的に、確実に1つのドラマに特定できるタイトルだけを対象とすることをお勧めします。

なお、このような情報について、ウィキペディアでは曖昧さ回避のため、項目名の後に「(2017年のテレビドラマ)」といった補足情報を付けて区別しています。この補足情報があらかじめわかっている場合は、そこまで含めて入力すれば、より確実に目的のドラマの情報を取得することができます。

このブックでは、あらかじめウィキペディアで任意のドラマを解説しているページの、「infobox」テーブルを対象としたWebクエリ(データの取得と変換)を設定しておきます。作成されたテーブルに自動的に設定される「Table_0」のようなテーブル名は、ここでは「番組情報」に変更しておきましょう。

図35 ドラマデータ取得用のテーブルを作成

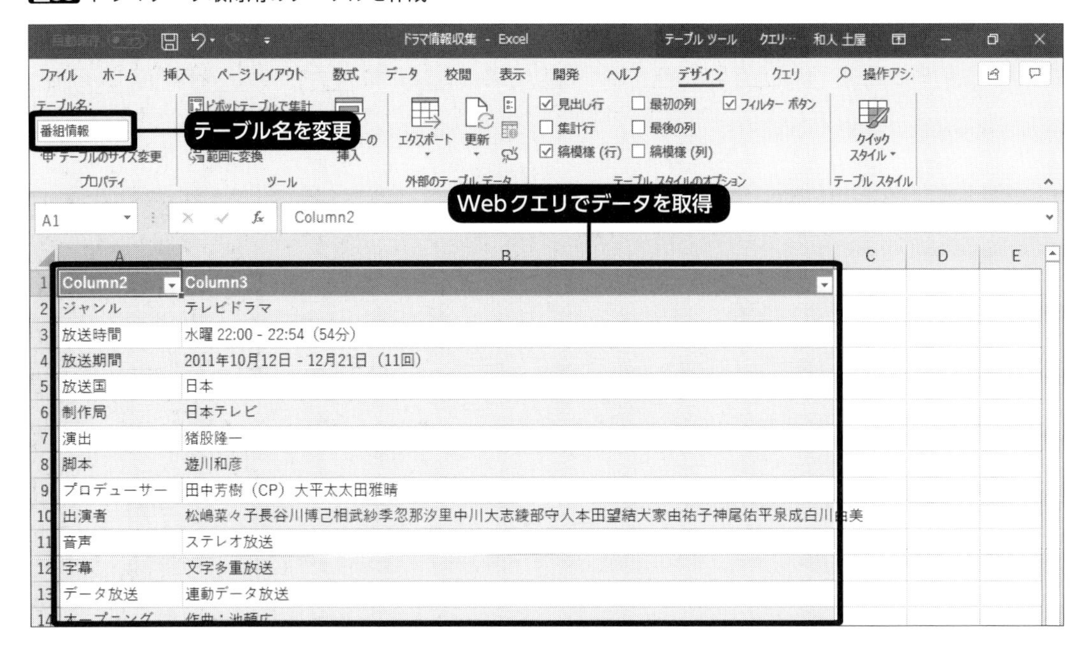

● ドラマ情報を取り出すプログラムを記述する

このプログラムは自動実行しないので、標準モジュールにSubプロシージャとして記述します。

コード11 ウィキペディアからドラマ情報を取得するプログラム

```
   Sub ドラマデータ取得()
1      Dim ie As Object, tTag As Object
2      Dim url2 As String
3      Dim fmla As String, urlLen As Integer
4      Dim tRow As Range, cAry As Variant
5      Const url1 As String = "https://ja.wikipedia.org/wiki/"
6      Set ie = CreateObject("InternetExplorer.Application")
7      For Each tRow In Range("ドラマデータ").Rows
8              url2 = WorksheetFunction.EncodeURL(tRow.Cells(1).Value)
9              ie.Navigate url1 & url2
10             Do While ie.Busy Or ie.ReadyState <> 4
11                     DoEvents
12             Loop
13             Set tTag = ie.Document.getElementsByClassName("infobox")
```

コード11 ウィキペディアからドラマ情報を取得するプログラム（続き）

```
14          If Not tTag Is Nothing Then
15              fmla = ActiveWorkbook.Queries(1).Formula
16              urlLen = InStr(fmla, ")),")
17              fmla = WorksheetFunction.Replace(fmla, 68, _
                    urlLen - 69, url2)
18              ActiveWorkbook.Queries(1).Formula = fmla
19              Sheets(1).ListObjects(1).QueryTable.Refresh _
                    BackgroundQuery:=False
20              If Not Range("番組情報").Columns(1).Find("放送期間") _
                    Is Nothing Then tRow.Cells(2).Value = _
                    WorksheetFunction.VLookup("放送期間", _
                    Range("番組情報"), 2, False)
21              If Not Range("番組情報").Columns(1).Find("放送時間") _
                    Is Nothing Then tRow.Cells(3).Value = _
                    WorksheetFunction.VLookup("放送時間", _
                    Range("番組情報"), 2, False)
22              If Not Range("番組情報").Columns(1).Find("出演者") _
                    Is Nothing Then
23                  cAry = Split(WorksheetFunction.VLookup("出演者", _
                        Range("番組情報"), 2, False), vbCrLf)
24                  If UBound(cAry) > 0 Then
25                      tRow.Cells(4).Value = cAry(0) & "、" & cAry(1)
26                  Else
27                      tRow.Cells(4).Value = cAry(0)
28                  End If
29              End If
30              Set tTag = Nothing
31          End If
32      Next tRow
33      ie.Quit
34      Set ie = Nothing
    End Sub
```

このプログラムの7～32行の間の処理は、「ドラマデータ」テーブルの各行について、For Each ～ Nextによる繰り返し処理を実行するものです。項目名は一応URLエンコードするため、8行目でワークシート関数のENCODEURL関数を利用して変換しています。データの取り込み自体はWebクエリを使用して実行しますが、指定したタイトルが、ウィキペディア内にドラマの項目として存在し、class属性が「infobox」であるtable要素を持っているかどうかは、やはりInternet Explorerを利用して調べます。逆にいうと、このプログラムでのInternet Explorerの用途はそれだけです。

9～12行の処理で指定したページを開き、13行目でそのページの「infobox」というクラス属性をオブジェクトとして取得します。14～31行の処理は、該当する要素が存在していた場合のみ実行します。

まず、15行目で、現在のWebクエリの「式」を変数fmlaに代入します。これはPower Queryエディターの「詳細エディター」で確認できる式です。

図36 ウィキペディアへのWebクエリの式

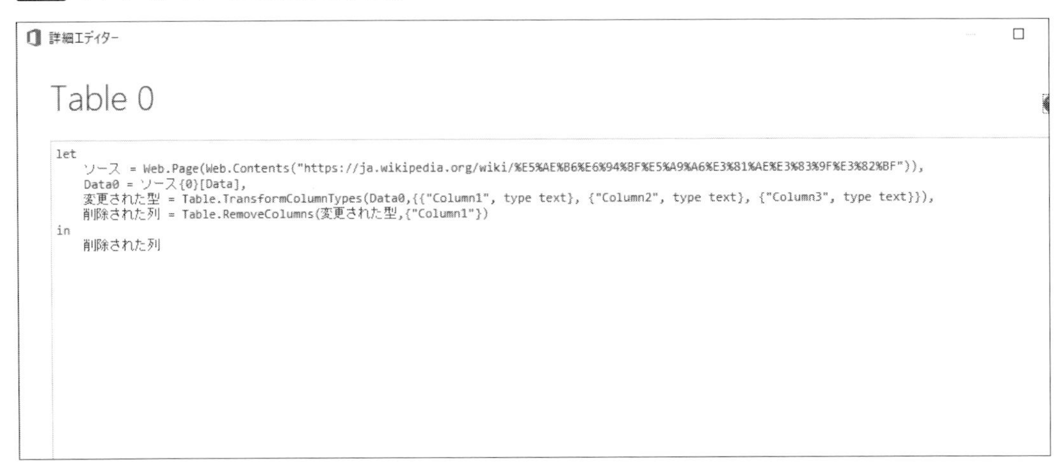

16行目で、この式の「))」の部分までの文字数を変数urlLenに代入します。これは、つまり項目名の文字列まで含めたURLの末尾までの長さです。17行目では、この項目名の前から項目名の末尾までの文字列を、ワークシート関数のREPLACE関数を使って、変数url2に収めた新しいドラマ名の文字列に置き換えます。

18行目で、変更した変数fmlaの文字列を、改めてこのWebクエリの「式」に設定し、19行目でクエリを更新します。

そして、20行目で取り込んだ表データの1列目に「放送期間」の文字列があるかどうかを確認し、存在する場合は、そのデータを、ワークシート関数のVLOOKUP関数を利用して、「ドラマデータ」テーブルの2列目のセルに取り込みます。21行目では、同様に「放送時間」のデータを「ドラマデータ」テーブルの3列目のセルに取り込みます。

「出演者」に関しては、複数の出演者のデータが改行で区切られて収められているので、その各データを一度配列cAryに取り出します。そして、その要素数が2つ以上だったら、最初の2人分のデータだけを「、」で区切って取り込み、1つだけだったらそのまま取り込みます。

以上の処理を、各行について繰り返すわけです。

このマクロ「ドラマデータ取得」を実行し、その結果を確認してください。

図37 ウィキペディアからドラマデータを取得

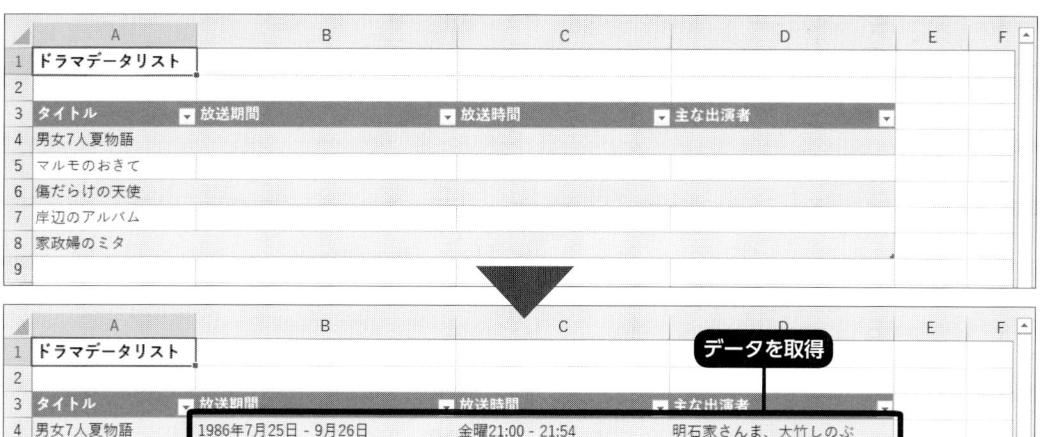

	A	B	C	D	E	F
1	ドラマデータリスト					
2						
3	タイトル	放送期間	放送時間	主な出演者		
4	男女7人夏物語					
5	マルモのおきて					
6	傷だらけの天使					
7	岸辺のアルバム					
8	家政婦のミタ					
9						

	A	B	C	D	E	F
1	ドラマデータリスト					
2						
3	タイトル	放送期間	放送時間	主な出演者		
4	男女7人夏物語	1986年7月25日 - 9月26日	金曜21:00 - 21:54	明石家さんま、大竹しのぶ		
5	マルモのおきて	2011年4月24日 - 7月3日	日曜 21:00 - 21:54	阿部サダヲ、芦田愛菜		
6	傷だらけの天使	1974年10月5日 - 1975年3月29日	土曜 22:00 - 22:55	萩原健一、水谷豊		
7	岸辺のアルバム	1977年6月24日 - 1977年9月30日	金曜22:00 - 22:54	八千草薫、中田喜子		
8	家政婦のミタ	2011年10月12日 - 12月21日	水曜 22:00 - 22:54	松嶋菜々子、長谷川博己		
9						

COLUMN

Excelからウィキペディアに簡単アクセス

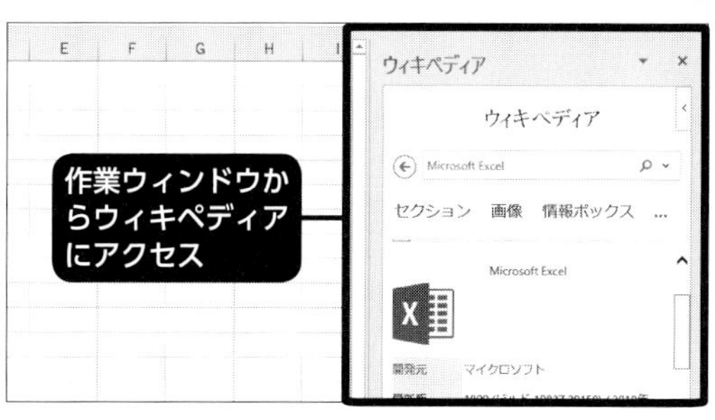

Excelからウィキペディアに簡単にアクセスするためのアドインも利用可能です。「挿入」タブの「アドイン」グループの「アドインを入手」をクリックし、「Officeアドイン」ダイアログボックスを表示します。ここで、キーワードで検索するなどして、「ウィキペディア」のアドインを選択し、「追加」をクリックします。

画面の右側に「ウィキペディア」作業ウィンドウが表示されるので、キーワードで調べたい項目を検索します。表示される情報を選択すると、「+」(挿入)のボタンが表示されるので、クリックしてアクティブセルに挿入することができます。

2 指定のキーワードを含む記事をすべて取り出す

ウィキペディアにもAPIが用意されており、URLでリクエストを送って、JSONやXMLなどの形式のデータを取得することが可能です。ウィキペディアのAPIである「MediaWiki API」については、下記のURLに情報があります。

URL10 MediaWiki APIの情報ページURL

```
https://www.mediawiki.org/wiki/API:Main_page/ja
```

また、下記のURLでMediaWiki APIを試用できます。

URL11 APIサンドボックスのURL

```
https://ja.wikipedia.org/wiki/%E7%89%B9%E5%88%A5:ApiSandbox
```

日本語版ウィキペディアのAPIのURLは、下記のような書式になります。

URL12 日本語版ウィキペディアのAPI書式

```
http://ja.wikipedia.org/w/api.php?[パラメータ指定]
```

● キーワードで記事を検索

ウィキペディアのAPIでは、アカウントの作成やログイン／ログアウト、記事の作成・編集といった操作も行えますが、ここではキーワードで検索して該当する記事のリストをXML形式で取得するという操作に絞って説明します。

この場合、まず「action」というパラメータに「query」という値を、「format」というパラメータに「xml」という値を指定します。キーワードを含む記事のリストを取得するには、さらに、「list」というパラメータに「search」という値を指定します。

そして、検索キーワードは、「srsearch」というパラメータにURLエンコードした文字列を指定します。返される項目数は、通常は10項目ですが、「srlimit」というパラメータで上限を指定できます。各項目に含める情報としては、「srprop」というパラメータに、「size」(記事サイズ)や「snippet」(記事中で検索語を含む部分)、「timestamp」(更新日時)といった値で指定できます。

たとえば、「Excel」という語を含む記事を、その後が出てくる部分も含め、最大20件分のリストとして取得したい場合は、次のように指定します。

URL13 MediaWiki APIのリクエストURLの例

```
https://ja.wikipedia.org/w/api.php?action=query&format=xml&list=search&srsearch=Exc
el&srlimit=20&srprop=snippet
```

ここでは、MediaWiki APIを使って、特定のセルに入力した検索語を含む記事のタイトルと記事サイズの一覧を最大100項目まで取得し、作成済みのテーブルに自動入力するプログラムを作成します。記事タイトルにはその記事へのハイパーリンクを自動的に設定し、最後に取得した記事数を表示します。

データを取り込むテーブルは「記事リスト」というテーブル名にします。また、検索語を入力するセル（ここではB3セル）には「key」という名前を付けておきます。

図38 作成した「記事リスト」テーブル

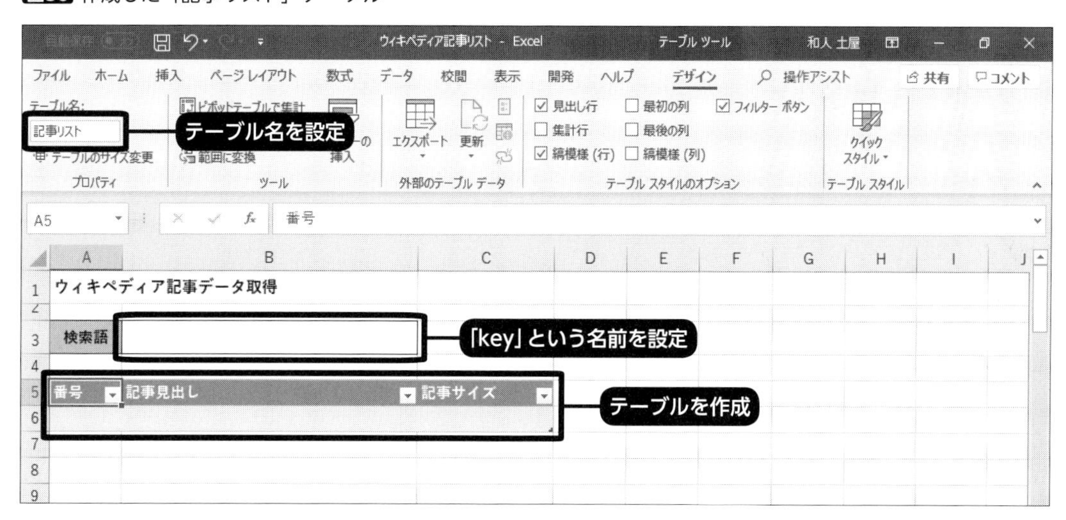

実際にウィキペディアからデータを取り込むプログラムは、次のようなものになります。

コード12 ウィキペディアのAPIからキーワードを含む記事を取得

```
  Sub キーワード記事リスト()
1     Dim xDoc As Object
2     Dim sNodes As Object
3     Dim tNode As Object
4     Dim tRng As Range
5     Dim apiUrl As String
6     Dim iCnt As Integer
7     apiUrl = "https://ja.wikipedia.org/w/api.php?" & _
```

コード12 ウィキペディアのAPIからキーワードを含む記事を取得（続き）

```
            "format=xml&action=query&list=search&srsearch=" & _
            WorksheetFunction.EncodeURL(Range("key").Value) & _
            "&srlimit=100&srprop=size"
8       Set xDoc = CreateObject("MSXML2.DOMDocument")
        xDoc.async = False
9       xDoc.Load apiUrl
10      Set sNodes = xDoc.SelectNodes("//search/p")
11      For Each tNode In sNodes
12          With Range("記事リスト").ListObject
13              Set tRng = .ListRows(.ListRows.Count).Range
14              If tRng(1).Value <> "" Then Set tRng = _
                    .ListRows.Add.Range
15          End With
16          tRng(1).Value = WorksheetFunction.Sum _
                (tRng(1).Offset(-1), 1)
17          tRng(2).Value = tNode.SelectSingleNode("@title").Text
18          Sheets(1).Hyperlinks.Add Anchor:=tRng(2), _
                Address:="https://ja.wikipedia.org/wiki/" & _
                WorksheetFunction.EncodeURL(tRng(2).Value)
19          tRng(3).Value = tNode.SelectSingleNode("@size").Text
20          iCnt = iCnt + 1
21      Next tNode
22      If iCnt > 0 Then
23          MsgBox iCnt & "件のデータを取得しました"
24      Else
25          MsgBox "記事が見つかりませんでした"
26      End If
27      Set sNodes = Nothing
28      Set xDoc = Nothing
    End Sub
```

7～9行では、これまで解説してきたことと同様の手順で検索語を参照したURLを作成し、MediaWiki APIからXMLデータを取得して、変数xDocにセットします。さらに、10行目ではXPathを使用して各項目を表すノードのコレクションを取得し、その各ノードに対して、11～21行でFor Each ～ Nextによる繰り返し処理を実行します。

12～15行では「記事リスト」テーブルの最終行を変数tRngにセットし、それがすでに入力された状態ならテーブルに1行追加して、その行を変数tRngにセットし直します。16行目では、その行の1番目のセル、つまり「番号」のセルに、ワークシート関数の「SUM」を使用して、上のセルと1の合計、つまり上よりも1多い数値を入力します。通常の加算ではエラーになりますが、SUM関数の引数にRangeオブジェクトを指定した場合、文字列データなどは無視されるため、テーブルの1行目で上のセルが見出しの文字列の場合も問題ありません。

17行目では、テーブルの対象行の2番目のセル、つまり「記事見出し」のセルに、取得した「p」要素の「title」属性の値を入力します。さらに、18行目で、ウィキペディアのその項目のページへのリンクの文字列を生成し、その記事見出しのセルにハイパーリンクとして設定します。

19行目では、テーブルの対象行の3番目のセル、つまり「記事サイズ」のセルに、取得した「p」要素の「size」属性の値を入力します。

20行目は、取得したデータの件数をカウントするため、この繰り返し1回ごとに変数iCntの値を1増加させる処理です。For Each ～ Nextの繰り返し処理が終了したら、この変数iCntの値が0より大きければ23行目でその件数を知らせるメッセージを、そうでなければ25行目で「記事が見つかりませんでした」というメッセージを表示します。

なお、すでに「記事リスト」テーブルにデータが入力されている状態でこのマクロを実行すると、現在のデータの最終行の後に、指定した検索語を含む記事のデータが追加されます。現在の検索語だけのデータを取得し直したいときのために、このテーブルのデータをクリアして初期状態に戻すプログラムも作成しておきましょう。

コード13 テーブルをクリアするプログラム

```
  Sub テーブルクリア()
1     With Range("記事リスト")
2         .Clear
3         If .Rows.Count > 1 Then .Rows("1:" & _
              .Rows.Count - 1).Delete Shift:=xlUp
4     End With
  End Sub
```

「記事リスト」テーブルのデータ範囲を、テーブル名を指定してRangeオブジェクトとして取得します。そのClearメソッドで、データ範囲を書式ごとクリアします。さらに、テーブルの行数が1行より多い場合、「1:」とそのデータ範囲の行数－1の数字を結合してその行の範囲を表すRangeオブジェクトを取得し、Deleteメソッドで削除しています。

● コマンドボタンから検索を実行

これらのプログラムが簡単に実行できるように、ワークシート上にはマクロ実行用のコマンドボタンも作成します。これは、「開発」タブの「コントロール」グループの「挿入」をクリックし、「ボタン（フォームコントロール）」を選択して、図形と同じ要領でワークシート上に配置し、表示される「マクロの登録」ダイアログボックスで、これらのマクロを登録します。さらに、ボタン上に表示されている文字列も、図形と同様の操作で変更します。

図39 マクロ実行用のボタンを作成

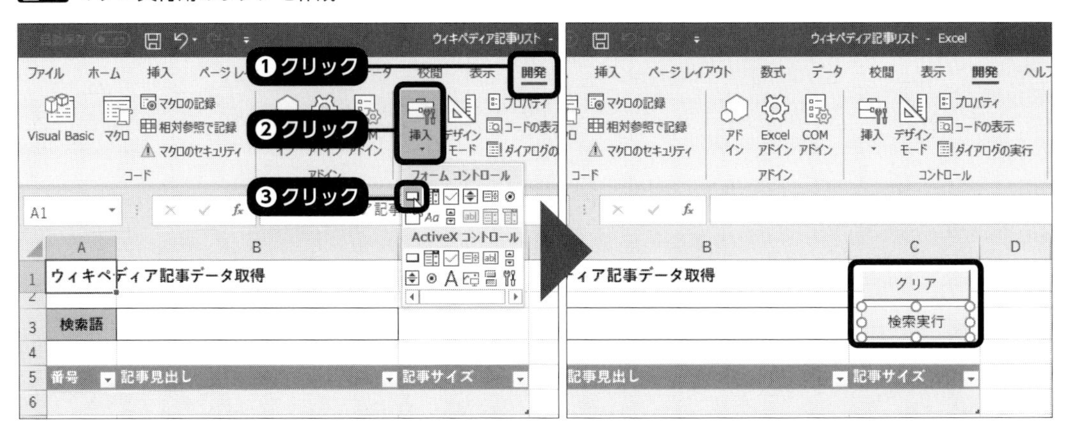

ここでは、「検索語」として「土屋貞綱」という戦国武将の名前を入力し、「検索」をクリックします。

図40 ウィキペディアからのデータ取得を実行

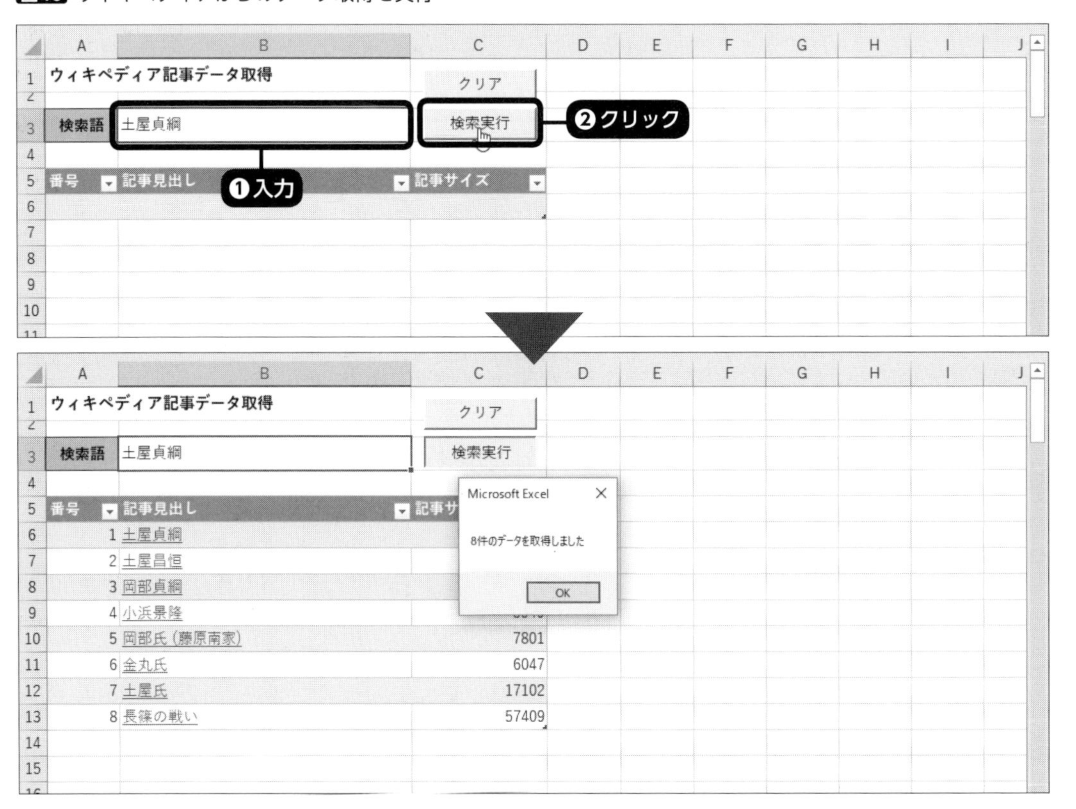

自動入力された項目名をクリックすると、その記事のページがWebブラウザーで開きます。

図41 リンクをクリックして記事ページを表示

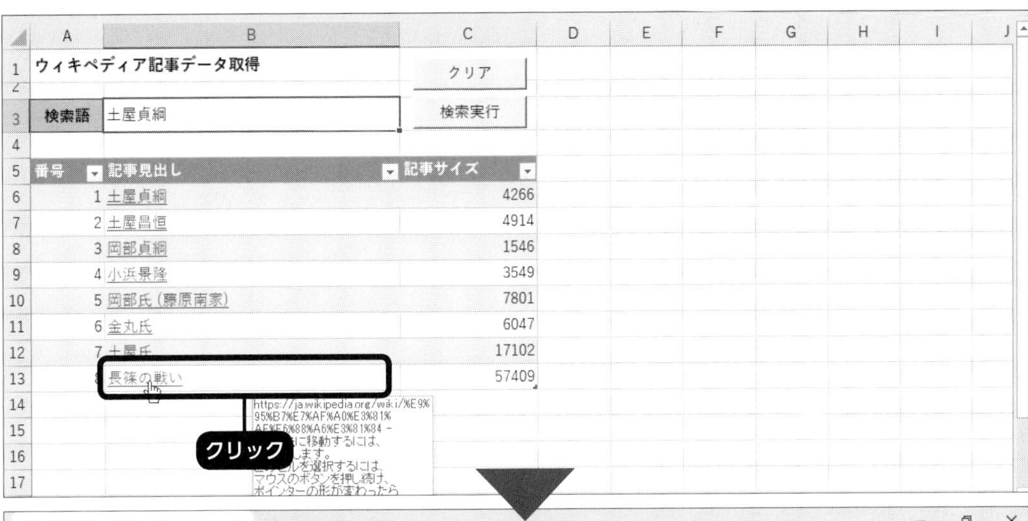

Section
4-04 国立国会図書館から データを取り出す

国立国会図書館では、書籍や雑誌記事、その他のさまざまな資料の情報を取得可能なWeb APIを提供しています。ここでは、このAPIを利用して書籍などのデータを検索し、Excelのワークシートに取り込んでみましょう。

1 タイトルと著者名に該当する書誌データを取得する

国立国会図書館が提供しているWeb APIについては、下記のURLに情報があります。

URL14 国立国会図書館のAPIの利用に関するページ

```
http://www.ndl.go.jp/jp/use/api/index.html
```

国立国会図書館のAPIは非営利目的の利用が前提です。ただし、営利目的の場合も、申請を行えば利用することが可能です。また、非営利目的であっても、継続的に利用する場合は、専用のフォームから連絡先や利用内容などを申請することが求められています。

● タイトルと作成者名でデータを検索

国立国会図書館で利用可能なAPIには「SRU」「SRW」「OpenSearch」「OpenURL」など、いくつかの種類がありますが、今回は「OpenSearch」という検索用APIを利用する例を紹介します。OpenSearchでは、やはりURLの形でリクエストを送信し(REST)、その内容に応じたデータをXML形式で受け取ることができます。ここでは例として、書名(の一部)と著者名のどちらか、またはその両方を指定して、該当する書籍または記事の一覧を取得するプログラムを作成してみましょう。

国立国会図書館APIのOpenSearchで指定するリクエストURLは、下記のような書式になります。

URL15 国立国会図書館のAPI(OpenSearch)の書式

```
http://iss.ndl.go.jp/api/opensearch?[ パラメータ指定 ]
```

パラメータには、次のようなものが指定できます。

表03 取得条件を指定するための主なパラメータ

パラメータ	指定内容
dpid	データプロバイダID
title	タイトル
creator	作成者
publisher	出版者
from	開始出版年月日
until	終了出版年月日
cnt	出力レコード上限値
idx	レコード取得開始位置
isbn	ISBN（10桁または13桁）
mediatype	資料種別（本は1、記事・論文は2など

「cnt」のパラメータを省略した場合、基本的には200件までのデータが返されます。このパラメータで指定できる最大件数は500件です。返されるデータの形式はRSS2.0をベースとしたものです。

作例のワークシートでは、上部に検索のキーにする「タイトル」と「著者名」の入力欄を設け、さらに「分類」の入力欄を作成します。タイトルを入力するB3セルには「title」、著者名を入力するB4セルには「creator」、分類を入力するC4セルには「type」という名前を付けています。

図42 各入力欄に名前を設定

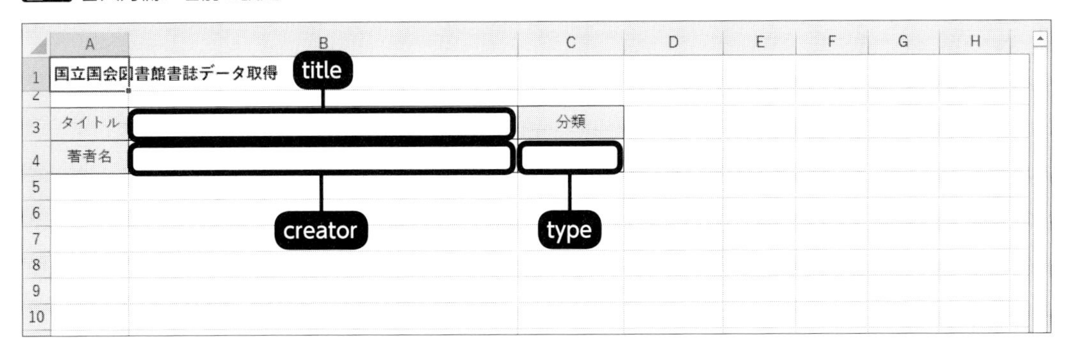

さらに、このC4セルには、「データ」タブの「データツール」グループから「データの入力規則」を実行し、その「設定」タブの「入力値の種類」で「リスト」を選択。「元の値」欄に、「,」（半角カンマ）で区切って「本」と「記事」と入力して、「OK」をクリックします。

このC4セルを選択すると、右側に「▼」ボタンが表示され、クリックすると「本」または「記事」のいずれかを選ぶことができます。これで、検索対象の分類を切り替えます。

図43 データの入力規則を設定

その下側に、検索したデータを記録するテーブルを作成します。テーブルには、記録したデータの件数を表示する「番号」欄と、APIから取り込むデータとして、「タイトル」「出版社」「価格」の各列を設けます。このテーブル名は「doclist」とします。

図44 書誌データ記録用テーブルを作成

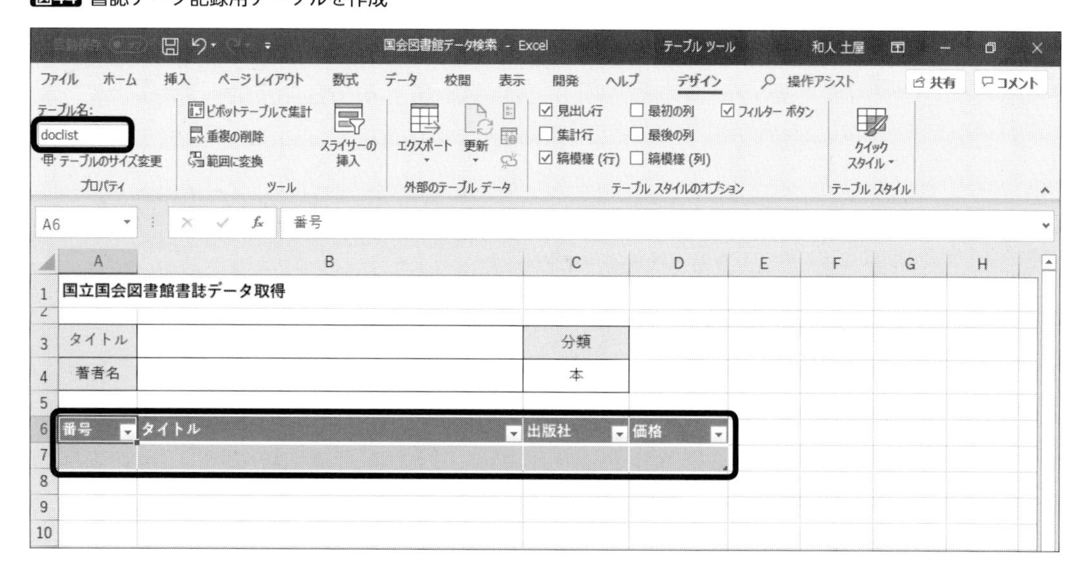

国立国会図書館のAPI (OpenSearch) からデータを取り込むプログラムは、次のようなものになります。

コード14 国立国会図書館のAPIから書誌データを取り込むプログラム

```
    Sub 書誌データリスト()
1       Dim xDoc As Object
2       Dim sNodes As Object
3       Dim tNode As Object
4       Dim tPub As Object
5       Dim tPrice As Object
6       Dim apiUrl As String
7       Dim tRng As Range
8       apiUrl = "http://iss.ndl.go.jp/api/opensearch?"
9       If Range("title").Value = "" And _
               Range("creator").Value = "" Then
10             MsgBox "検索キーワードを指定してください"
11             Exit Sub
12      End If
13      If Range("title") <> "" Then apiUrl = apiUrl & "title=" _
               & WorksheetFunction.EncodeURL(Range("title").Value)
14      If Range("creator").Value <> "" Then apiUrl = _
               apiUrl & "&creator=" & _
               WorksheetFunction.EncodeURL(Range("creator").Value)
15      If Range("type").Value = "本" Then
16             apiUrl = apiUrl & "&dpid=iss-ndl-opac&mediatype=1"
17      Else
18             apiUrl = apiUrl & "&dpid=zassaku&mediatype=2"
19      End If
20      Set xDoc = CreateObject("MSXML2.DOMDocument")
21      xDoc.async = False
22      xDoc.Load apiUrl
23      Set sNodes = xDoc.SelectNodes("rss/channel/item")
24      For Each tNode In sNodes
25             With Range("doclist").ListObject
26                     Set tRng = .ListRows(.ListRows.Count).Range
27                     If tRng(1).Value <> "" Then Set tRng = _
                               .ListRows.Add.Range
28             End With
29             tRng(1).Value = WorksheetFunction.Sum _
                       (tRng(1).Offset(-1), 1)
30             tRng(2).Value = tNode.SelectSingleNode("title").Text
31             Sheets(1).Hyperlinks.Add Anchor:=tRng(2), _
                       Address:=tNode.SelectSingleNode("link").Text
32             Set tPub = tNode.SelectSingleNode("dc:publisher")
33             If Not tPub Is Nothing Then tRng(3).Value = tPub.Text
34             Set tPrice = tNode.SelectSingleNode("dcndl:price")
```

コード14 国立国会図書館のAPIから書誌データを取り込むプログラム（続き）

```
35              If Not tPrice Is Nothing Then tRng(4).Value = _
                    数値変換(tPrice.Text)
36          Next tNode
37          Set tPub = Nothing
38          Set tPrice = Nothing
39          Set xDoc = Nothing
        End Sub
```

9～12行では、「タイトル」と「著者名」の少なくともどちらか一方に入力されているかどうかをチェックし、どちらも空白だった場合はメッセージを表示して処理を終了します。

一方、「タイトル」が入力されていた場合は13行目で「title」のパラメータにタイトルを、「著者名」が入力されていた場合は14行目で「creator」のパラメータに著者名を、それぞれURLエンコードして、リクエストURLに追加します。さらに、15～19行では、「分類」欄で「本」が選択されているかどうかに応じて、「dpid」と「mediatype」のパラメータを指定します。「dpid」はデータプロバイダIDを指定するパラメータで、「本」を選んだ場合は「国立国会図書館オンライン」を表す「iss-ndl-opac」を、「記事」を選んだ場合は「国立国会図書館オンライン（雑誌記事索引）」を表す「zassaku」を指定しています。

20～22行では、これまで同様の手順でWeb APIからデータを取得します。23行目で「item」のノードのコレクションを取得し、24～36行では、その各ノードについて、以降の処理を繰り返します。

25～28行では、「doclist」テーブルの最終行を取得して変数tRngにセットし、すでに入力済みの場合はテーブルに行を追加して、それを変数tRngにセットし直します。

29行目では、テーブルの対象の行の1列目のセルに1から始まる連続番号を入力します。30行目では、その「item」要素の子要素の「title」要素の値を取得し、対象の行の2列目のセルに入力します。さらに、31行目で、同じ「item」要素の子要素である「link」要素の値を、このセルにハイパーリンクとして設定します。

32～33行では、出版者を表す「dc:publisher」要素を取得し、存在している場合は対象の行の3列目のセルに入力します。

同様に、34～35行では、価格を表す「dcndl:price」要素を取得し、存在している場合は数値以外の部分を除外して、対象の行の4列目のセルに入力します。この、数値以外の部分を除外する処理には、別途作成したFunctionプロシージャの「数値変換」を使用しています。これは、引数に与えられた文字列から「円」や「（税込）」などの文字列を除去し、数値だけを残す関数です。結果的に、税別価格と税込価格が混在する形にはなりますが、この列のデータはすべて数値にしたいと考えたためです。

Functionプロシージャ「数値変換」は、次のようなプログラムになります。

コード15 文字部分を除去して数値だけを残す関数のプログラム

```
   Function 数値変換(sNum As String) As Variant
1      Dim num As Integer
2      Dim tStr As String
3      Dim nStr As String
4      For num = 1 To Len(sNum)
5              tStr = Mid(sNum, num, 1)
6              Select Case tStr
7              Case "-"
8                      If nStr = "" Then nStr = "-"
9              Case "."
10                     If nStr <> "" And nStr <> "-" And _
                               InStr(nStr, ".") = 0 Then
11                             nStr = nStr & "."
12                     End If
13             Case "0" To "9"
14                     nStr = nStr & tStr
15             Case "０" To "９"
16                     nStr = nStr & StrConv(tStr, vbNarrow)
17             End Select
18     Next num
19     If nStr = "" Then
20             数値変換 = ""
21     Else
22             数値変換 = Val(nStr)
23     End If
   End Function
```

このFunctionプロシージャでは、引数「sNum」に、「1980円」や「¥1,980」といった金額を表す文字列が指定されることを想定しています。

4〜18行ではFor 〜 Nextを使用し、、変数numの値を、1からその文字列の文字数まで変化させながら、以降の処理を繰り返します。5行目でその文字列のnum番目の文字を取り出し、7〜12行では、それが「-」（マイナス符号）や「.」（小数点）だった場合は、その位置によっては文字列型の変数「nStr」に追加します。

一方、13〜16行では、取り出した文字が半角数字だった場合はそのまま、全角数字だった場合は半角に変換して、やはり変数nStrに追加します。

最後の19〜23行では、変数nStrが空白文字列のままだった場合はそのまま空白文字列を、そうでなければ数値に変換して関数の戻り値とします。

この作例でも、データ記録用のテーブルを初期化するためのプログラムを用意しておきます。ただし、同じブック内に別の記録用テーブルを作成するため、ウィキペディアのAPIからデータを取り込むテーブルの例とは異なり、作業中のワークシートの最初のテーブルをクリアするという汎用的なプログラムにしています。

コード16 テーブルをクリアするプログラム

```
  Sub テーブルクリア()
1     With ActiveSheet.ListObjects(1).DataBodyRange
2            .ClearContents
3            If .Rows.Count > 1 Then .Rows("1:" & _
4                    .Rows.Count - 1).Delete Shift:=xlUp
5     End With
  End Sub
```

1行目のListObjectオブジェクトの「DataBodyRange」プロパティでは、見出し行や集計行などを除いたデータ範囲を表すRangeオブジェクトを取得することができます。また、記録されたデータを消去する2行目のコードは、ウィキペディアのテーブルクリアのプログラムでは書式も含めてすべてクリアする「Clear」メソッドでしたが、ここでは「文字列」や「通貨」などの表示形式の設定を残したいため、入力データだけを消去して書式は残す「ClearContents」メソッドにしています。

最後に、やはりフォームコントロールでマクロ実行用の「検索」と「クリア」のコマンドボタンを作成し、「書誌データリスト」と「テーブルクリア」のマクロを登録します。

図45 マクロ実行用のボタンを作成

	A	B	C	D	E	F	G	H
1	国立国会図書館書誌データ取得							
2								
3	タイトル		分類	クリア				
4	著者名		本	検索				
5								
6	番号	タイトル	出版社	価格				
7								
8								
9								
10								
11								
12								
13								

ここでは、「タイトル」のセルに「Excel」、「著者名」のセルに「土屋和人」と入力し、「分類」欄を「本」として、「検索」を実行します。

図46 国立国会図書館から検索データを取得するプログラムを実行

2 ISBNから書籍データを自動取得する

次に、書籍のISBNコードから、自動的に国立国会図書館のデータからその情報を自動的に取得するプログラムを作成しましょう。

「ISBN」とは、書籍を特定するための13桁（または10桁）の数字のことです。書籍の背表紙に印刷されている「ISBN」の後に続く一連の数字から「-」を除いたもの、または上下に2つ並んでいるバーコードの上側の数字（どちらも同じですが）を、テーブルの「ISBN」列に入力すると、その書籍の情報が同じ行の各列に自動入力されます。

今回使用する記録用テーブルには「ISBN」、「書名」、「著者名」、「出版者」、「価格」の各列を設け、テーブル名は「booklist」としました。

図47 書籍データ記録用テーブルを作成

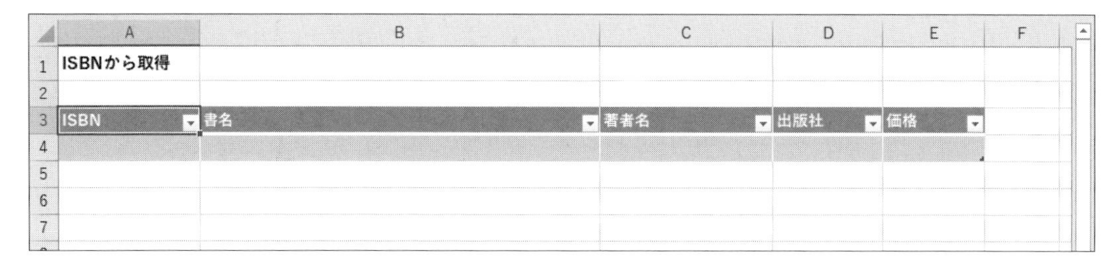

セルへの入力時に、自動的にプログラムを実行するには、対象のワークシートを表すモジュールに、「Worksheet_Change」のイベントマクロとして記述します。具体的なプログラムの内容は、次のようなものになります。

コード17 ISBN入力時に自動的に書籍データを取り込むプログラム

```
   Private Sub Worksheet_Change(ByVal Target As Range)
1      Dim xDoc As Object
2      Dim tNode As Object
3      Dim tRng As Range
4      Dim tCr As Object
5      Dim tPub As Object
6      Dim tPrice As Object
7      Dim apiUrl As String
8      If Intersect(Target(1), Range("booklist[ISBN]")) Is _
              Nothing Or Len(Target(1).Value) <> 13 Or Not _
              IsNumeric(Target(1).Value) Then Exit Sub
9      apiUrl = "http://iss.ndl.go.jp/api/opensearch?dpid=" & _
              "iss-ndl-opac&isbn=" & Target(1).Value
10     Set xDoc = CreateObject("MSXML2.DOMDocument")
11     xDoc.async = False
12     xDoc.Load apiUrl
13     Application.EnableEvents = False
14     Set tNode = xDoc.SelectSingleNode("rss/channel/item")
15     If tNode Is Nothing Then
16            MsgBox "該当するデータがありません"
17     Else
18            Set tRng = Target(1).Resize(ColumnSize:=5)
19            tRng(2).Value = tNode.SelectSingleNode("title").Text
20            Sheets("ISBN取得").Hyperlinks.Add Anchor:=tRng(2), _
                     Address:=tNode.SelectSingleNode("link").Text
21            Set tCr = tNode.SelectSingleNode("author")
```

コード17 ISBN入力時に自動的に書籍データを取り込むプログラム（続き）

```
22              If Not tCr Is Nothing Then tRng(3).Value = tCr.Text
23              Set tPub = tNode.SelectSingleNode("dc:publisher")
24              If Not tPub Is Nothing Then tRng(4).Value = tPub.Text
25              Set tPrice = tNode.SelectSingleNode("dcndl:price")
26              If Not tPrice Is Nothing Then tRng(5).Value = _
                    数値変換(tPrice.Text)
27              Range("booklist").ListObject.ListRows.Add
28          End If
29          Application.EnableEvents = True
30          Set tNode = Nothing
31          Set xDoc = Nothing
        End Sub
```

「Worksheet_Change」イベントマクロの引数「Target」は、変更されたセルを表すRangeオブジェクトです。一度に複数のセルが変更される可能性もありますが、5行目ではその先頭のセルだけを処理対象とするため、「(1)」とインデックスを指定しています。「Intersect」は、複数のRangeオブジェクトの共通部分を求めるメソッドで、その結果が「Nothing」というのはその2つのセル（範囲）に共通部分がないということ、つまり、ここでは変更されたセルが「booklist」テーブルの「ISBN」列のセルではないということを意味します。この結果が真であるか、または変更されたデータの文字数が13文字でない場合、または入力されたのが数値として扱えないデータである場合は、処理を終了します。

6行目で、入力されたISBNコードからリクエストURLを作成します。7～15行でWebにアクセスし、APIからデータを取得します。

16～21行では、戻り値のXMLデータに該当する書籍の情報が存在するかどうかを調べ、存在しない場合は処理を終了します。

22行目では、セルの値を変更してもWorksheet_Changeイベントが発生しないように、イベントを一時的に無効にしています。これは、プログラムを終了する前の32行目で、有効な状態に戻します。

17行目で、目的の書籍の情報を含むノードを取得し、18行目でそれが存在しないかどうかを判定します。存在していた場合、21行目ではまず対象のテーブルで、変更されたセルを表すRangeオブジェクトの「Resize」プロパティで、同じ行でテーブルのすべての列全体にセル範囲を拡張し、変数tRngにセットします。22～29行で、その各セルに、取得したXMLデータの各情報を入力していきます。

30行目では、テーブルのすべての行を表すListRowsコレクションのAddメソッドで、このテーブルに1行追加しています。これは、常に下端に空白行を1行残している状態にすることで、「ISBN」のセルにあらかじめ「文字列」の表示形式を設定しておくためです。

このワークシートにも、記録用テーブルのデータを初期化するための「クリア」ボタンをフォームコントロールで作成し、書誌データの取得用テーブルと同じ「テーブルクリア」のマクロを登録します。

図48 テーブルの「クリア」ボタンを作成

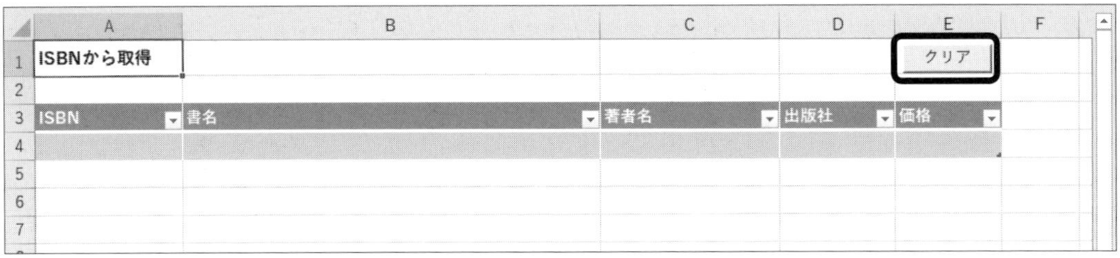

	A	B	C	D	E	F
1	ISBNから取得				クリア	
2						
3	ISBN	書名	著者名	出版社	価格	
4						
5						
6						
7						

この状態で、実際に「ISBN」列に適当な書籍のISBNコードを入力してみてください。同じ行の各列に、国立国会図書館のAPIから取得した書籍データが、自動的に入力されます。

図49 書籍のデータが自動入力

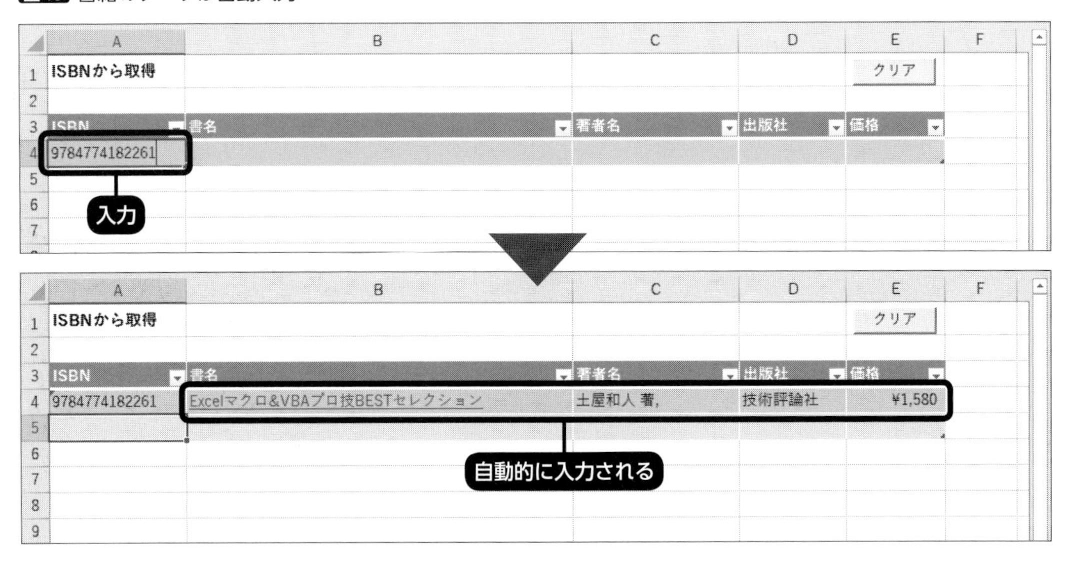

なお、「文字列」の表示形式を設定したセルに数値を入力すると、その左上側に「エラー」を表す緑色のエラーチェックタグが表示されます。しかし、数値を文字列形式で表示するのは意図したことなので、実際には「エラー」というわけではありません。この表示が気になる場合は、このセルを選択したときに表示される「エラーチェックオプション」ボタンをクリックして、表示されるメニューから「エラーを無視する」を選びます。または、このメニューで「エラーチェックオプション」を選び、表示される「Excelのオプション」ダイアログボックスの「数式」画面で、「文字列形式の数値、またはアポストロフィで始まる数値」のチェックを外します。

Appendix

関連情報

Appendix

Section A-01 データの取得・分析に便利な周辺ツール

ここでは、ExcelでWebのデータを取得・分析する際に補助的に利用できるツールや、Excelと組み合わせて利用すると便利なツールをいくつか紹介します。Excelだけでは達成が困難、または作業が大変そうだと感じたら、目的に応じてこのようなツールの活用も検討してください。

1 Power BI

Power BIとは、Microsoft社が提供している、さまざまなデータソースからビジュアルなデータ分析のレポートを簡単に作成し、グループでの共有や共同作業が実現できるツールのことです。データの取り込みには、Excelの「データの取得と変換」(Power Query) と同じ機能が使用されます。Excelの内部の機能やアドイン的なプログラムではなく独立したツールですが、データソースとしてExcelを指定すれば、Excelで作成したり、Webなどから取り込んだりしたテーブルのデータを指定することができます。また、Web上のデータを直接取得することも可能です。

Power BIは、Web上のサービスや、Windows PC用のソフトウェア、モバイルデバイス用のアプリなどによって構成されています。なお、レポートの作成などの基本的な機能は無料で使用できますが、複数ユーザーでの共有とコラボレーションが必要な場合は、ユーザー数などに応じた料金がかかります。有料のサービスも、最初は無料の試用期間があります。

Power BIでの作業は、まずWeb上のサービスである「Power BIサービス」や、Windows PC用のデスクトップアプリケーションである「Power BI Desktop」などで、データソースからデータを取得し、レポートを作成するところから始まります。ここでは、Power BI Desktopでの作業手順を簡単に紹介しておきましょう。

1 Power BIのWebページには、Webブラウザーのアドレスバーに「powerbi.microsoft.com」と入力すればアクセスできます。表示されたページで、「無料で開始する」をクリックします。

2 次のページで「無料ダウンロード」をクリックします。すると、Microsoft StoreのPower BI Desktopの画面が表示されるので、以下、Power BI Desktopをダウンロードしてインストールします。

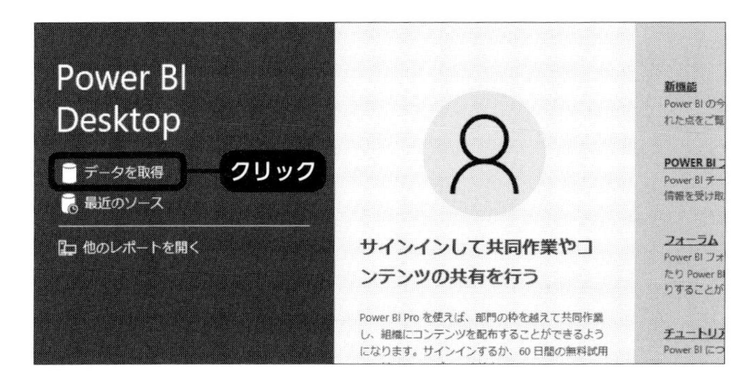

3 インストールされたPower BI Desktopを起動します。最初に表示される画面で、「データを取得」をクリックします。

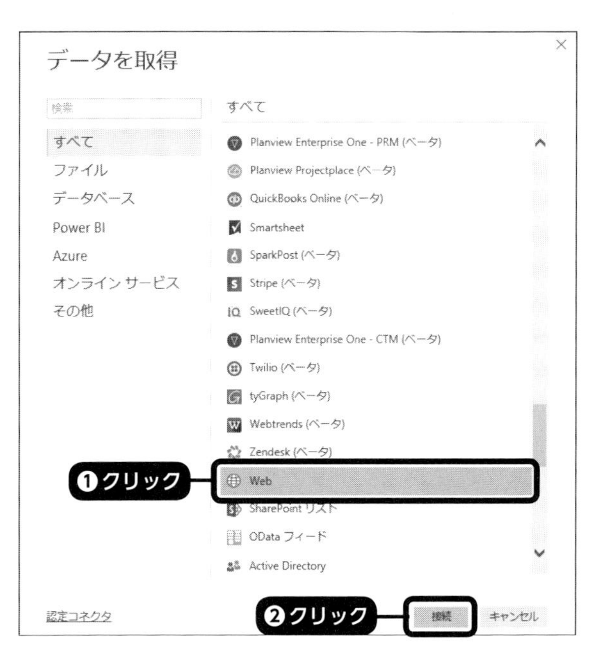

4 「データを取得」ダイアログボックスが表示されます。データを取得可能なソースの一覧には、「Excel」や「XML」、「Web」、「Facebook」などさまざまな種類が選択できます。ここでは「Web」を選択し❶、「接続」をクリックします❷。

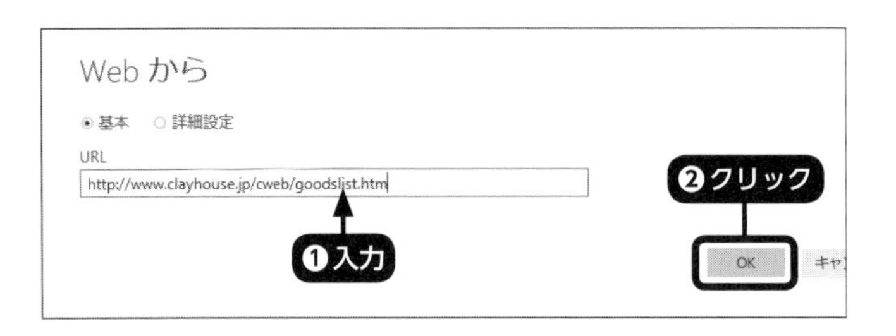

5 「Webから」ダイアログボックスが表示されます。「URL」ボックスにデータを取り込みたいWebページのURLを入力し❶、「OK」をクリックします❷。

6 「ナビゲーター」ダイアログボックスに、指定したWebページ内の表が表示されます。以下、Webクエリ（P.32参照）と同様の手順でWebページ上のテーブルデータを取り込みます。

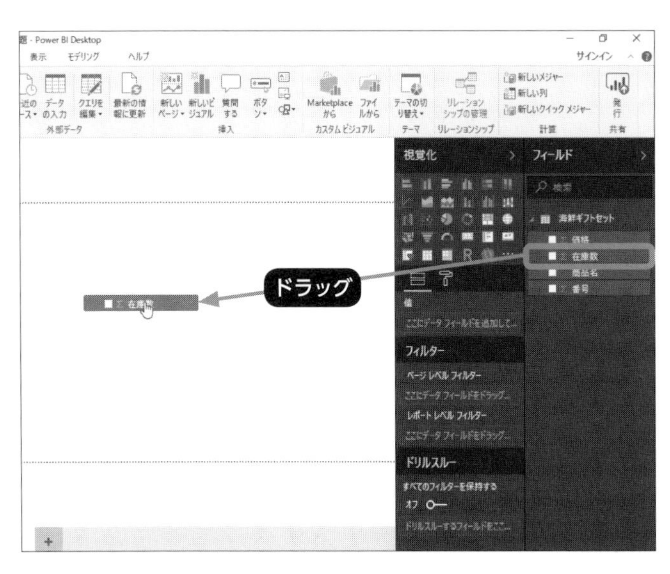

7 画面右側にフィールド（列）のリストが表示されます。この中で数値のデータである「在庫数」のフィールドを、左側の白い領域（レポートキャンバス）にドラッグします。

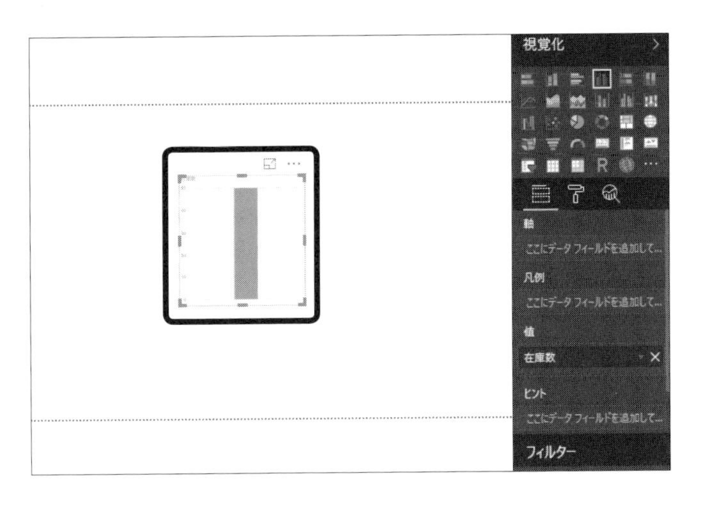

8 キャンバスの中にグラフの領域が作成され、棒グラフが表示されます。なお、グラフの種類は、「視覚化」ウインドウに並んでいるグラフのボタンをクリックして変更できます。

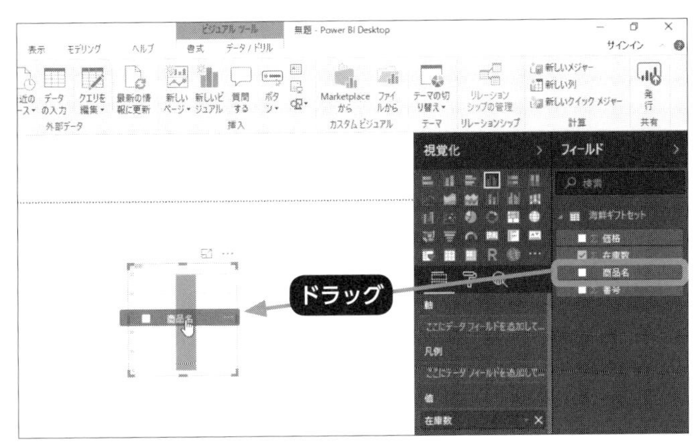

9 さらに、軸ラベルとなる「商品名」フィールドをグラフの領域にドラッグします。

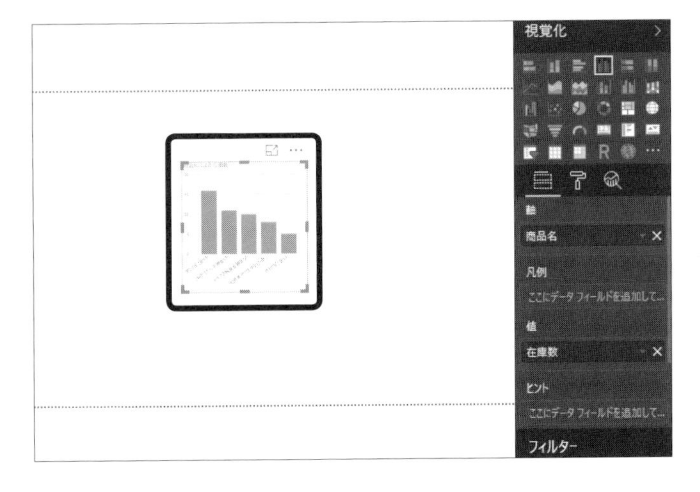

10 グラフの横軸のラベルとして、各商品名が表示されます。

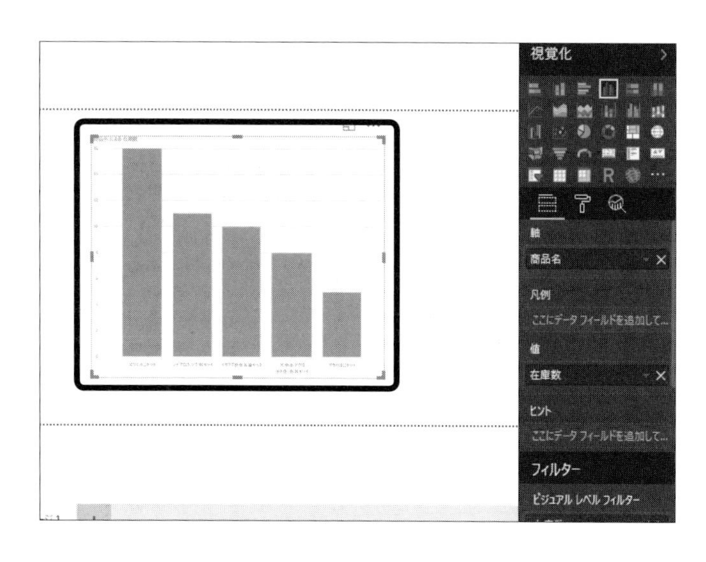

11 グラフの領域の位置やサイズは、ドラッグで変更することができます。

作成されたレポートをPower BIサービスに発行することで、同じグループのすべてのユーザーでこのレポートを共有し、共同作業ができるようになります。

2 SeleniumBasic

VBAで操作できるWebブラウザーは、基本的にはInternet Explorer (IE) のみです。Windows 10の標準WebブラウザーであるMicrosoft Edgeや、広く使用されているGoogle Chromeなどは、VBAから操作することはできません。Webサイトの中には、いまだに新しいWebブラウザーに対応しておらず、IEでしか正しく表示できないページも存在する反面、IEが対応していない新しい機能を使用しているページも存在します。対象のWebサイトによっては、IE以外のWebブラウザーをVBAから操作して、そのページのデータを取り込みたい場合もあるでしょう。

オープンソースのプログラムである「SeleniumBasic」をインストールすることで、Google ChromeやEdgeといったIE以外のWebブラウザーも、VBAで操作することが可能になります。なお、SeleniumBasicは、やはりVBAでWebブラウザーを操作するためのプログラムとして以前から公開されていた「Selenium VBA」の後継的なプログラムです。

SeleniumBasicを使用するには、まずWebブラウザーで次のURLのページを開き、「Download」の「Release page」のリンク先ページからプログラムをダウンロードします。

URL01 SeleniumBasicのダウンロードURL

```
http://florentbr.github.io/SeleniumBasic/
```

図01 SeleniumBasicのダウンロードページ

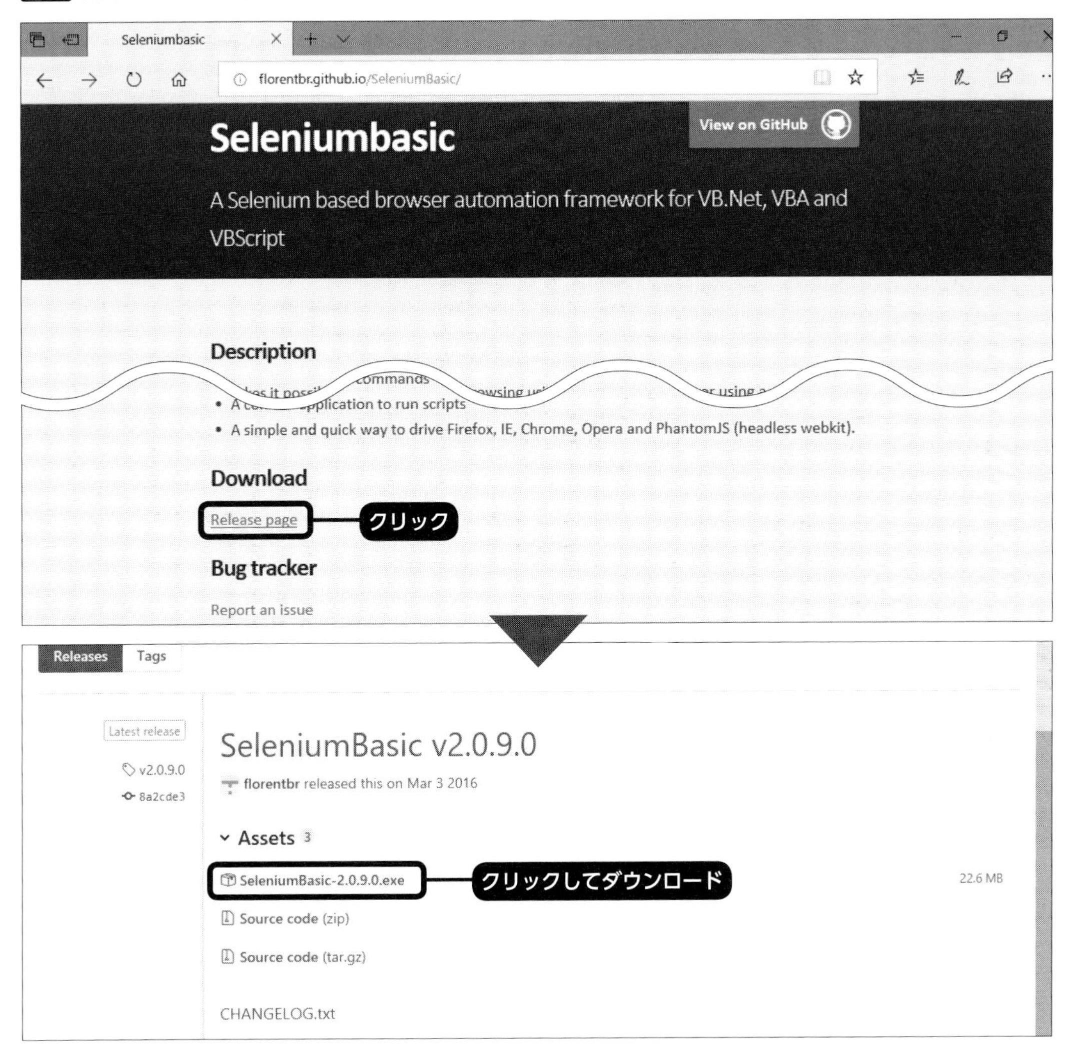

インストーラーのプログラムファイルをダウンロードしたら、ダブルクリックしてインストールを開始します。

インストールの画面では、「WebDriver for Chrome」のように、使用可能にするWebブラウザー用のドライバーが一覧表示されます。操作しないWebブラウザー用のドライバーは、チェックを外しても問題ありません。「Next」をクリックし、インストールを完了させます。

図02 SeleniumBasicのインストール画面

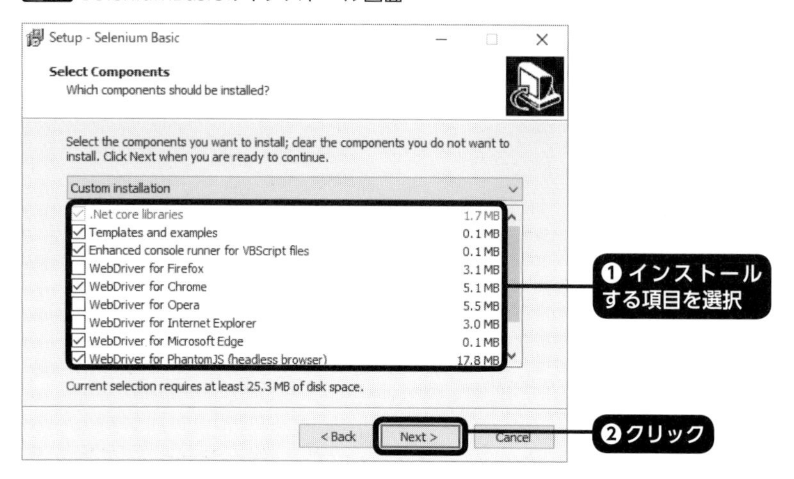

ただし、Chromeについては、インストール時に含まれているドライバーが最新バージョンに対応していません。下記のURLから最新版のファイル（chromedriver_win32.zip）をダウンロードし、圧縮ファイルから「chromedriver」のプログラムファイルを取り出して、「AppData」→「Local」フォルダーの中の「SeleniumBasic」のフォルダーで、古いファイルと置き換えておく必要があります。

URL02 最新版のChromeドライバーのダウンロードURL

```
https://sites.google.com/a/chromium.org/chromedriver/
```

インストールが完了したら、下記の手順でSeleniumBasicの機能をVBAで使用できるようにします。

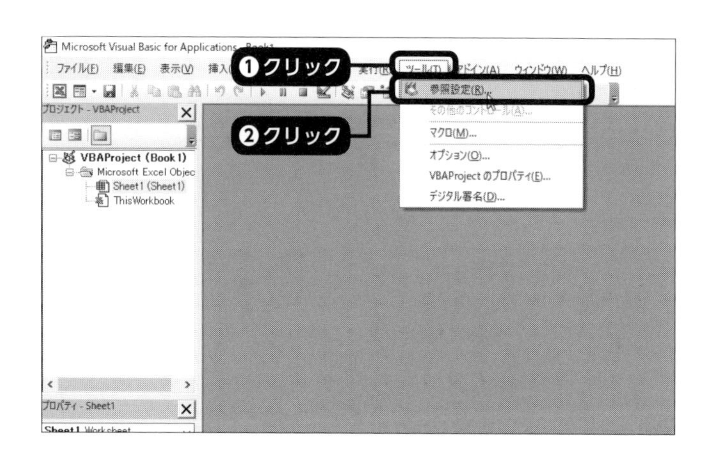

1 ExcelでVisual Basic Editorを開き、「ツール」メニューをクリックして❶、「参照設定」を選びます❷。

2 「参照設定」ダイアログボックスの「参照可能なライブラリファイル」の中の「Selenium Type Library」にチェックを付けて、「OK」をクリックします。

それでは、具体的なコードの例を示しましょう。次のプログラムは、技術評論社の新刊情報のページをGoogle Chromeで開き、「h3」タグで表示される最初の新刊書籍のタイトルを、作業中のワークシートのB3セルに入力するものです。

コード01 Chromeでデータを取得するプログラム

```
  Sub GetNewBookTitle()
1     Dim drv As New ChromeDriver
2     Dim wEle As WebElement
3     drv.Get "https://gihyo.jp/book/list"
4     Set wEle = drv.FindElementByTag("h3")
5     Range("B3").Value = wEle.Text
6     drv.Quit
7     Columns("B:B").AutoFit
  End Sub
```

ここでは事前にSeleniumに参照設定をしているため、「ChromeDriver」は、1行目のように「New」キーワードを付けて宣言するだけで、オブジェクトとして作成されます。また、WebページのHTMLの各要素は、WebElementオブジェクトとして取得・操作が可能です。

3行目では、ChromeDriverオブジェクトの「Get」メソッドで、引数に指定したURLをChromeで開きます。そして、4行目の「FindElementByTag」メソッドでh3要素をWebElementオブジェクトとして取得し、5行目ではその「Text」プロパティで、h3要素の文字列をB3セルに入力しています。

6行目では、ChromeDriverオブジェクトのQuitメソッドで、Chromeを終了します。

そして、取り込んだデータに合わせて列幅を調整するため、7行目でB列のRangeオブジェクトを対象とした「AutoFit」メソッドを実行しています。

このプログラムの実行例を示します。

図03 Chromeでデータを取得するプログラムの実行例

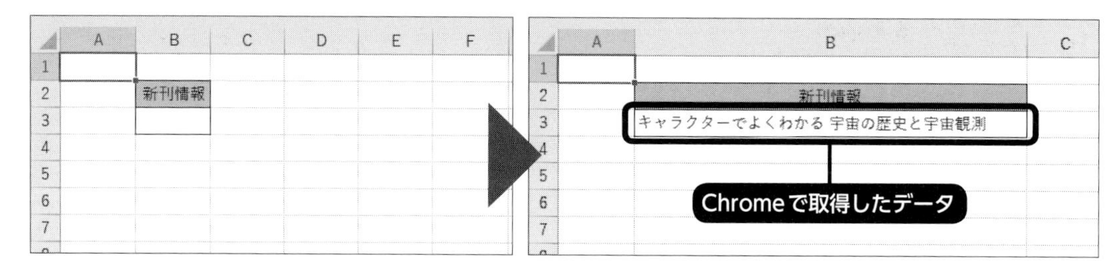

3 Blockspring

Web上のサービスの中には、Webアプリケーションなどのプログラムでその機能やデータを利用するための「API（Application Programming Interface）」を公開しているものも少なくありません。こうしたAPIにはExcelのVBAで利用できるものもあり、本書でもその例をいくつか紹介しています。

しかし、APIを利用してデータを取り込むには、まず各サービスの利用者登録をし、さらにその仕様を理解してプログラムを開発するといった手間がかかります。「Blockspring」は、こうしたAPIの利用を、Excelなどから簡単に行えるようにするための拡張プログラム（アドイン）です。Excel自身が備える機能ではなく、マイクロソフトとは別の会社によって開発・提供されているものです。なお、最初の14日間は無料で使用できますが、継続的に使用したい場合は有料になります。

Blockspringでその機能やデータを利用できるようになるWeb上のサービスは、Amazon、Facebook、Googleの各種サービス、Instagram、LinkedIn、Twitter、YouTubeなど多岐にわたっています。このアドインによって、Excelで指定したサービスからデータを自動的に取り込むことができるようになります。

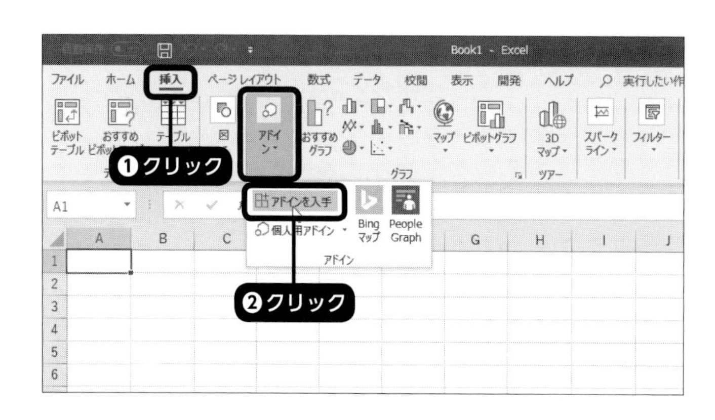

1 「挿入」タブの「アドイン」グループの「アドインを入手」（以前のExcelでは「ストア」）をクリックします❶❷。

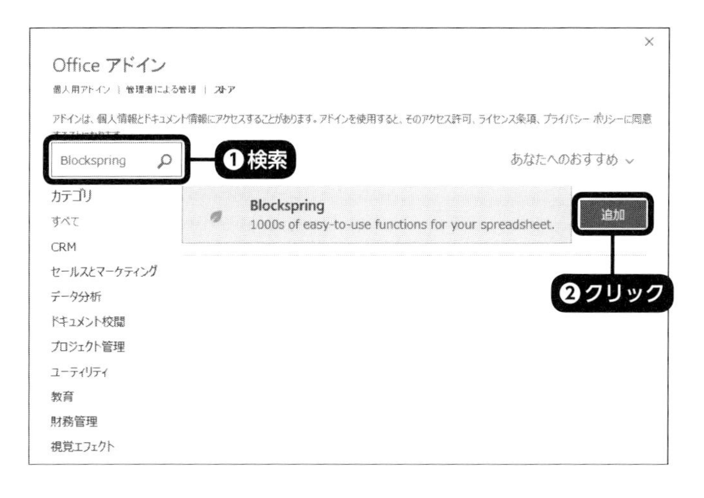

2 「Officeアドイン」ダイアログボックスで、「検索」欄に「Blockspring」と入力してBlockspringを検索します❶。見つかったら、選択して「追加」をクリックします❷。

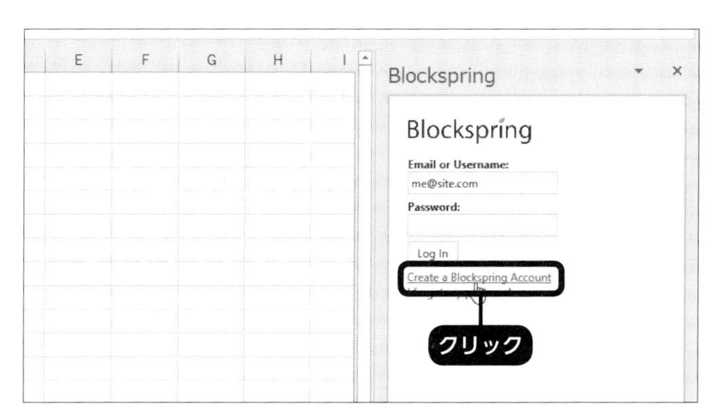

3 Blockspringの機能を追加したら、まずユーザーのアカウントを登録します。画面の右側に自動表示される「Blockspring」作業ウインドウの「Create a Blockspring Account」をクリックします。

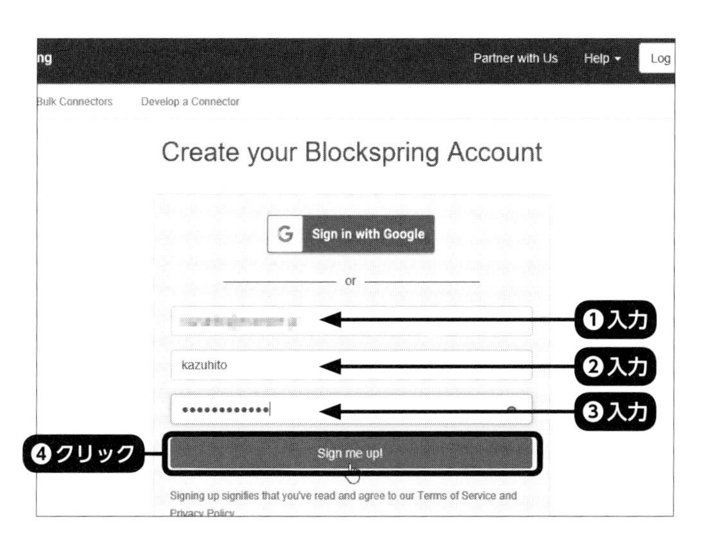

4 Blockspringの登録画面がWebブラウザーで表示されるので、メールアドレス、ユーザー名、パスワードを入力し❶❷❸、「Sign me up!」をクリックしてアカウントを登録します❹。

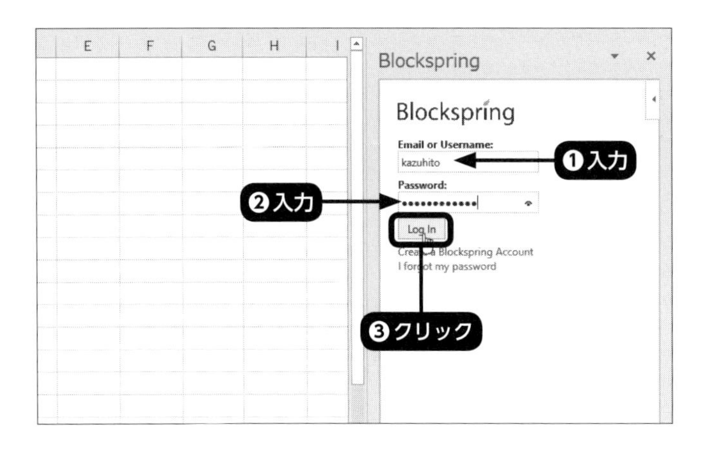

5 Excelの画面に戻って、「Blockspring」作業ウィンドウにメールアドレスまたはユーザー名とパスワードを入力して❶❷、「Log In」をクリックします❸。

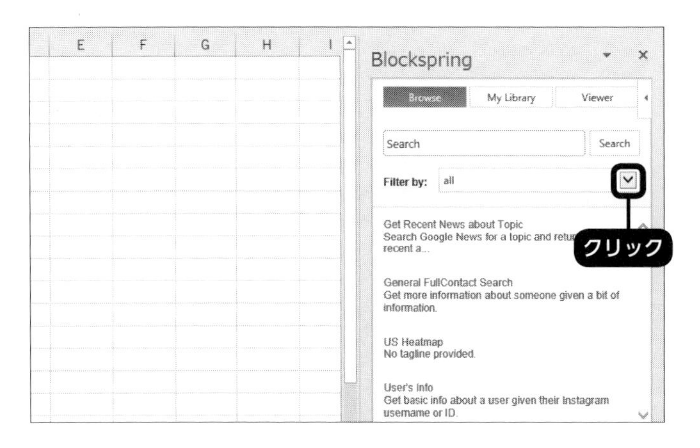

6 ログインに成功すると、「Blockspring」作業ウインドウが左のように変化し、その機能を利用できるようになります。「Filter by」の右側の矢印ボタンをクリックします。

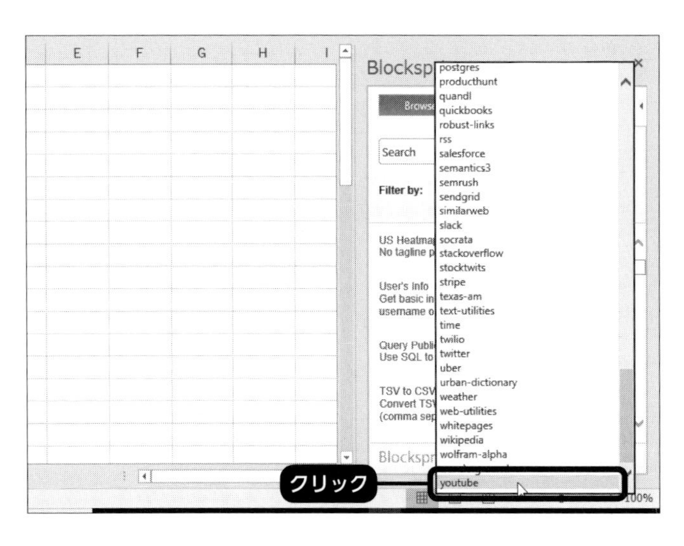

7 データを取得できるサービス等が一覧表示されるので、ここでは「youtube」を選びます。

8 「Video Search」をクリックします。

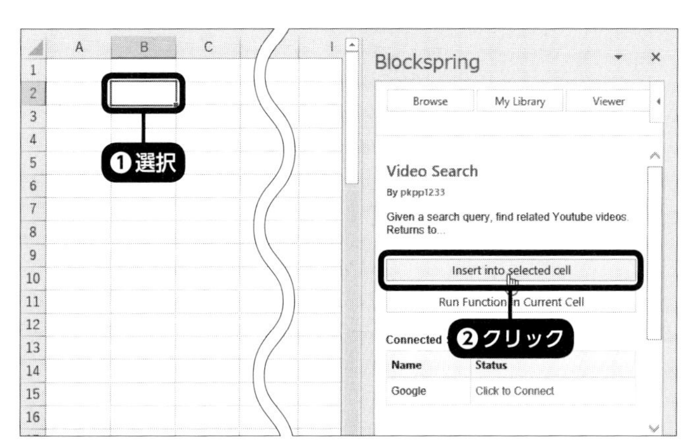

9 データを取り込む範囲の先頭（左上端）セルを選択し❶、「Insert into selected cell」をクリックします❷。

10 取り込むデータを指定するための文字列が、選択セルに自動入力されます。この文字列はExcelの関数と同様の構成になっており、引数に当たる部分を修正して、取り込むデータを指定します。

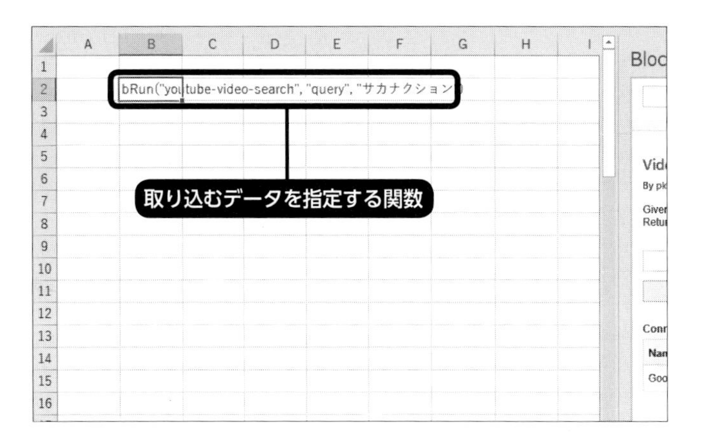

11 ここでは、ダミーとして入力されている「Led Zeppelin」の部分を、検索したい「サカナクション」に変更します。

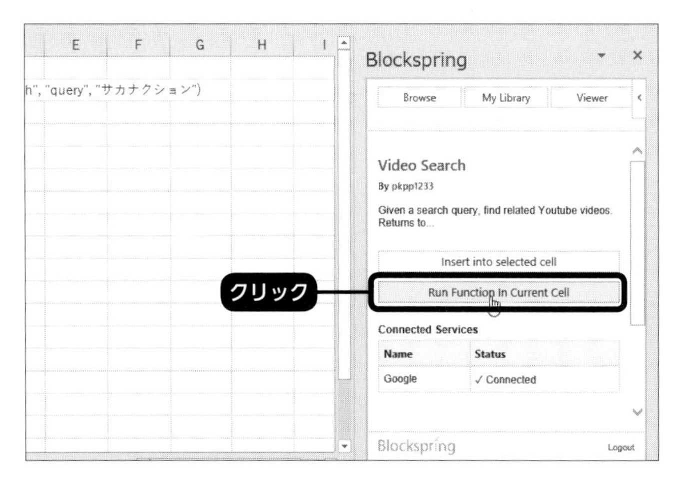

12 YouTubeを検索するには、Googleとの接続が必要となります。接続していない場合は、まず「Click to Connect」をクリックしてGoogleに接続します。「Status」が「Connected」になったら、データの取り込みを指定する文字列が入力されているセルを選択し、「Run Function In Current Cell」をクリックします。

13 選択セルを左上端とするセル範囲に、検索キーワードに関連する動画についての情報が取り込まれます。

4 ツイッター分析アプリ

Excel 2013であれば、「アドイン」（Officeアドイン）として、「ツイッター分析アプリ」を使用することもできます。Excel 2016以降でもこのアドインの追加は可能ですが、筆者の通常の作業環境（Windows 10＋Office 365）で検証したところ、「ツイッターにログインする」からの認証が正常に完了できませんでした。ここでは、Windows 8.1＋Office 2013の環境での使用例を紹介します。

このアプリでは、キーワードを指定して検索し、直近1週間前後の該当するツイートをワークシートに自動的に取り込むことができます。なお、ツイッターから情報を取得するには、ツイッターのアカウントが必要です。

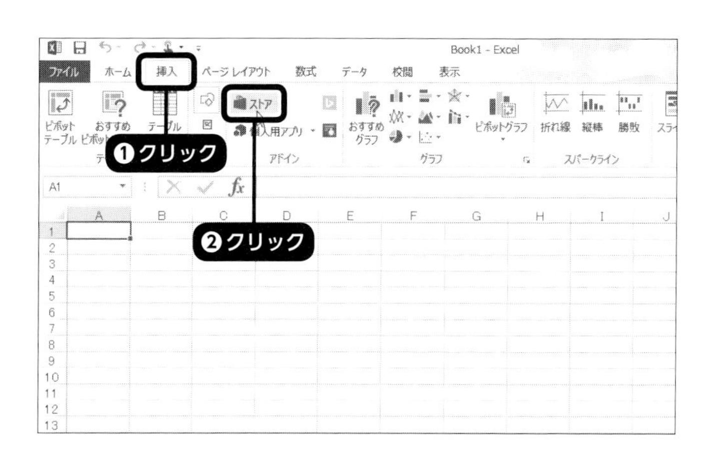

1 「挿入」タブの「アドイン」グループの「ストア」（最新のExcelでは「アドインを入手」）をクリックします❶❷。

2 「Office用アプリ」ダイアログボックスで、「検索」欄に「ツイッター分析」と入力して検索します❶。「ツイッター分析アプリ」が見つかったら、選択して「追加」をクリックします❷。

3 まず、ツイッター分析アプリ用のテンプレートファイルをダウンロードします。画面の右側に自動表示される「ツイッター分析アプリ」作業ウインドウの「Excelテンプレートをダウンロード」をクリックします。

4 ダウンロードされたファイル「TwittAnalyticsTemplate.xlsx」を開きます。最初は「保護ビュー」で表示されるので、「編集を有効にする」をクリックします。

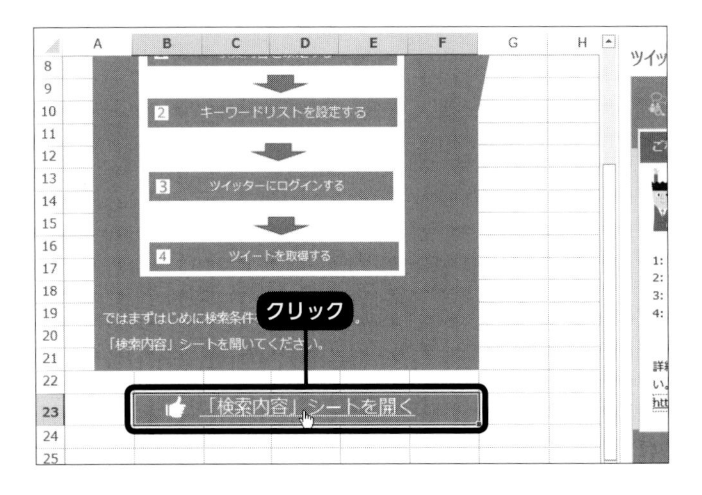

5 「はじめに」シートの説明を読み、「『検索内容』シートを開く」をクリックします。

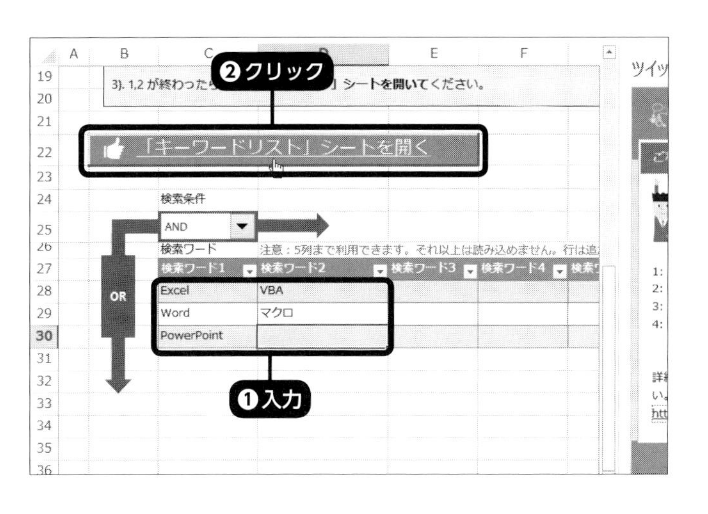

6 「検索内容」シートでは、検索ワード入力用のテーブルに検索したいキーワードを入力します❶。「『キーワードリスト』シートを開く」をクリックします❷。

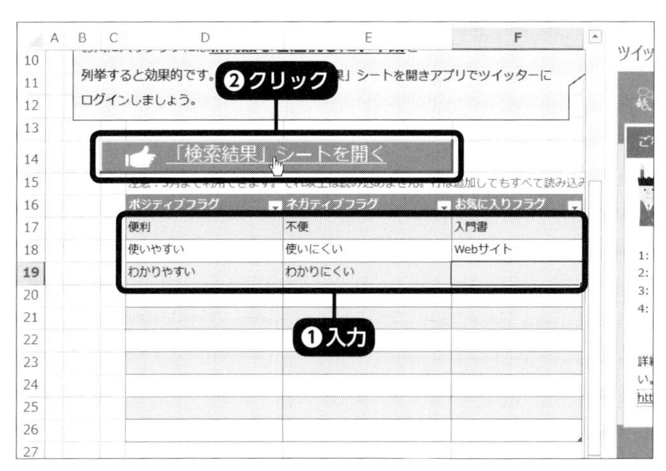

7 「キーワードリスト」シートでは、「ポジティブフラグ」「ネガティブフラグ」「お気に入りフラグ」をそれぞれ指定します❶。「『検索結果』シートを開く」をクリックします❷。

8 「検索結果」シートには、検索結果のサンプルが入力されています。「ツイッター分析アプリ」作業ウインドウで「ツイッターにログインする」をクリックします。

9 Webブラウザーでツイッターのアプリケーション認証の画面が開きます。ユーザー名またはメールアドレスとパスワードを入力し❶、「連携アプリを認証」をクリックします❷。認証が無事完了したら、自動的にWebブラウザーが閉じ、Excelの画面に戻ります。

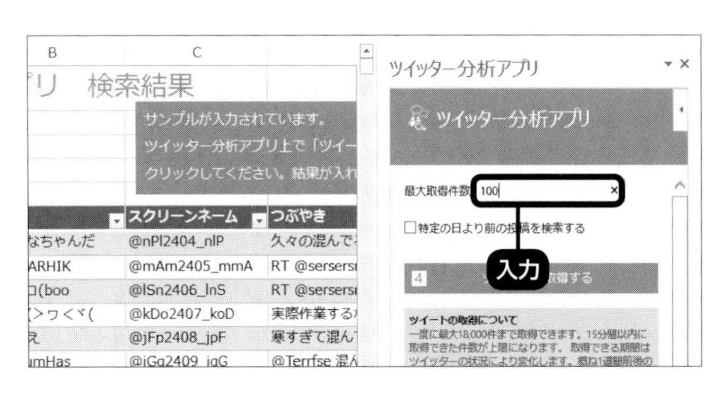

10 「最大取得件数」を指定します。ここでは「100」と入力します。

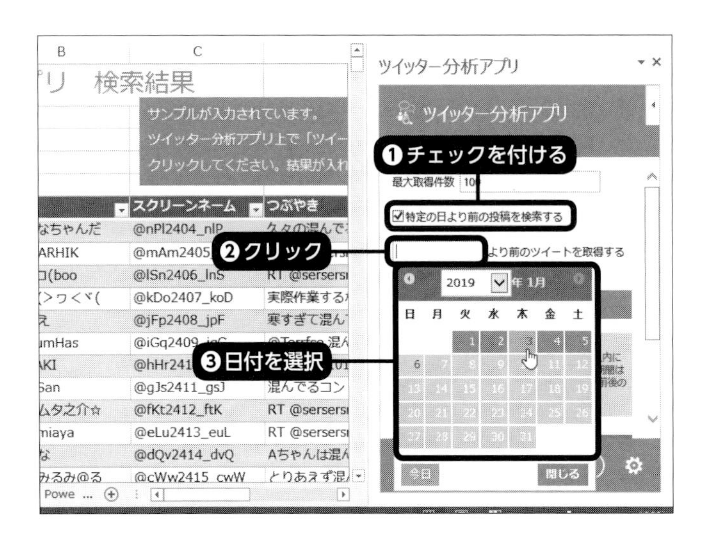

11 検索対象の範囲の最後の日付を指定することができます。ただし、検索できるのは1週間程度なので、あまり前の日付を指定すると該当するツイートが見つかりません。指定する場合は、「特定の日より前の投稿を検索する」にチェックを付け、その下の入力欄をクリックしてカレンダーから日付を選びます。

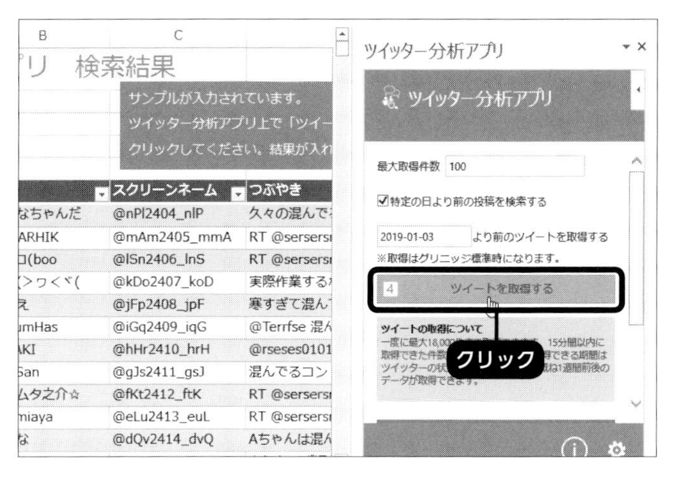

12 日付入力欄に選択した日付が入力されます。「ツイートを取得する」をクリックします。

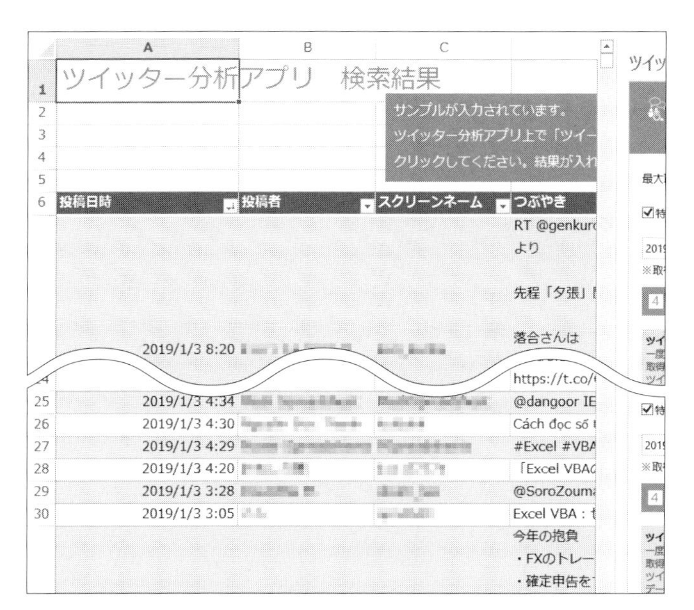

13 設定した条件に該当するツイートがこの「検索結果」シートに取り込まれます。

さらに、やはりExcelのアドイン機能（COMアドイン）である「Power Pivot」や「Power View」が使用可能になっていれば、「Power View1」シートで、取り込んだデータをさらに視覚的に分析することも可能です。

Section
A-02 Webサイト・サービス別データ収集のヒント

主要なWebサイトやサービスのデータをExcelで取得するアプローチの例を紹介します。ただし、サイトによっては、プログラムによる自動収集などが利用規約で禁止されている場合もあります。それぞれの規約を確認の上、問題のない手法を選択してください。

1 共通のアプローチ

本書の解説内容を参考に、次のようなアプローチで、各サイト・サービスのデータ取得が可能かどうかを検討します。それぞれの具体的な手順については、本書中の各解説ページを参照してください。

①Webクエリの利用

Webクエリの機能だけで目的のデータ取得を実現できれば、VBAを使用する必要もなく、最も手軽でコストのかからない方法といえます。ただし、この方法で取得できるのは基本的に表(table要素)のデータだけで、取得したデータの処理などの自由度も高くありません。

②フィードの取得

RSSなどのフィードを提供しているWebサイトであれば、ExcelのXML機能やVBAプログラミングなどで、最新データの自動取得が可能です。ただし、フィードを提供しているサイト自体、現在では減少傾向にあります。

③Web APIの利用

サイト・サービスによってはWeb APIを提供しており、ExcelのXML機能やVBAプログラミングによるデータの自動取得が可能な場合もあります。ただし、Web APIは基本的にWebページ(Webアプリケーション)での利用だけを想定されていることが多く、Excel VBAなどでローカルPCにデータを取り込むために使用することは、利用規約で認められていない、またはグレーである場合も少なくありません。また、本書では解説していませんが、APIによっては認証などの手続きがやや複雑で、より高度なプログラミングが必要になる場合もあります。

④Internet ExplorerをVBAで操作

VBAでInternet Explorerを操作し、該当するページのHTMLデータを解析して、必要なデータを取り出す方法です。常に特定のURLからデータを取り出すのではなく、そのWebページのURLの規則を分析し、たとえば特定のキーワードを検索した状態のページを表示して、その中から目的のデータを取得するという応用も考えられます。ただし、Webページの構成は比較的短い間隔で変更される可能性があるため、作成したプログラムが短期間で使用できなくなるリスクもあります。また、このような方法でデータを自動取得する行為も、Webサイトによっては利用規約で禁じられている場合があります。

⑤関連プログラムの利用

サイトやサービスによっては、Excelにデータを取り込むために利用できるツールやアドイン、VBA用のライブラリなどが提供されている場合もあります。④までの方法で目的の達成が難しい場合は、このようなプログラムを探し、利用可能かどうかを検証してみましょう。Amazon、Facebook、Google、Twitterなどは、P.238で紹介した「Blockspring」からその機能やデータを利用することも可能です。

2 個別のアプローチ

● Amazon

Amazonでは、「Amazon Product Advertising API」と呼ばれる商品情報取得用APIなどが提供されていますが、これは基本的にアフィリエイト広告による売上発生を目的としたものであり、Excelへのデータ取得などはその目的に当てはまらない利用法といえます。

また、Amazonサイト自体の利用についても、ロボットなどのデータ収集・抽出ツールの使用などは、規約上許可されていません。したがって、プログラムによるExcelへの自動収集には問題があると考えてよいでしょう。個人的な利用が可能なデータについても、規約上の問題がないかどうかを確認の上、適切な方法でExcelに取り込むようにしてください。

URL03 Amazon.co.jp利用規約

```
https://www.amazon.co.jp/gp/help/customer/display.html?nodeId=201909000
```

● Facebook

Excel 2016以降の「データの取得と変換」(Power Query)では、Facebookから直接データを取り込む機能も用意されています。具体的には、「データ」タブの「データの取得と変換」グループの「データの取得」をクリックし、「オンラインサービスから」→「Facebookから」を選びます。以下、ユーザー名や取得したい情報の種類を指定し、Excelのワークシートにデータを取り込みます。

また、Facebookにも「グラフAPI」などの各種Web APIが用意されています。

URL04 Facebook for developers ドキュメント

```
https://developers.facebook.com/docs
```

URL05 Facebook利用規約

```
https://www.facebook.com/policies
```

● Google

Googleではさまざまなサービスが提供されていますが、たとえば特定のキーワードで検索した結果をExcelに取り込みたい場合、検索結果のページをURLで指定して、VBAでInternet Explorerを操作してそのページから特定のタグのデータを取り出すといったプログラムを作成する方法も考えられます。ただし、この方法は、利用規約の「Googleが提供するインターフェースおよび手順以外の方法による本サービスへのアクセスを試みてはなりません」という部分に抵触する可能性があります。

また、Googleでは「Custom Search API」などのWeb APIも提供しており、検索結果をJSONやXMLなどのデータとして取得することも可能です。

URL06 Google Cloud Platform

```
https://console.cloud.google.com/apis/library?hl=ja
```

URL07 Google利用規約

```
https://policies.google.com/terms?hl=ja&gl=jp
```

● Twitter

TwitterにもAPIが用意されており、つぶやかれた内容を収集することが可能です。ただし、利用にはアカウントの登録が必要で、利用条件も厳しく、その用途などを英語で詳しくやりとりする必要があるようです。より手軽にTwitterのデータをExcelに取得したい場合は、P.243で紹介している「ツイッター分析アプリ」などの利用も検討してください。

URL08 TwitterのAPIについて

```
https://help.twitter.com/ja/rules-and-policies/twitter-api
```

URL09 Twitterサービス利用規約

```
https://twitter.com/ja/tos
```

Yahoo! JAPAN

Yahoo!も、ショッピングなどのWeb APIを提供していますが、認証などの手続きが以前に比べて複雑化しています。また、以前はオークションのAPIも提供していましたが、現在は終了しています。

本書では、VBAでInternet Explorerを操作してHTMLデータを取得し、必要なデータを取り出す手順(P.191参照)や、ページ中のtable要素のデータをWebクエリで取得する方法を紹介しています。なお、取得したデータを利用するに当たっては、そのページの本来の目的とは異なる使い方はしないようにしましょう。

URL10 Yahoo! JAPAN デベロッパーネットワーク

```
https://developer.yahoo.co.jp/
```

URL11 Yahoo! JAPAN利用規約

```
https://about.yahoo.co.jp/docs/info/terms/
```

楽天

楽天も、「楽天ウェブサービス」という名称のWeb APIを提供しており、商品検索やランキング取得、書籍検索などの機能を利用できます。ただし、利用規約の記述は、基本的にWebページ(Webアプリケーション)としての利用が想定されており、Excelからプログラムなどでデータを取得する利用法はその範疇に含まれない可能性があります。

WebページのHTMLを解析して指定したタグのデータを取り出す方法も考えられますが、やはりそのページの本来の目的と異なる利用法は避けましょう。

URL12 Rakuten Developers

```
https://webservice.rakuten.co.jp/?l-id=top_normal_special16
```

URL13 楽天利用規約

```
https://www.rakuten.co.jp/doc/info/rule/ichiba_shopping.html
```

索引

A～C

D～F

G～H

I～J

L～N

O～Q

R～S

サ～タ行

ナ～ハ行

マ～ラ行

著者略歴

土屋和人（つちや かずひと）

フリーランスのライター・編集者。Excel や VBA 関連の著書多数。「日経パソコン」「日経 PC21」（日経 BP 社）などで Excel 関連の記事を多数執筆。著書に『最速攻略 Word マクロ /VBA 徹底入門』『今すぐ使えるかんたん Ex Excel マクロ &VBA プロ技セレクション』（技術評論社）、『Excel VBA パーフェクトマスター』『Excel 関数パーフェクトマスター』（秀和システム）ほかがある。

お問い合わせについて

本書に関するご質問については、本書に記載されている内容に関するもののみとさせていただきます。本書の内容と関係のないご質問につきましては、一切お答えできませんので、あらかじめご了承ください。また、電話でのご質問は受け付けておりませんので、必ず FAX か書面にて下記までお送りください。
なお、ご質問の際には、必ず以下の項目を明記していただきますよう、お願いいたします。

1. お名前
2. 返信先の住所または FAX 番号
3. 書名（Excel でできる！　Web データの自動収集 & 分析　実践入門）
4. 本書の該当ページ
5. ご使用の OS とソフトウェアのバージョン
6. ご質問内容

お送りいただいたご質問には、できる限り迅速にお答えできるよう努力いたしておりますが、場合によってはお答えするまでに時間がかかることがあります。また、回答の期日をご指定なさっても、ご希望にお応えできるとは限りません。あらかじめご了承くださいますよう、お願いいたします。
ご質問の際に記載いただいた個人情報はご質問の返答以外の目的には使用いたしません。また、返答後はすみやかに破棄させていただきます。

問い合わせ先

〒 162-0846
東京都新宿区市谷左内町 21-13
株式会社技術評論社　書籍編集部
「Excel でできる！　Web データの自動収集 & 分析　実践入門」質問係
FAX 番号　03-3513-6167
URL：https://book.gihyo.jp/116

Excel でできる！
Web データの自動収集 & 分析
実践入門

2019 年 3 月 8 日　初版　第 1 刷発行

著　者●土屋和人
発行者●片岡　巌
発行所●株式会社 技術評論社
東京都新宿区市谷左内町 21-13
電話　03-3513-6150　販売促進部
03-3513-6160　書籍編集部
カバーデザイン●井上新八
本文デザイン●リンクアップ
DTP ●土屋和人
担当●青木宏治
製本／印刷●日経印刷株式会社

定価はカバーに表示してあります。

ISBN978-4-297-10380-4 C3055
Printed in Japan